www.ajin.to

A MATLAB® Companion for Multivariable Calculus

MATLAB® 미적분학

여 영구 역

Jeffery Cooper

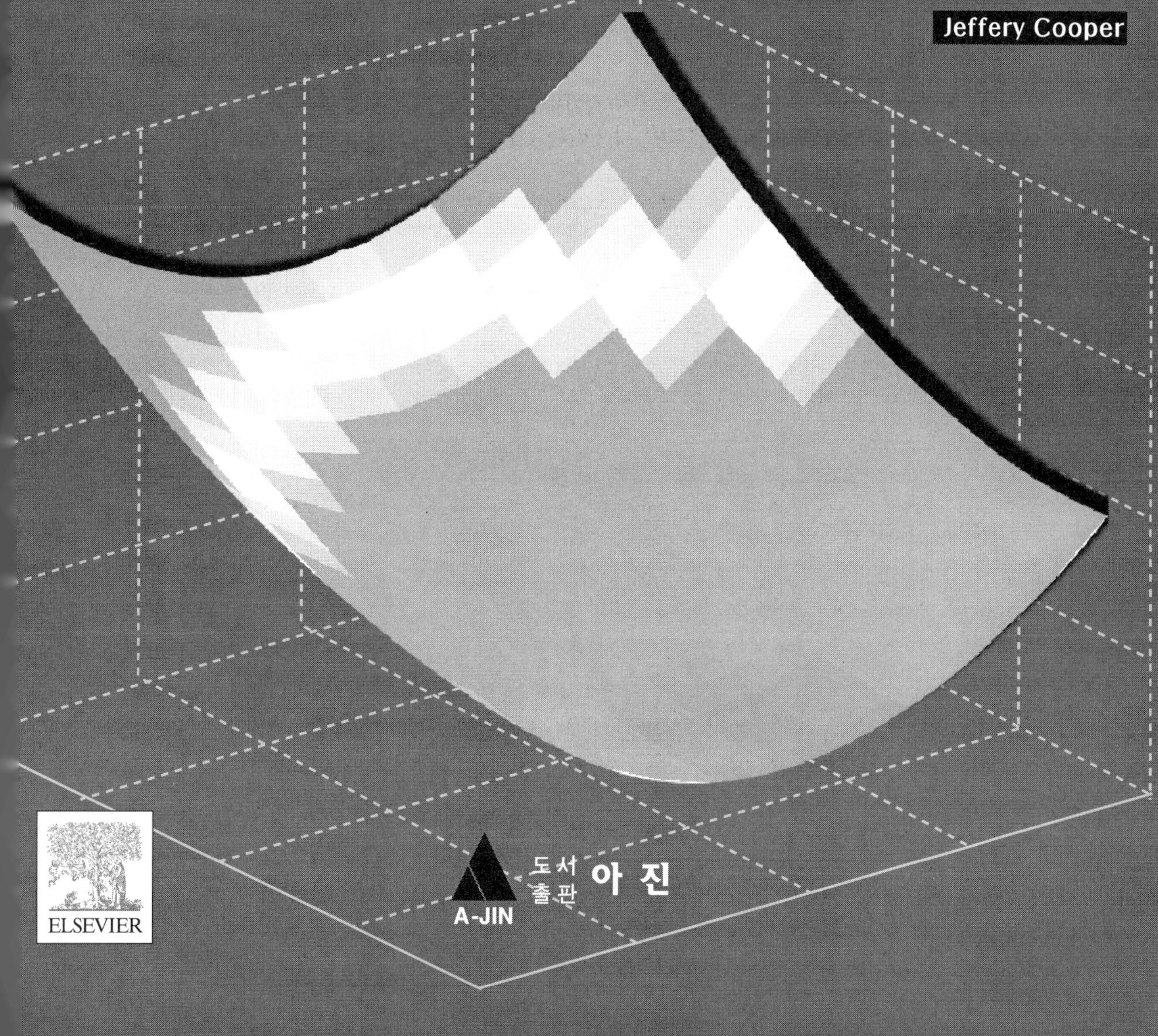

ELSEVIER

A-JIN 도서출판 아 진

A MATLAB® Companion for Multivariable Calculus

Jeffery Cooper

"나의 가는 길은 오직 그가 아시나니 그가 나를 단련하신 후에는
내가 정금같이 나오리라 (욥23 : 10)"

Translated Edition ISBN : 9788957612330
Translated by A-jin Publishing Co.
Printed in Korea

차 례

머 리 말

목적

다변수 미적분학은 과학도와 공학도들을 위한 수학교육의 핵심적인 부분이다. 과거에는 이에 대한 교육은 거의 전적으로 분필과 칠판, 그리고 주제의 주요 개념들을 전달하기 위해 손으로 해결될 수 있는 보기들에 의존하였다. 이제 강력하고 편리한 소프트웨어의 등장으로 다변수 미적분학을 어떻게 교육할 것인가를 재검토하는 것을 피할 수 없게 되었다. 저자의 의견으로는 소프트웨어는 그래픽과 계산 영역에 가장 큰 영향을 미친다.

컬러 그래픽은 곡선, 곡면, 그리고 고체들을 2차원이나 3차원으로 보다 효율적이면서 학생들이 더 몰두할 수 있는 방식으로 나타내어 주는 것을 가능하게 하여준다. 이는 고체 기하학에 경험이 그리 많지 않은 오늘날의 학생들에게는 특히 중요하다. 컬러는 극점의 위치를 보여주고 온도, 밀도 및 유체의 속도와 같은 양들을 나타내어 주기 위한 네 번째 차원으로도 이용될 수 있다.

소프트웨어는 또한 계산을 심도있게 다루도록 하여 준다. 전통적으로 수학의 별개 부문으로서 비자연스러운 분석 및 계산분야가 있었다. 대표적인 3학기 미적분학 교과서에서 볼 수 있으며 종이와 연필을 사용하는 연습문제들은 기호의 처리에 있어서 가치있는 경험을 제공하여 주지만 이들은 흔히 의도적으로 고안한 것들이 많다. 호의 길이, 표면, 그리고 부피를 포함하는 손으로 풀 수 있는 문제들은 특별한 문제들의 명료한 풀이에만 관심이 있으며 실제적인 문제들은 엔지니어들에게 미루는 경향이 있다.

다행히도 오늘날의 소프트웨어는 해석과 계산 사이의 거리에 다리를 놓아주고 있다. 저자는 학생들이 기본적인 수치적 기법들의 일부를 알고 있으며 수행할 수 있을 것으로 확고하게 믿고 있다. 이 기법들은 맹목적으로 사용되는 "블랙 박스" 안에 감추어져 있으면 안된다. 수치적 방법들은 미적분학의 핵심이 되는 선형 및 2차 근사에 크게 의존한다. 수치계산 경험은 미적분학의 기본 개념들을 강화시키는 데에 이용될 수 있다. 나아가 학생들(그리고 강사들)은 수치적 방법들의 한계를 알아야 하고 어떤 경우에 수치적 결과를 신뢰할 수 있는지를 배워야 한다.

전통적인 3학기 미적분학 과정에 대한 이 부교재는 주제의 교육을 풍부하게 하고 지평을 넓히기 위하여 완전한 소프트웨어 패키지의 그래픽 능력과 계산 능력을 이용할 수 있는 기회를 제공하여 준다.

소프트웨어

저자는 소프트웨어 패키지로서 몇 가지 이유로 MATLAB을 사용하기로 결정하였다. 먼저 세 번째 학기의 미적분학을 수강하는 학생들에게는 MATLAB은 컴퓨터 작업에 대한 첫 번째 대면이 될 것이다. MATLAB의 쉬운 구문으로 인하여 학생들은 신속하게 컴퓨터에 익숙해질 수 있다. 두 번째로 MATLAB 그래픽 기능은 탁월하며 사용이 쉽다. 세 번째로 MATLAB으로 프로그램하는 것이 용이하며 간단한 루프를 이용하여 수치계산을 수행하는 것이 가능하다. MATLAB은 또한 기호처리 기능을 지니고 있는데 이는 Maple의 한 부분을 사용하는 것이다. 마지막으로 MATLAB은 공학에서 가장 널리 이용되는 소프트웨어 패키지가 되어가고 있다. 공학도들은 다른 교과과정들에서 MATLAB을 대할 것이다. 수학 과목에서 동일한 소프트웨어 패키지를 사용하는 것은 통합 프로젝트의 가능성을 허용하여 주는 것이다.

저자는 학생들이 MATLAB® 7.0이나 그 이상의 버전을 사용 가능하다고 간주하고 있다. 이는 저자가 인라인 함수들을 도입하며 일부 기호처리를 이용하기 때문이다. 그러나 인라인 함수 대신 m-파일을 작성할 수 있으며 기호처리는 이 책의 의도에 핵심이 되는 것은 아니다. 따라서 이 책은 MATLAB® 6.5.4.x 버전으로도 마찬가지로 만족스럽게 사용될 수 있다.

MATLAB® 도구로서 저자는 다변수 미적분학의 통상적인 주제들을 보완하는 컴퓨터용 자료들을 개발하였다. 학생들이 선형대수를 알고 있다고 간주하고 있지는 않다. 벡터와 행렬은 제 1장에서 MATLAB 명령어들의 이해에 충분할 정도로 수들의 배열들로 소개되고 있다. 행렬들의 곱은 제 6, 7 및 8장의 일부 내용을 제외하고는 필요하지 않다.

한 학기 동안에 사용될 수 있는 것보다 훨씬 더 많은 내용이 제시되고 있다. 강사는 교과과정에 가장 관련이 있는 주제를 자유로이 선택할 수 있다. 표준적인 주제들의 주요 개념들은 세부적인 내용이 없이 주어져 있다. 이 책은 그래프 제시와 수치계산의 수행을 위한 MATLAB 사용의 보기들을 강조하고 있다. 많은 보기들과 연습문제들은 생물학, 경제학, 공학, 그리고 물리학과 같은 응용분야들로부터 끌어낸 것들이다. 그 분야들은 뒤의 내용요약에서 그들이 나타나는 절과 함께 열거되어 있다.

MATLAB® 보기들은 종종 학생들이 연습문제 풀이를 위해 수정할 수 있는 짧은 코드들을 포함하고 있다. 나아가 저자는 초보적인 학생들이 프로그램하기에는 너무 시간이 걸릴 것으로 여겨지는 일부 그래프 표현들의 수행을 위해 다수의 MATLAB m-파일들을 작성하였다.

이 파일들은 저자의 웹 페이지 www.math.umd.edu/~jec 및 출판사의 웹 사이트인 www.harcourt-ap.com/mathematics.html에서 얻을 수 있다. 어떤 경우에는 학생들이 이 m-파일들을 사용하여 더 긴 코드들을 작성할 수 있다. 예를 들면 2차원 및 3차원으로 화살표를 붙이는 m-파일들이 있다. 이 m-파일들은 곡선과 곡면들에 대한 기울기 벡터의 논의에 이용될 수 있다.

아울러 강사의 시범용으로 이용되거나 학생들이 사용할 수 있는 m-파일 모음이 있다. 이 m-파일들은 부록에서 논의되고 있다.

내용요약

제 1장 및 제 2장은 MATLAB 에 대한 간단한 소개이다. 여기에 제시된 내용은 처음 시작하기에 적당하다. 곡선과 곡면들을 2차원 및 3차원으로 도시하는 것은 이후의 장들에서 필요에 따라 소개되고 있다.

제 3장은 선과 평면들을 다루는 준비마당이다. 보다 긴 연습문제들의 일부는 선과 평면으로 구성되는 그래픽 구조들을 구성할 것을 학생들에게 요구하고 있다.

문제 풀이를 위한 수치 알고리듬을 제시하는 다수의 절들이 있다. 제 4장에서는 곡선의 호의 길이를 계산함에 있어서 MATLAB의 수치 적분기가 이용되고 있다. 그러나 이에 더하여 학생들은 스스로의 코드를 작성하여 다각형 선 근사를 수행할 수 있다. 이는 계산의 결과로서 좌표 테이블로 주어지는 곡선들의 호의 길이를 계산하는 데에 필요하다. 수치미분이 소개되고 사용된다. 이러한 근사들에서 오차를 추정하는 문제에 주의가 기울여지고 있다.

제 5장에서는 편미분, 방향미분, 수준곡선, 그리고 접선 평면들이 그래프로 예시되고 있다. 연습문제들에서는 접선 평면에서 오차의 일부 수치 추정치들이 계산된다.

제 6장에서는 3변수 함수들의 수준 집합의 표시와 파라미터 곡면의 표시를 위한 그래픽 도구가 개발된다.

제 7장은 방정식 시스템들을 기호 및 수치적으로 푸는 것에 할애되어 있다. 2차원 뉴턴 방법이 제시되고 있다. 2차원 뉴턴 방법의 대화식 버전이 부록의 강사 시범모음에 포함되어 있다.

제 8장은 학생들이 2변수 함수의 수준곡선들을 대화식으로 탐색하고 이로부터 국부적 극점들과 등마루 점들 및 다른 거동들을 기하학적으로 구별하는 것을 익히게 하여 주는 m-파일들을 포함하고 있다. 이 장은 또한 제한된 최대와 최소 문제들을 탐구하는 데에 사용될 수 있는 대화식 m-파일을 포함하고 있다. 뉴턴 방법이 함수의 임계점들을 결정하는 방정식 시스템의 풀이에 사용되고 있다.

다중 적분에 관한 제 9장에서는 Simpson 규칙의 2차원 및 3차원 버전들이 수행되며 기호적으로는 수행될 수 없지만 응용에서는 흔한 적분들의 계산에 이용된다. 이는 학생들이 이 과정에서 얻을 수 있는 하나의 편리한 도구이다. 다중 적분에서 변수의 변환에 대한 공식은 그래프로 예시되어 있다.

표면적을 다루는 제 10장에서는 수치방법들을 이용하여 표면적을 위한 통상적인 적분값을 추정하고 있다. 그러나 이외에도 컴퓨터 그래픽에서와 같이 삼각 패치 근사를 이용하여 표면적 문제가 다루어지고 있다. 이 방법은 다음에 최소 표면적을 갖는 곡면을 찾는 데에 이용되며 이는 자연스럽게 다변수 함수의 최소화 문제로 이르게 된다.

마지막으로 제 11장은 curl, 발산, 그리고 Green, Gauss 및 Stokes 정리들을 다루고 있다. 여기에서 저자가 작성한 m-파일들은 학생들이 2차원 벡터장의 순환을 대화식으로 탐색할 수 있도록 하여주며 따라서 curl의 의미를 예시하여 주고 있다. 이와 유사하게 발산에 대한 개념의 제시에 플럭스 적분이 이용되고 있다.

제 12장은 정전기 및 유체흐름 문제들을 다루고 있다. 유체흐름에 관한 절들은 비교적 정도가 높으며 확실히 선택적인 내용이 될 것이다.

제 13장은 제 1장과 2장의 간단한 소개에서 다루지 않았던 MATLAB의 특징들에 관한 것이다.

연습문제

제 3장~제 12장의 말미에는 다변수 미적분학의 기본 개념들을 예시하고 응용문제들을 해결하기 위하여 MATLAB을 이용하는 연습문제들이 있다.

연습문제들에서 응용 분야들은 다음과 같이 다루어지고 있다:

공학: 3.4, 3.7, 3.11, 3.12, 3.13, 4.11, 4.12, 6.8, 6.15, 6.17, 7.8, 8.6, 9.6, 10.5, 10.6, 10.7
경제학: 8.15
물리학: 4.5, 4.10, 5.9, 6.3, 6.4, 8.10, 8.14, 9.13, 10.8
생물학: 5.10, 8.16
동물학: 9.14

많은 연습문제들은 상당히 짧으며 몇 줄의 명령어들로 수행될 수 있다. 그럼에도 불구하고 그래프들은 약간의 설명을 필요로 한다. ★표가 있는 연습문제는 몇 개의 단계들과 대체로 짧은 m-파일을 필요로 한다. ★★표가 있는 더 긴 연습문제는 전산 프로젝트로 이용될 수 있다.

저자는 학생들이 쉽고도 빈번하게 사용되는 도구로서 MATLAB에 익숙해져야 한다고 믿고 있기 때문에 저자의 강의에서는 보통 매 주마다 몇 가지의 짧은 연습문제들을 부과하고 2주나 3주마다 더 긴 문제를 부과하고 있다.

가능하다면 첫째 주 동안의 1시간이나 2시간 정도는 학생들이 강사의 지도 아래 처음 두 장들의 내용을 수행하여 볼 수 있는 컴퓨터실에서 보내야 한다.

고급 MATLAB®

Mathworks사(MATLAB 개발사)에서 만든 매뉴얼 이외에도 MATLAB에 대하여 많은 책들이 출판되었다. 이들은 초보적인 소개로부터 그 자체로서 하나의 전체적인 주제가 되는 MATLAB®의 그래픽에 관한 고급 사항들에 이르기까지 모양과 형태에 있어서 다양하다. 다음은 두 가지의 고급 참고서들이다.

MATLAB® 안내[1]. Desmond J. 및 Nicholas J. Higham, SIAM(산업 및 응용수학 협회), 2000.
과학계산 입문, MATLAB을 이용한 행렬-벡터 방법, 제 2판, Charles F. Van Loan, Prentice Hall, 1999.

웹 페이지

추가의 연습문제들과 프로그램들은 이들이 만들어지는 대로 저자의 웹 페이지인 www.math.umd.edu/~jec에 게시될 것이다. 독자들은 저자의 이메일 jec@math.umd.edu로 코멘트와 제안들을 보내줄 것을 권한다.

감사

저자는 원고 작성중에 많은 조언과 유용한 코멘트를 보내준 메릴랜드 대학교의 동료들에게 감사드리고 싶다. 특히 수학과목들에서의 컴퓨터에 대한 주제로 John Osborn과 자극이 되는 많은 대화를 나누었다. 이 책의 초기 버전을 검토한 많은 사람들은 많은 조언들을 보내줌으로써 최종 버전을 향상시켜 주었다. Kelvin Gormally와 Andrey Rukhin은 많은 연습문제들을 작업함으로써 상당한 기여를 하였다. 마지막으로 이 책의 내용들을 이용하고 유용한 조언들을 제시한 많은 학생들에게 감사하고 싶다.

---

[1] 역자 주: 2005년도에 출간된 이 책의 제 2판은 "MATLAB 프로그램 가이드북"이라는 제목으로 도서출판 아진에서 번역 출판되었다.

m-파일 목록

다음에 제시된 m-파일들은 그 파일들이 도입되는 각 장에 따라 열거한 것이다. 이 파일들은 저자의 웹 페이지인 www.math.umd.edu/~jec에서 얻을 수 있다.

제 3장

`arrow.m arrow3.m plane.m`

제 4장

`frenet.m`

제 5장

`xslice.m yslice.m mslice.m qsurf.m`

제 6장

`impl.m`

제 7장

`newton2.m`

제 8장

`findcrit.m lagrange.m`

제 9장

`riemann.m simp2.m simp3.m trf.m`

제 10장

`tsurf.m gdime.m`

제 11장

`lint.m flux2.m curl.m`

제 12장

`flow1.m flow2.m`

부록

`findroot.m minsurf.m flux3.m circ.m tplane.m tarea.m`

1

MATLAB®의 기초: 명령어 라인

이 장에서는 명령어 라인에서 수행될 수 있는 연산들을 논의하고 있다. 제 2장에서는 m-파일과 프로그램들을 다루게 된다.

1.1 첫 번째 단계

작업을 시작하기 위해 MATLAB을 작동시키면 다음과 같은 프롬프트를 보게 된다:

```
>>
```

이 프롬프트에 따라 연산에 대한 지침을 주거나 정보를 요구하는 경우 우리는 *명령어 라인* 상에서 작업하고 있다고 말한다.

명령어 라인 상에서는 $(2+3.5^2-4\cdot 7)/12$와 같은 간단한 연산을 수행할 수 있다:

```
>> (2+3.5^2 -4*7)/12
ans =
   -1.1458
```

이 계산은 변수 이름들을 어떤 양들에 할당함으로써 수행할 수도 있다:

```
>> x = 2+3.5^2
x =
   14.2500
>> y = 4*7
y =
    28
>> z = (x-y)/12
z =
   -1.1458
```

만일 중간 결과들을 보는 것을 원하지 않는다면 라인의 끝에 세미콜론을 넣음으로써 수치 결과들을 안보이게 할 수 있다. 그러면 명령어들과 출력들은 다음과 같이 나타난다:

```
>> x = 2+3.5^2;
>> y = 4*7;
>> z = (x-y)/12;
>> z
z =
   -1.1458
```

MATLAB®은 이중 정밀도로 수치계산을 수행하는데 이는 15자리이다. 보통은 5자리만 나타난다. 15자리들을 모두 보고 싶다면 명령어 format long을 이용한다:

```
>> format long
>> z
z =
  -1.14583333333333
```

짧은 형식으로 되돌아가려면 format short을 입력한다.

에러 메시지

입력을 잘못하면 MATLAB은 에러 메시지를 반환할 것이다. 이 메시지는 간혹 에러의 위치를 알려준다. 예를 들면 다음은 3*x에서 *를 빠뜨린 경우이다:

```
>> x = 4;
>> 3x
??? 3x
```

```
        |
Error: Missing MATLAB operator.
```

다른 예를 보면

```
>> 2*(x+y
??? 2*(x+y
          |
Error: Incomplete or misformed expression or statement.
```

수정하기

에러를 수정하려면 물론 명령어들을 다시 타이프할 수 있다. 그러나 표현이 길다면 두 번째 타이프하는 중에 더 많은 잘못을 저지를 수 있다. 불행히도 커서를 수정하고자 하는 라인으로 이동시킬 수 없다. 대신 원하는 라인에 도달할 때까지 위쪽 화살표 키를 누르고 잘못된 문자에 이를 때까지 왼쪽 및 오른쪽 화살표 키를 누를 수 있다. 잘못을 수정하고 엔터 키를 누른다.

종료하기

MATLAB®을 종료하려면 quit를 입력한다.

MATLAB®이 계산에서 빠져나오지 못하거나 긴 시간이 걸리는 경우 MATLAB을 종료하지 않고 계산을 중단하고 싶다면 Ctrl+C를 입력한다.

도움말

MATLAB®에서 제공되는 실시간 도움말에 따라 대부분의 연산에 대한 도움말을 키 입력으로 얻을 수 있다. 특정 명령어나 연산에 대한 정보를 얻으려면 단순히 help *명령어 이름*을 입력한다. 예를 들어 그래프 명령어의 사용 방법에 대한 정보를 얻으려면 help plot을 입력한다.

1.2 벡터와 행렬

벡터와 행렬은 MATLAB 환경의 기본 요소들이다. 이 책에서는 *벡터*라는 용어가 두 가지의 서로 연관된 방법으로 사용되고 있다.

제 3장에서 벡터는 힘이나 속도와 같은 물리적 및 기하학적 양들을 나타내는 데에 사용되

는 2차원 및 3차원 공간에서의 방향을 가진 선분을 지칭한다.

이 장에서는 벡터는 수평이나 수직으로 쓰여진 수들의 목록을 의미한다. 예를 들면

$$u = [2,\ 1.3,\ \sqrt{2},\ 8,\ -4,\ \pi]$$

혹은

$$v = \begin{bmatrix} 1 \\ -2 \\ \pi \\ 4.2 \end{bmatrix}$$

에서 u는 행벡터, v는 열벡터라고 말한다.

*행렬*은 숫자들을 사각형 모양으로 배열한 것이다. 예를 들면

$$A = \begin{bmatrix} 1 & 2 & 3 & 9 \\ 4 & 5 & 6.1 & -2 \\ \pi/2 & 1/3 & 4 & -1 \end{bmatrix}$$

행렬의 차원은 행과 열들의 수이며 보통 행의 수를 처음에 표기한다. 위의 행렬 A는 3×4 행렬이다. 행벡터 u는 1×6 행렬이며 열벡터 v는 4×1 행렬이다. 5.2와 같은 하나의 숫자는 *스칼라*로서 1×1 행렬로 간주될 수 있다. 행렬의 원소들은 흔히 $a_{i,j}$로 나타내는데 여기에서 i는 행 인수이고 j는 열 인수이다. 예를 들면 행렬 A에서 $a_{2,1} = 4$이고 $a_{3,2} = 1/3$이다.

m×n 실수행렬 A의 *전치*는 A의 행과 열을 서로 교환하여 얻어지는 n×m 행렬이다. 전치행렬은 A^T로 나타낸다. 위의 행렬 A의 전치는

$$A^T = \begin{bmatrix} 1 & 4 & \pi/2 \\ 2 & 5 & 1/3 \\ 3 & 6.1 & 4 \\ 9 & -2 & -1 \end{bmatrix}$$

이다.

벡터와 행렬에 대하여 다양한 연산들이 수행될 수 있으며 이들을 MATLAB을 통하여 예시할 것이다.

벡터와 행렬의 구성

행렬은 한 번에 원소 하나씩을 타이프하여 입력한다. 행렬

$$A = \begin{bmatrix} 1 & 2 & 3 \\ 4 & 5 & 6 \end{bmatrix}$$

를 입력하려면 다음과 같이 타이프한다:

```
>> A = [1 2 3;4 5 6]
A =
     1     2     3
     4     5     6
```

행을 나누기 위해서 세미콜론을 사용하고 있음을 주목하자. 또한 문장을 정의한 다음 세미콜론을 붙임으로써 출력을 감추는 것을 상기하자. 이는 행렬이나 벡터의 원소가 수천 개라면 특히 중요하다.

실수 행렬의 전치는 명령어 A'으로 얻어진다. 행벡터 x가

```
>> x = [1 5 4 8 10]
```

와 같이 정의된다면 명령어 x'에 의하여 x는 열벡터로 전환된다. 행렬이나 벡터가 복소수 원소들을 갖는다면 명령어 A'는 Hermitian 전치를 생성하는데 이는 원소들의 공액 복소수에 따른 전치이다. 예를 들면

```
>> Z = [1+i 2 1;2+5i i 2]
Z =
   1.0000 + 1.0000i   2.0000                1.0000
   2.0000 + 5.0000i        0 + 1.0000i   2.0000
>> Z'
ans =
   1.0000 - 1.0000i   2.0000 - 5.0000i
   2.0000                  0 - 1.0000i
   1.0000             2.0000
```

공액 복소수를 취하지 않고 전치를 얻으려면 A.'를 이용한다. ' 앞에 점을 사용하고 있음을 주목하자.

벡터나 행렬의 차원을 알아보려면 다음과 같이 size 명령어를 이용한다:

```
>> size(A)
ans =
     2     3
>> size(x)
ans =
     1     5
>> size(x')
ans =
     5     1
```

벡터나 행렬에서 그 위치를 지정함으로써 특정 원소를 볼 수 있다:

```
>> A(1,2)
ans =
     2
>> x(5)
ans =
    10
```

우리는 종종 하나의 원소를 한 번에 입력하기에는 너무 큰 벡터나 행렬을 처리해야 할 때가 있다. 원소들에 어떤 공식이나 규칙적인 패턴이 존재한다면 특별한 명령어들을 사용할 수 있다. 예를 들어 점 (0, .1, .2, .3, .4, ..., 5.9, 6)로 이루어지는 벡터 x를 입력한다고 가정하자. 이 경우 다음 명령어를 이용할 수 있다:

```
>> x = 0:.1:6;
```

이 행벡터는 61개의 원소들을 갖는다. 동일한 벡터를 생성하는 다른 방법은 명령어 linspace (이는 "linear spacing"을 의미한다)를 사용하는 것이다:

```
>> x = linspace(0,6,61);
```

이는 하나의 구간을 길이가 같은 다수의 부분구간으로 나누고자 할 때 유용하다. 예를 들면 theta = linspace(0, 2*pi, 41)은 구간 $[0, 2\pi]$를 40개의 동일 부분구간들로 나눔으로써 원소의 수가 41개인 벡터를 생성하여 준다.

주어진 벡터 x와 같은 차원을 갖는 0이나 1의 벡터를 생성하려면 다음과 같은 명령어를

이용한다:

```
>> y = ones(size(x));
>> z = zeros(size(x));
```

이는 행렬에서도 마찬가지이다:

```
>> Z = zeros(size(A));
>> Y = ones(size(A))
Y =
     1     1     1
     1     1     1
```

차원을 주고서 1이나 0의 행렬을 지정할 수도 있다:

```
>> Z = zeros(2,3)
Z =
     0     0     0
     0     0     0
```

n×n 단위행렬은 명령어 eye(n)으로 생성된다. 성긴 행렬이나 대각 행렬들을 입력하기 위한 특별한 명령어들이 있다. 더 많은 정보를 원한다면 help sparse, 혹은 help diag를 입력한다.

1.3 배열 연산

행렬의 연산

행렬을 더하고 빼는 것은 당연하고 자연스러운 방법으로 이루어진다:

```
>> B = [2 0 -1; 1 2 7];
>> A + B
ans =
     3     2     2
     5     7    13
```

보통 차원이 같은 행렬들만을 함께 더할 수 있다. 그러나 MATLAB에는 매우 유용한 예외가 있다. 행렬 A의 원소 각각에 같은 수 c를 더한다고 가정하자. 이는 명령어 A + c*ones(size(A)), 혹은 간단히 A+c로 수행할 수 있다. 특히 x가 벡터이면 명령어 x+t에 의하여 x의 각 성분에 스칼라 t를 더할 수 있다.

우리는 언제나 행렬에 스칼라를 곱하거나 행렬을 0이 아닌 스칼라로 나눌 수 있다.

```
>> 2 * A
ans =
     2     4     6
     8    10    12
>> A/2
ans =
    0.5000    1.0000    1.5000
    2.0000    2.5000    3.0000
```

배열 연산

행렬에서 원소끼리 연산 조작을 수행할 수도 있다. 이는 *배열 연산*이라고 불린다. 배열 곱이 하나의 예이다. 만일 A와 B가 원소가 각각 $a_{i,j}$ 및 $b_{i,j}$이고 크기가 같은 두 행렬이라면 명령어

```
>> C = A.*B
```

는 원소가 $c_{i,j}=a_{i,j}b_{i,j}$인 같은 크기의 다른 행렬 C를 생성한다. 예를 들어 앞에서 정의한 동일한 2×3 행렬 A와 B를 이용한다면

```
>> C = A.*B
C =
     2     0    -3
     4    10    42
```

스칼라에 멱급수를 붙이려면 명령어 5^2를 이용한다. 이 연산을 행렬의 각 원소들에 적용한다면 .^2를 이용한다. 예를 들어 만일 각 원소가 행렬 A의 원소들의 제곱인 새로운 행렬을 만들고자 한다면 다음을 입력한다:

```
>> A.^2
ans =
```

```
     1     4     9
    16    25    36
```

같은 크기의 두 행렬에서 원소들끼리의 나눗셈을 수행하는 일종의 배열 나눗셈도 있다:

```
>> D = [1 3 5; -2 4 -1];
>> A./D
ans =
    1.0000    0.6667    0.6000
   -2.0000    1.2500   -6.0000
```

1.4 행렬의 곱과 선형 시스템

행렬들 간의 다른 종류의 곱셈은 방정식들의 선형 시스템에 대한 고려에서 유발된다. A를 2 ×3 행렬

$$A = \begin{bmatrix} a_{11} & a_{12} & a_{13} \\ a_{21} & a_{22} & a_{23} \end{bmatrix}$$

이라 하고 x를

$$x = \begin{bmatrix} x_1 \\ x_2 \\ x_3 \end{bmatrix}$$

와 같은 3×1 열벡터라고 하자. 곱 Ax는 다음과 같은 원소를 갖는 2×1 열벡터로 정의된다:

$$\begin{bmatrix} a_{11}x_1 + a_{12}x_2 + a_{13}x_3 \\ a_{21}x_1 + a_{22}x_2 + a_{23}x_3 \end{bmatrix}$$

이와 같은 벡터에 의한 행렬의 곱의 정의에 따르면 미지수가 x_1, x_2, x_3의 세 개인 두 방정식들의 선형 시스템

$$\begin{aligned} a_{11}x_1 + a_{12}x_2 + a_{13}x_3 = b_1 \\ a_{21}x_1 + a_{22}x_2 + a_{23}x_3 = b_2 \end{aligned}$$

은 간단히

$$\mathrm{Ax} = b$$

로 쓸 수 있다. 여기에서 b는 2×1 열벡터

$$\begin{bmatrix} b_1 \\ b_2 \end{bmatrix}$$

이다. 보다 일반적으로 만일 $A = [a_{ij}]$가 m×n 행렬이고 $x = [x_1, x_2, \cdots, x_n]$이 n×1 열벡터라 하면 Ax는 i번째 성분이

$$\sum_{j=1}^{n} a_{ij} x_j$$

인 m×1 열벡터로 정의된다. 이러한 방법으로 n 개의 미지수 x_j를 갖는 m 개의 선형방정식 시스템

$$\sum_{j=1}^{n} a_{ij} x_j = b_i, \quad i = 1, \cdots, m$$

은 간단히

$$\mathrm{Ax = b} \tag{1.1}$$

로 쓸 수 있다.

이제 A를 m×n 행렬이고 B를 n×p 행렬이라고 하자. B의 열을 $\mathrm{B}_j = [b_{ij}],\quad j = 1, \cdots, p$로 두고

$$\mathrm{AB = C} \tag{1.2}$$

로 정의하면 C는 m×p 행렬로서 그 열들은 m×1 열벡터인 $C_j = AB_j,\ j = 1, \cdots, p$ 들이다. 원소들은

$$c_{ij} = \sum_{k=1}^{n} a_{ik} b_{kj}$$

로 주어진다. 이러한 행렬곱 AB는 m×n 행렬 A와 n×p 행렬 B에 대해서만 정의된다. A의 열 차원은 B의 행 차원과 동일해야 한다.

MATLAB®에서는 * 기호를 써서 이러한 방식으로 행렬들을 곱할 수 있다. 이러한 종류의 행렬연산은 앞에 점이 없이 * 기호를 사용한다는 사실을 아는 것은 매우 중요하다. 배열 곱에 .* 기호를 사용함을 상기하자. 차원들이 맞는 행렬들이 있다고 가정하면:

```
>> A = [1 2; 3 3; 4 5];
>> B = [-1 3; 5 1];
>> C = A*B;
>> C
C =
     9     5
    12    12
    21    17
```

A가 n×n의 정방행렬이면 A는 그 자신에 몇 번이고 곱하여질 수 있다. k번의 곱 $AA \cdots A$ 는 A^k로 나타낸다. 행렬의 멱급수에 대한 MATLAB 명령어는 A^k 이다. 이 명령어는 앞에 점을 갖지 않음을 주목하자. A.^k는 A의 각 원소에 대한 k번째 멱급수를 나타내는 배열연산을 의미한다.

n×n 행렬 A와 n 열 벡터 b가 주어졌다면 선형 시스템 Ax = b 는 몇 가지 방법으로 해결될 수 있다. 가장 간단한 방법은 명령어 A\b를 사용하는 것이다:

```
>> A = [1 2 3; 4 5 6; 6 7 9];
>> b = [1 0 1]';
>> x = A\b;
>> x
x =
   -0.0000
   -2.0000
    1.6667
```

명령어 A\b는 부분 피버팅을 이용하는 가우스 소거법을 이용하여 선형 시스템을 푼다.

1.5 MATLAB® 함수

MATLAB®은 기본적으로 수치함수와 기호표현 함수의 두 가지 함수들을 갖는다. *수치함수*는 사실 숫자들에 연산을 수행하여 숫자들을 생성하는 짧은 프로그램이다. *함수의 기호표현*은 기호 변수들에 연산을 수행하여 기호로 표시되는 결과를 생성한다. 이 기호표현들은 미분이나 적분과 같은 연산으로 처리될 수 있다. 함수의 기호표현에 대해서는 다음 절에서 논의하기로 한다.

MATLAB®은 $\sin x$, $\cos x$, $\tan x$, $\exp x$, $\log x$, 그리고 $\sqrt{x}$와 같은 통상적인 내장 수치함수들을 지니고 있다. 이 함수들은 행렬을 인수로 받을 수 있는데 이 경우 함수는 그 행렬의 각 원소에 적용된다. 그러한 함수는 *배열-스마트*라고 말한다. 예를 들면 코사인 함수는 행렬에 적용될 수 있다:

```
>> T = [2 3 pi; 8 pi/2 1];
>> cos(T)
ans =
   -0.4161   -0.9900   -1.0000
   -0.1455    0.0000    0.5403
>> sqrt(A)
ans =
    1.0000    1.4142    1.7321
    2.0000    2.2361    2.4495
    2.4495    2.6458    3.0000
```

나아가 많은 다른 특수 함수들도 사용이 가능하다. 이들에는 명령어 erf(x)로 호출되는 오차함수, 그리고 모든 차수의 Bessel 함수들이 포함된다. 또한 행렬 A의 고유치들을 구하는 eig(A)와 같은 행렬들에 대한 정보를 규명하는 선형대수 함수들이 있다.

그럼에도 불구하고 우리는 종종 단일변수, 2변수, 혹은 3변수의 수치함수들을 스스로 구성해야 할 필요가 있을 것이다. 이 절에서 우리는 단일변수 함수들만을 고려할 것이다. 다수변수들의 함수들은 이후의 장에서 논의될 것이다.

MATLAB®의 버전 5 이전에는 수치함수들은 *m 파일*로 불리는 별도의 파일들로만 구성될 수 있었다. 이러한 함수구축 방법은 제 2장에서 다룰 것이다.

버전 5 이상에서는 명령어 라인 상에서 수치함수를 구성하는 쉬운 방법이 있다. 이러한 종류의 수치함수는 *인라인 함수*라 불린다. 다음은 간단한 예이다:

```
>> f = inline('x^3 + x - 1')
```

```
f =
     Inline function:
     f(x) = x^3 + x - 1
```

x=2에서 $f(x) = x^3 + x - 1$을 계산하려면 f(2)를 입력한다. 함수가 배열-스마트이기를 바란다면

```
>> f = inline('x.^3 + x - 1')
```

라고 써야 한다. 여기에서 우리는 배열 연산을 위해 .^를 사용하였다. 이러한 방법으로 생성된 함수들은 벡터와 행렬들을 인수들로 받아들일 수 있다. 함수는 벡터나 행렬의 각 원소들에 적용될 것이다. 예를 들면 행렬 A가

```
>> A = [1 2 3; 4 5 6];
```

와 같다면

```
>> B = f(A)
B =
     1     9    29
    67   129   221
```

많은 계산과 그래프 작성을 위해 수치함수들이 배열-스마트일 필요가 있을 것이다.

초보자들의 가장 흔한 실수들 가운데 하나는 연산 *, /, 그리고 ^ 앞에 점을 삽입함으로써 그들의 수치함수들을 배열-스마트가 되게 하는 것을 잊는다는 것이다.

불행히도 인라인 함수를 더하거나 곱하여 새로운 함수를 만들 수 없다. 인라인 함수 g를

```
>> g = inline('cos(x) + x')
g =
     Inline function:
     g(x) = cos(x) + x
```

와 같이 정의한다면 함수 f+g를 생성하기 위하여 명령어

```
>> h = f+g
```

를 이용할 수는 없다. 대신 다음과 같이 새로운 인라인 함수를 정의해야 한다:

```
>> h = inline('x.^3 +2*x - 1 + cos(x)')
```

1.6 기호 계산

지금까지 우리는 컴퓨터에서 MATLAB을 대규모의 정교한 계산기로 사용해 왔다. 예를 들면 숫자들의 행렬 A를 입력하면 그의 행렬값을 하나의 숫자로 구할 수 있다. 우리는 또한 수치 함수들을 생성하였다. 그러나 MATLAB은 표현들을 기호적으로 처리할 수 있는 능력을 갖추고 있다. 대수연산을 수행하고 함수를 미분하고 적분하며 방정식 시스템을 풀고 상미분 방정식을 해결하여 주는 도구들이 있다. 이 도구들은 캐나다 워털루 대학교에서 개발된 Maple 소프트웨어 프로그램에서 유래된 것들이다.

기호표현의 생성

변수 x, y, z, a, b, c 등은 다음과 같이 기호변수로 선언될 수 있다:

```
>> syms x y z a b c
```

이 명령어는 좀 더 복잡한 명령어 sym('x', 'y', 'z', 'a', 'b', 'c'), 혹은 이보다도 더 정교한 x = sym('x'), y = sym('y'), ... 에 대한 축약이다. 이 변수들을 이용하여 식을 정의할 수 있으며 이 식들은 기호적으로 처리될 수 있다. 예를 들면 행렬 A를

```
>> A = [a b 1; 0 1 c; x 0 0]
A =
[ a, b, 1]
[ 0, 1, c]
[ x, 0, 0]
```

와 같이 정의할 수 있다. A는 기호식이므로 통상적인 MATLAB 명령어를 이용하여 그 행렬값을 변수 a, b, c, x로 계산할 수 있다.

```
>> d = det(A)
d =
x*(b*c-1)
```

기호로 정의되는 함수

함수 f(x)는 다음과 같이 기호 표현으로 정의될 수 있다:

```
>> f = a*x^2 + b*x + c + 2*cos(x)
f =
a*x^2+b*x+c+2*cos(x)
```

기호 표현에서는 배열연산 .^, .*, ./을 사용하지 않음을 주목하자. 이는 기호 표현들이 벡터나 행렬들에 직접 적용되지 않기 때문이다.

이 함수에 대한 기호 표현은 단순한 명령어 f(2)로 계산될 수 없다. 이에는 후에 설명될 다른 명령어들이 필요하다.

이제 위의 기호식을 다음과 같이 미분할 수 있다:

```
>> diff(f)
ans =
2*a*x+b-2*sin(x)
```

MATLAB®은 알파벳에서 x에 가장 가까운 변수에 대하여 미분을 수행한다. 변수 a에 대하여 함수 f를 미분하고자 한다면 명령어에 이를 지정해 주어야 한다: diff(f,a). 미분에 대하여 연산을 더 수행하고 싶다면 미분에 이름을 부여할 수 있는데 이는 다른 기호식에 대한 이름이 될 것이다:

```
>> fprime = diff(f)
fprime =
2*a*x+b-2*sin(x)
```

fprime을 미분하거나 diff 연산에 변화를 가함으로써 2차 미분을 계산할 수 있다:

```
>> diff(f,2)
ans =
2*a-2*cos(x)
```

고차 미분들은 diff(f,3), diff(f,4) 등으로 계산된다.

아울러 기호로 정의된 함수의 역미분을 구할 수 있다. 예를 들어 앞에서 정의된 것과 동일한 함수를 이용하면

```
>> int(f)
ans =
1/3*a*x^3+1/2*b*x^2+c*x+2*sin(x)
```

이 연산은 부정적분을 제시하여 주는데 임의의 상수를 여기에 더하여 줄 수 있다. 이를테면 구간 [0, 3]에서 정적분을 계산하려면 다음과 같은 명령어를 사용한다:

```
>> int(f, 0, 3)
ans =
9*a+9/2*b+3*c+2*sin(3)
```

여기에서 우리는 식을 x에 대하여 적분하는 것으로 간주하였다. 대신에 적분 변수로서 a를 생각하고 있다면 명령어에서 이를 지정하여 주어야 한다:

```
>> int(f,a)
ans =
1/2*a^2*x^2+b*x*a+c*a+2*cos(x)*a
```

많은 다른 연산들도 가능하다. 이들을 알아보려면 help sym/int.m을 입력한다.

기호 표현의 계산

식에서 파라미터 값들을 어떻게 지정하여 주며 어느 한 점에서 기호로 정의된 함수를 어떻게 계산할 것인가? 이는 치환 명령어 subs를 이용하여 수행된다. 구문은 subs(f,old,new)로서 파라미터의 이전 값들과 변수들은 새 값들로 대체된다.

예를 들어 파라미터 a, b, c는 그대로 두고 x = 3에서 이전에 정의된 함수 f를 계산하고 싶다면 다음과 같이 입력한다:

```
>> subs(f,x,3)
ans =
9*a+3*b+c+2*cos(3)
```

결과는 여전히 기호식으로 나타난다. 파라미터 값들을 지정하고 싶다면 예를 들어 a=2, b=−3, c=9와 같이 지정할 경우 다음과 같이 한다:

```
>> g = subs(f, [a b c], [2 -3 9])
```

```
g =
2*x^2-3*x+9+2*cos(x)
```

이제 우리는 하나의 변수 x에만 의존하는 기호식을 갖게 되었다. 이 함수를 어느 특정한 위치, 예를 들면 x=−1.5에서 계산하려면 다른 치환 subs(g,x,−1.5)를 이용한다:

```
>> subs(g,x,-1.5)
ans =
   18.1415
```

여기에서도 많은 변경이 가능하며 자세한 내용은 help sym/subs.m을 참조한다.

제 13장에서는 기호식을 인라인 함수로 전환시키는 방법을 다루고 있다. 이는 기호 계산에서 나타나는 다수 변수들의 함수를 도시하는 데에 있어서 중요하다.

방정식의 기호적 풀이

MATLAB®은 어떤 방정식들을 기호적으로 풀어서 그 식의 파라미터들로 나타낼 수도 있다. 예를 들어 방정식 $ax^2+bx+c=0$을 풀려면 기호 변수 x, a, b, c와 식 $f=ax^2+bx+c$을 정의한다:

```
>> syms x a b c
>> f = a*x^2+b*x+c;
>> solve(f)
ans =
 1/2/a*(-b+(b^2-4*c*a)^(1/2))
 1/2/a*(-b-(b^2-4*c*a)^(1/2))
```

물론 이들은 2차방정식 공식의 두 근들이다. 명령어 solve는 사용자가 방정식 f(x)=0을 풀기를 원하는 것으로 간주한다.

다른 보기로서 다음과 같은 방정식을 고려하여 보자:

$$\ln(y)-\ln(r-y)=kt+C$$

이 식을 풀어 y를 t, r, k, C로 나타내려면 $f=\ln(y)-\ln(r-y)-kt-C$ 에 대한 기호식을 사용할 수 있다. 명령어 solve(f,y)는 MATLAB에게 방정식

$$f(t,y,r,k,C)=0$$

을 다른 변수들을 이용하여 y에 대해 풀 것을 지시한다:

```
>> syms t y r k C
>> f = log(y) - log(r-y) - k*t - C;
>> y = solve(f,y)
y =
r/(1+exp(k*t+C))*exp(k*t+C)
```

이제 다음과 같은 명령어를 이용하여 y=5가 되는 t의 값을 다른 파라미터 r, k, C로 나타낼 수 있다:

```
>> solve(y-5,t)
ans =
(-C+log(5/(r-5)))/k
```

이후의 장들에서 다수의 변수들을 포함하는 방정식 시스템들의 풀이방법을 살펴보게 될 것이다.

1.7 2차원 그래프

수치함수의 그래프

MATLAB®은 탁월한 그래프 도구들을 지니고 있다. 이 절에서 우리는 가장 기초적인 것들 가운데 일부만을 다룰 것이다. 2차원 그래프로 시작하기로 한다. 2차원에서의 기본적인 MATLAB 그래프 절차는 x 좌표의 벡터 $x=(x_1,\cdots,x_N)$과 y 좌표의 벡터 $y=(y_1,\cdots,y_N)$을 취하고 점 $(x_j,\ y_j)$를 정한 다음 이들을 직선들로 연결하는 것이다. 명령어는 plot(x,y)이다. 벡터 x = (1,2,3,4,5)와 y = (−1,2,3,1,5)를 이러한 방법으로 도시하면 그림 1.1과 같은 그래프가 생성된다:

```
>> x = [1 2 3 4 5];
>> y = [-1 2 3 1 5];
>> plot(x,y)
```

수치함수 역시 동일한 방법으로 그래프로 나타낼 수 있다. 예를 들어 구간 $[-\pi,\pi]$에서 함수 cos(x)의 그래프를 얻으려면 먼저 x 좌표의 벡터를 생성한 다음 이 점들에서의 cos(x)의 값들인 y 좌표 벡터를 생성한다. 마지막으로 점들이 도시되고 직선들로 연결된다:

```
>> x = linspace(-pi,pi,51);
>> y = cos(x);
>> plot(x,y)
```

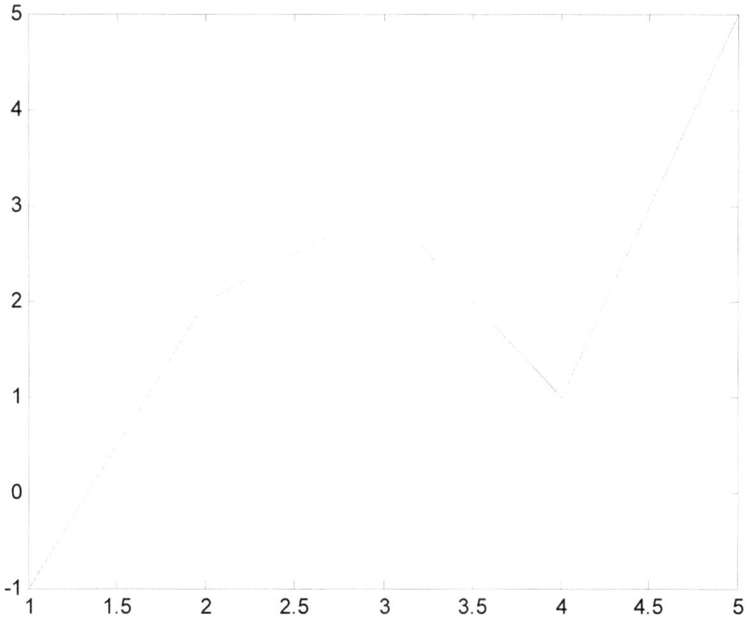

그림 1.1 벡터 x = (1,2,3,4,5)와 y = (−1,2,3,1,5)의 그래프

만일 함수 f가 인라인 함수로 정의된다면 명령어 plot(x,f(x))로 도시할 수 있다. 예를 들어 구간 [0,5]에서 $f(x)=x^3+x-1$를 도시하고 싶다면 다음 명령어들을 사용한다:

```
>> f = inline('x.^3 + x - 1');
>> x = linspace(0,5,101);
>> plot(x,f(x))
```

MATLAB® 5.0이나 그 이상의 버전에서 단일곡선의 색은 기본적으로 청색이지만 다른 색들도 사용이 가능하다. 원하는 색은 문자열인 세 번째 인수로 지시된다. 예를 들면 plot(x,y, 'r')에 따라 빨간색이 선택된다. r 전후의 인용부호를 유의하자. 색 표는 다음과 같다:

y	노랑색
m	진분홍색
c	청록색
r	빨강색
g	녹색
b	청색
w	흰색
k	검정색

색과 기호의 목록 전체를 보려면 help plot을 입력한다.

두 가지 방법을 이용하여 같은 그래프에 여러 개의 곡선들을 나타낼 수 있다. 곡선은 각각이 n×1이나 1×n의 동일한 차원을 갖는 벡터 x, y의 쌍으로 결정되어 짐을 상기하자. 차원이 m×1이나 1×m(m은 n과 다를 수 있다)인 다른 쌍의 벡터 z, w가 있다고 가정하자. 같은 그래프에 두 곡선들을 나타내는 첫 번째 방법은 명령어

```
>> plot(x,y,z,w)
```

를 이용하는 것이다. 이들은 각각 청색과 녹색으로 나타날 것이다.

배열-스마트 인라인 함수로 주어진 두 함수 f와 g는 다음과 같이 하여 exp(x)와 함께 구간 [−1,4] 상에서 도시될 수 있다:

```
>> x = -1:.1:4;
>> plot(x,f(x),x,g(x),x,exp(x))
```

세 개의 곡선들은 서로 다른 색들로 나타날 것이다.

같은 그래프에 여러 곡선들을 나타내는 두 번째 방법은 명령어 hold on을 이용하는 것이다:

```
>> plot(x,y)
>> hold on
>> plot(z,w)
>> hold off
```

이들 두 곡선들은 같은 색으로 나타날 것이다. 세 함수 f(x), g(x), e^x는 다음과 같이 하여 함께 도시될 수 있다:

```
>> plot(x,f(x))
>> hold on
>> plot(x,g(x))
>> plot(x,exp(x))
>> hold off
```

ezplot 명령어

명령어 ezplot는 기호로 정의된 함수들의 그래프 작성에 주로 사용된다. f가 기호식이고 구간 [1,5]에서 f를 도시하고자 한다면 하나의 명령어 ezplot(f,[1,5])에 의하여 이를 수행할 수 있다. 예를 들면

```
>> syms x
>> f = cos(x)^2*exp(x);
>> ezplot(f,[1,5])
```

이는 기호계산으로 복잡한 표현이 얻어질 때 가장 유용할 수 있다. 함수 $f(x)=(\cos x)^2 e^x$를 사용하는 경우 f의 2차 미분을 신속하게 도시하고자 할 때 다음과 같이 한다:

```
>> g = diff(f,2);
>> ezplot(g,[1,5])
```

ezplot 명령어는 그래프 작성을 위해 그 자체의 점들을 취하는데 함수가 빠르게 변하면 많은 점들을, 느리게 변하면 적은 수의 점들을 취한다.

MATLAB® 5.2 이상의 버전들에서는 ezplot의 기능이 (애니메이션과 함께) 2차원이나 3차원에서 파라미터와 함께 주어진 곡선들의 그래프 작성으로 확장되었다. 이 명령어는 또한 2 변수 함수의 그래프 작성으로도 확장되었다. 각 주제를 고려할 때마다 이러한 새로운 기능들을 살펴보게 될 것이다.

추가의 그래프 속성들

추가의 명령어들을 이용하여 라벨과 제목을 그래프에 붙일 수 있다. 예를 들면

```
>> xlabel(' t, 이륙 후의 시간(초)')
>> ylabel(' h, 지상 고도(미터)')
>> title(' 로켓의 수직상승')
```

axis **명령어**. 명령어 plot(x,y)를 사용하는 경우 MATLAB은 자동적으로 사각형 $[x_{\min}, x_{\max}] \times [y_{\min}, y_{\max}]$ 안에 곡선을 그려준다. 이 척도를 바꾸고 싶다면, 혹은 그래프의 일부를 확장하거나 그래프를 사각형 $[a,b] \times [c,d]$ 안에 나타내고 싶다면 axis([a b c d])를 이용한다. 명령어 axis('auto') (다른 형태는 axis auto 이다)를 이용하여 축 척도를 자동(내장) 모드로 되돌릴 수 있다.

zoom **명령어**. 이 명령어는 마우스를 사용하여 그래프의 일부를 확대하는 데에 대한 다른 방법이다. 명령어 zoom on을 입력하여 보자. 다음에 부풀리고 싶은 그래프 영역으로 포인터를 움직인다. 마우스의 왼쪽 버튼을 눌러보자. 이로써 그 부분이 2배만큼 확대되었을 것이다. 한번 더 클릭하면 다시 2배로 커진다. 오른쪽 마우스 버튼을 클릭하면 반대 효과가 나타난다. 명령어 zoom out은 원래 그림으로 되돌아가게 하여준다. zoom off는 zoom 속성을 정지시켜 준다.

1.8 작업공간의 운용과 도움말 얻기

방정식을 풀고 함수의 그래프를 그릴 수 있게 되었으므로 다음의 유틸리티 명령어들이 매우 유용함을 알게 될 것이다.

작업공간 명령어

이 명령어들은 작업공간에 존재하는 것들을 찾아보고 불필요한 변수들을 없애는 것을 가능하게 하여준다.

who는 현재의 작업공간에 있는 변수들과 그 형태들을 보여준다.
clear는 작업공간을 지운다; 모든 변수들이 제거된다.
clear x y g는 변수 x 및 y와 함수(기호나 인라인함수 모두) g들만을 제거한다.
clf는 그림창을 제거한다
close는 그림창을 닫는다.

정보의 획득

명령어나 기능의 이름을 알고 있으며 이에 대한 정보를 원하는 경우 help (*명령어 이름*)을 입력함을 상기하자. 명령어가 m-파일을 호출하고 그 m-파일의 코드를 스크린에 나타나게 하고 싶을 때에는 type (*명령어 이름*)을 입력한다. 예를 들면 fzero는 단일변수 함수의 근을 구하여준다. 이의 사용에 대한 정보를 얻으려면 help fzero를 입력한다. 이의 코드를 보려면 type fzero를 입력한다. 어느 디렉토리에서 fzero를 찾을 수 있는가를 알아보려면 which fzero를 입력한다.

어떤 도움말과 코드들은 상당히 길며 스크린 상에서 빠르게 지나간다. 이들을 한 번에 한 스크린씩 살펴보려면 질문 명령어 입력 전에 more on을 입력한다. 이 작업이 끝나면 more off를 입력한다.

명령어의 이름을 안다면 이러한 정보는 매우 접근하기가 쉽다. 그러나 어떤 종류의 문제를 다루는 명령어들을 MATLAB이 지니고 있는지의 여부를 알고 싶을 경우가 있다. 이 경우 lookfor 명령어를 사용할 수 있다. 예를 들어 벡터나 행렬의 가장 큰 원소를 찾는 함수를 MATLAB이 지니고 있는지를 알고 싶다고 가정하자. 이 경우 lookfor largest를 입력한다:

```
>> lookfor largest
INTMAX Largest positive integer value.
REALMAX Largest positive floating point number.
MAX    Largest component.
largestuiwidth.m: % LARGESTEUIWIDTH Return the uicontrol extent width
of the largest string in
NNFMC Find largest column vector in matrix.
largestuiwidth.m: % LARGESTEUIWIDTH Return the uicontrol extent width
of the largest string in
DENORMALMAX  Largest denormalized quantized number.
REALMAX Largest positive quantized number.
```

help max를 입력하면 다음을 얻는다:

```
>> help max
 MAX    Largest component.
    For vectors, MAX(X) is the largest element in X. For matrices,
    MAX(X) is a row vector containing the maximum element from each
    column. For N-D arrays, MAX(X) operates along the first
    non-singleton dimension.
              .
```

```
            .
            .
            .
    See also min, median, mean, sort.

    Overloaded functions or methods (ones with the same name in other
    directories)
       help quantizer/max.m
       help fints/max.m
       help localpspline/max.m
       help localpoly/max.m

    Reference page in Help browser
       doc max
```

2

MATLAB®의 기초: m-파일

MATLAB®에서 파일을 생성하고 편집하는 방법을 다루기로 한다. 함수 m-파일과 스크립트 m-파일에 대한 설명이 뒤이어진다. 이 장은 작업을 저장하고 그림을 출력하고 문서를 준비하는 방법에 대한 내용으로 끝맺는다.

2.1 MATLAB®에서의 파일의 생성과 편집

명령어 라인에서 MATLAB으로 작업하는 것은 사용자가 이용하는 컴퓨터의 형태와는 사실상 무관하다. PC, Mac, 그리고 Unix 컴퓨터를 위한 여러 가지 서로 다른 MATLAB 버전들은 이들 각각의 컴퓨터 상에서 동일한 방법으로 수행되도록 맞추어져 있다. 그러나 명령어 라인을 넘어서면 차이가 나타난다. 우리가 m-파일로 불리는 파일을 생성하고 편집하려는 것은

1. 좀 더 복잡한 함수들을 생성하고 저장
2. 더욱 긴 명령어들을 작성하고 기록

할 필요가 있기 때문이다.

PC와 Mac

PC와 Mac 상에서 MATLAB은 그 자신의 편집기를 제공한다. 명령어 창의 상부 왼쪽 구석

에서 "File"을 클릭하면 "File"메뉴가 열린다. 새 m-파일을 작성하려면 "New"를 클릭하고 "M-File"을 선택한다. 이로부터 다른 창이 뜨는데 이는 MATLAB의 편집기/디버거이다. 대개 일련의 MATLAB 명령어들로 이루어지는 사용자 자신의 파일을 작성한 다음 편집기/디버거 창의 "File" 메뉴를 연다. 파일 이름을 정하고 "Save As" 메뉴를 선택하여 저장할 수 있다. 이는 보통 사용자의 파일을 현재의 작업 디렉토리에 저장하여 주며 명령어 라인에서 이 파일이름을 호출하면 MATLAB은 그 파일을 찾아준다. 그러나 공유된 시스템에서 작업하고 있는 경우 다른 조정이 있을 수 있으며 시스템 운영자와 상의해야 한다.

사용자가 파일을 저장한 후에 편집기/디버거 창을 닫지 않도록 한다. 아주 흔히 명령어들에 오류가 존재하며 이 경우 파일로 되돌아와서 이를 수정해야 한다. 파일이 여전히 편집기/디버거 창에 남아 있으면 이를 수정할 수 있다. 그러나 이러한 수정내용은 편집기/디버거 창의 "File" 메뉴로 가서 "Save"를 클릭하기 전에는 파일에 기록되지 않는다.

Unix 컴퓨터

버전 5.2 이전의 MATLAB의 Unix 버전에는 그 자체의 편집기가 없었다. 이 경우에는 사용자가 별도의 창에서 동일 작업 디렉토리로 vi, emacs, 혹은 pico와 같은 Unix 편집기를 선택해야 한다. 명령어 !vi [*파일이름*]을 입력함으로써 MATLAB 명령어 창에서 작업하는 것이 가능하다. 이 경우 MATLAB은 사용자가 파일 편집을 마칠 때까지 국부적 시스템으로 제어를 넘겨준다.

버전 5.2 이상의 MATLAB에서는 명령어 edit가 편집기/디버거 창을 불러오며 이를 이용하여 PC에서와 마찬가지로 작업할 수 있다.

이제 여러분은 우리가 어떤 종류의 파일을 작성하게 되는지 매우 궁금해 할 것이다.

2.2 m-파일

m-파일은 여러 번 거듭하여 타이프하기에는 길고 지루한 일련의 명령어들을 취합하는 매우 편리하고도 유연한 방법이다. m-파일은 다른 때에 사용할 수 있도록 저장될 수 있다. m-파일에는 함수 m-파일과 스크립트 m-파일의 두 가지가 있으며 m-파일의 이름에는 언제나 확장자 .m이 붙는다.

함수 m-파일

함수 m-파일들은 대부분 그 표현이 길거나 복잡한 수치함수들을 작성하고 향후의 사용을 위해서 이를 저장하고자 할 때 주로 사용된다.

다음과 같은 함수의 값을 계산할 필요가 있다고 하자:

$$f(x) = \frac{xe^{-\sin x}}{1+x^2}$$

우리는 x=2에서 f를 계산하려면 명령어 라인에서 f(2)만 입력할 필요가 있도록 이름이 f.m인 함수 m-파일을 생성할 수 있다. 이 m-파일은 사용자가 MATLAB을 이용하는 것과 동일한 디렉토리에 있어야 한다. 다음은 m-파일의 모양이다. 함수 m-파일은 언제나 함수 선언문으로 시작한다:

```
function y = f(x)
y = x*exp(-sin(x))/(1+x^2);
```

이렇게 하면 함수는 x에 대한 스칼라 값만 취할 수 있다. 그러나 배열연산을 위한 기호를 이용하면 다음과 같이 쓸 수 있다:

```
function y = f(x)
y = x.*exp(-sin(x))./(1+x.^2);
```

이 함수는 이제 배열-스마트하며 벡터와 행렬에 대해서도 사용될 수 있다. 분모에서는 스칼라 1을 벡터 x.^2에 더하여 다른 벡터를 생성하고 이는 x.*exp(−sin(x))를 배열 형태로 나누어지고 있음을 주목하자.

구분적으로 정의되는 함수들 역시 배열-스마트 형태로 구성될 수 있다. 다음 예를 보자:

$$f(x) = \begin{cases} x & x < 0 \\ x^2 & o \le x < 2 \\ 4 & x \ge 2 \end{cases}$$

이러한 형태의 함수의 구성 요체는 $(-\infty, a)$ 및 (a, ∞) 형태의 구간들에 대한 특성함수들이다. 예를 들면 $(-\infty, a)$에 대한 특성함수는 c(x) = 1이고 $x \ge a$에 대해서는 c(x) = 0이다. 우리는 MATLAB 논리표현(x<a)을 사용한다. 스칼라 x를 적용하면 함수는 부등식이 참일 경우 1을, 거짓일 경우 0을 반환한다. n 벡터 $x = (x_1, \cdots, x_n)$에 적용되면 논리함수 (x<a)는 0들과 1들의 n 벡터를 반환하는데 부등식이 참이면 1들을, 거짓이면 0들을 반환한

다. 논리함수 (x>a)와 (x<=a)는 동일한 방법으로 작용한다. 구간 $(-\infty, 3)$의 특성함수에 대한 m-파일은 다음과 같다:

```
function y = c(x)
y = (x < 3);
```

x<3에 대하여 c(x) = 1이고 $x \geq 3$에 대하여 c(x) = 0 임을 확인하여 보라. 이제 f에 대하여 배열-스마트한 m-파일을 만들어 보자:

```
function y = f(x)
y1 = x.*(x < 0);
y2 = x.^2.*((x<2) - (x<0));
y3 = 4*(1 - (x<2));
y = y1 + y2 + y3;
```

마지막으로 함수의 정의를 위해 m-파일에서 사용된 변수들은 "모조" 변수들임을 유의하자. 함수의 호출에는 어떠한 변수이름도 사용이 가능하다. 예를 들면 위에서 정의된 함수 f에 대하여 다음과 같은 문장을 사용할 수 있다:

```
>> s = -2:.1:4;
>> r = f(s);
```

첫 번째 명령어는 원소 수가 61인 벡터 s를 정의하며 두 번째 명령어는 각 $i = 1, \cdots, 61$에 대하여 $r_i = f(s_i)$인 다른 벡터 r을 계산한다.

함수 구성의 요약

우리는 MATLAB으로 함수를 생성하는 세 가지 방법을 살펴보았다.

*수치*함수들은 인라인 함수(1.5절)와 함수 m-파일(이 절)을 이용하여 구성한다.

함수에 대한 *기호표현*은 1.6절에서 언급한 기호연산을 이용하여 구성되고 처리된다.

그래프 작성

명령어 plot은 인라인 함수를 이용하는 것과 동일한 방법으로 m-파일로 정의된 수치함수를 이용한다. 즉 plot(x,f(x))는 m-파일 f.m으로 주어진 함수의 그래프를 작성하여 준다.

그러나 명령어 ezplot은 약간 다른 호출을 이용한다. 인라인 함수로 주어지거나 기호로 정의된 함수의 경우 호출은 ezplot(f,1,3)과 같음을 상기하자. 함수가 m-파일 f.m으로 주어지면 호출은 ezplot('f',1,3)과 같다. 인용부호의 사용을 주목하자. 이러한 차이점을 자주 보게 될 것이다.

ezplot은 다른 함수에 연산을 수행할 수 있는 함수 m-파일의 보기이다. 함수 m-파일들은 호출의 인수로서 함수의 이름을 가진다. 함수가 인라인 함수로 주어지면 함수의 이름은 f 혹은 g 등이다. 함수가 m-파일로 주어지면 함수의 이름은 'f', 혹은 'g' 등이다. 2.3절에 이러한 형태의 함수 m-파일에 대한 보기 두 개가 제시되어 있다.

2.3 함수의 함수

MATLAB®은 함수에 작용하는 *함수의 함수*로 불리는 수많은 루틴들을 지니고 있다. 이들은 일반적으로 함수 이름들과 변수들을 인수로 갖는다. 이후에 이용하게 될 두 개의 보기들만을 제시하기로 한다.

근을 구하는 fzero는 방정식 $f(x)=0$의 근들에 대한 수치 추정치를 찾는다. 먼저 f를 m-파일이나 인라인 함수로 정의한다. 만일 f가 구간 $[x_0, x_1]$에서 연속이며 부호가 변한다면 이 구간에서 $f(x)=0$의 근 x^*가 존재한다. f가 인라인 함수로 정의되면 root = fzero(f, [x0, x1])으로부터 근의 수치 추정치를 얻을 수 있다. f가 m-파일로 정의되면 호출은 root = fzero('f', [x0, x1])과 같다. 후자의 경우 f 앞뒤에 인용부호를 사용함을 주의하자.

보기 2.1

함수 $f(x)=\sin x-\dfrac{x}{2}$는 구간 [1,3]에서 부호가 변한다. 이 구간에서 $f(x)=0$의 근을 구하려면 다음과 같은 명령어들을 이용한다:

```
>> f = inline('sin(x) - x/2');
>> root = fzero(f, [1 3])
root =
    1.8955
```

fzero와 함께 사용될 수 있는 옵션들이 많이 있다. 함수의 함수 fzero는 제 7장에서 더 논의될 것이다.

우리가 사용하게 될 두 번째의 중요한 루틴은 수치적분기이다. f(x)가 구간 [a,b]에서 주어져 있다면 호출 quad8(f,a,b)는 $\int_a^b f(x)dx$에 대한 수치 추정치를 계산한다. 여기에서도 f가 m-파일로 정의되면 호출에서 인용부호를 사용해야 한다. 이러한 수치 적분기는 제 9장에서 더 자세히 논의될 것이다. help quad8을 입력하면 자세한 정보를 얻을 수 있다.

2.4 스크립트 m-파일

스크립트 m-파일은 프로그램을 구성하는 일련의 명령어들을 모으는 데에 이용된다. 명령어 라인에서 스크립트 m-파일의 이름을 입력하면 프로그램이 수행될 것이다. 두 가지 보기를 들어보기로 한다.

보기 2.2

구간 [0,20]에서 $n=1,2,\cdots,10$에 대하여 함수 $f_n(x)=x^n e^{-nx}$의 그래프를 동일 그래프 상에 나타낸다고 하자. 이는 명령어 라인에서 plot 명령어와 hold on을 여러 번 반복 사용하여 수행할 수 있다. 그러나 언제든 그래프를 다시 생성시켜주는 보다 나은 방법은 반복되는 일련의 연산들을 수행하는 짧은 프로그램을 작성하는 것이다. 이를 graphs.m이라 하자. 여기에서는 for 루프를 이용할 것이다. 다음은 이 프로그램의 스크립트이다:

```
x = 0:.1:20;
for n = 1:10
   plot(x, x.^n.*exp(-n*x))
   hold on
end
hold off
```

명령어 end는 루프를 닫는 데에 필요하다. 이 스크립트를 수행하려면 명령어 라인에서 graphs를 입력한다. graphs.m을 입력하지 않도록 한다.

보기 2.3

이 보기에서는 구간 [0, 10]에 존재하는 방정식 $f(x)=e^{-x}-\sin x=0$의 4 근들을 구하는 데에 fzero를 이용할 것이다. 다음은 수행 시에 사용자가 4 근들에 대한 추정치를 입력하도록 한 다음 근을 계산하여 주는 스크립트이다:

```
f = inline('exp(x) - sin(x)')
x = linspace(0,10,101);
plot(x,f(x), x, 0*x, 'g')
est = input('4개 추정치를 벡터 [*, *, *, *]와 같이 입력:  ')
for n = 1:4
    root = fzero(f,est(n))
end
```

그래프 작성에서는 0과 동일한 함수를 아울러 나타내었다. 이는 그림에서 x 축을 녹색으로 나타내어주며 근들이 어디에 위치하는지를 보다 쉽게 볼 수 있게 한다. 그래프 작성 후에는 프로그램은 사용자가 4개의 숫자를 벡터 [a,b,c,d]의 형태로 입력하도록 기다린다.

코멘트의 입력

몇 개의 단계들을 포함하는 함수 m-파일이나 스크립트 m-파일에서는 각 단계들을 코멘트 라인으로 구별하는 것이 작성자나 제 삼자 모두에게 도움이 된다. *코멘트 라인*은 퍼센트 기호 %로 시작된다. 스크립트나 함수 m-파일이 수행되면 코멘트 라인은 무시된다. 코멘트 라인 사용의 예는 2.5절의 스크립트 m-파일 myexp.m에서 볼 수 있다.

작업공간

스크립트 m-파일과 함수 m-파일 사이의 중요한 차이는 작업공간이 이용되는 방법에 있다. 스크립트 m-파일에서는 변수들의 모든 정의와 계산들이 명령어 라인으로부터 접근이 가능한 작업공간에서 이루어진다. 보기 2.3에서 벡터 x는 스크립트를 수행한 후에 단순히 명령어 라인 상에서 x를 입력하기만 하면 즉시 볼 수 있다.

이와 반대로 함수 m-파일에서는 명령어 라인 상에서 변수들에 대한 접근이 불가능하다. 함수 m-파일은 명령어 라인 작업공간과는 무관하게 그 자신의 작업공간을 지니고 있다. 이러한 배치에 따라 혼동의 염려없이 어떤 함수 m-파일에서와 동일한 변수 이름들을 다른 함수 m-파일에서 사용할 수 있다. 예를 들면 단일변수 함수를 사용하는 모든 함수 m-파일은 그 변수를 x로 부른다.

2.5 MATLAB® 문서

작업의 저장

프로젝트를 끝내기 전에 MATLAB 작업을 정지해야 하며 이 때 지금까지 한 작업을 보존하고 싶을 경우가 있다. m-파일들은 후의 사용을 위해 사용자의 디렉토리에 보존될 것이다. 그러나 명령어 라인에서 작성한 표현들로서 사용자가 보존하고 싶은 것들이 있을 수 있다. 이때에는 명령어 save를 사용한다. 예를 들면 계산 과정에서 어떤 대규모의 행렬 A, B, C와 기호식 f = a*x^2 + b*x + c를 입력하였다고 하자. 다음번 작업에서 이 행렬들을 재입력하거나 이 기호식을 다시 타이프하고 싶지 않다고 하자. 이 경우 명령어 save hotstuff를 사용하여 이들을 예를 들면 파일 hotstuff에 저장할 수 있다. 이렇게 하면 사용자가 사용한 모든 변수들의 값들이 저장될 것이다. A, B, C의 값들만을 저장하고 싶다면 명령어를 save hotstuff A B C로 다시 입력한다. 다음번 작업에서 이 변수들을 불러오려면 명령어 load hotstuff를 사용한다.

그림의 저장

후에 추가의 작업을 할 수 있도록 그림을 저장하려면 예를 들면 fig1.m과 같은 m-파일에 그림을 생성한 명령어들을 넣는다. 명령어 라인에서 fig1을 입력하면 그림이 생성될 것이다.

그림을 출력하려면 그림창의 왼쪽 상부에 있는 "file" 버튼을 클릭하고 print를 선택한다. 명령어 라인에서 print를 타이프할 수도 있다. 이렇게 하면 프린터로 연결된 독자적인 컴퓨터에서 작업하는 경우 그림이 인쇄될 것이다. 네트워크 상에서 작업한다면 추가의 지시가 필요할 지도 모른다. 시스템 운영자에게 도움을 청하면 된다.

다른 문서에 포함될 그림을 준비하려면 그림에 예를 들면 Fig1과 같이 이름을 부여하고 명령어 print -deps Fig1을 이용한다. 이렇게 하면 그림이 암호화된 포스트스크립트 파일 Fig1.eps의 형태로 현재의 작업 디렉토리에 저장될 것이다. 사용자의 컴퓨터나 시스템이 포스트스크립트 파일을 프린트할 수 있다면 그림 역시 프린트될 수 있다. 프린트 옵션을 보려면 help print를 입력한다.

MATLAB® 문서의 작성

사용자의 MATLAB 작업을 잘 조직되고 읽기 좋은 형태로 제시할 수 있는 것이 중요하다. 이를 위한 약간의 안내지침들을 소개하고자 한다. 보기를 들어 예시하기로 한다. 어떤 과제에서 문제 1은 e^x에 대한 급수 수열에서 처음 5개 항의 합을 구하고 이를 MATLAB 함수

exp(x)와 비교하며 그 결과를 구간 [-2,2]에서 그래프로 나타내도록 요구하고 있다고 가정하자. 이는 myexp.m으로 부르게 될 스크립트 m-파일로 수행될 수 있다. 이 파일은 다음과 같은 일련의 명령어들로 이루어진다:

```
% 함수를 계산하고 그래프로 나타낼 점들의 벡터를 정의한다.
x = -2:.2:2;

% 근사식에서 첫 번째 항은 1로 둔다.
term = ones(size(x));
y = term;

% 항 들을 더하고 그 결과를 벡터 y에 저장한다.
for n = 1:4
    term = term.*(x/n);
    y = y + term;
end

% 결과를 열 벡터로 나타낸다.
[x', y', exp(x)', (y-exp(x))']
maxerror = max(abs(y - exp(x)))
plot(x,y,x,exp(x),'--')
```

이제 명령어 myexp를 입력하면 스크린에 4 열의 숫자들과 "maxerror"이 보이고 그림창에 그래프가 나타날 것이다. 이 프로그램을 출력과 함께 제출하려면 diary 명령어를 사용한다. diary (*파일 이름*)은 모든 출력과 키보드 명령어들을 편집될 수 있는 텍스트 파일로 둔다. 프로그램을 수행한 후 명령어 diary off를 입력하면 실제로 파일에 기록된다. 여기에서 다음과 같이 입력하여 보자:

```
>> diary problem1
>> myexp
>> diary off
```

파일 problem1은 스크린에 나타나는 수치 출력을 포함하지만 그래프는 포함하지 않는다. edit problem1을 입력하면 편집기 창에 다음과 같은 파일 내용이 나타난다:

```
myexp
ans =
```

```
   -2.0000    0.3333    0.1353    0.1980
   -1.8000    0.2854    0.1653    0.1201
   -1.6000    0.2704    0.2019    0.0685
      ⋮          ⋮          ⋮          ⋮
    1.6000    4.8357    4.9530   -0.1173
    1.8000    5.8294    6.0496   -0.2202
    2.0000    7.0000    7.3891   -0.3891
maxerror =
    0.3891
diary off
```

프로그램 자체의 명령어들은 problem1에 들어있지 않음을 주목하자. 프로그램 명령어들을 함께 넣으려면 명령어 type를 이용한다:

```
>> diary problem1
>> type myexp
>> myexp
>> diary off
```

명령어 type는 MATLAB m-파일 코드를 스크린 상에 재생하여 준다.

파일 problem1을 편집하면 열 들의 상부에 라벨을 추가하고 계산의 결과에 대한 설명을 붙이는 것이 가능하다. 그래프에 대한 설명도 그림 1, 그림 2 등과 같이 인용하면서 여기에서 추가할 수 있다. 다음은 편집 후의 problem1 파일로서 프로그램을 처음에 삽입하고 두 번째 페이지에 그래프를 보인 것이다(그림 2.1 참조):

```
Problem 1
이는 지수함수에 대한 5-항 근사를 구간 [-2,2]에서 계산하는 데에 이용되는
'myexp" 프로그램이다.
x = -2:.2:2;
term = ones(size(x));
y = term;
for n = 1:4
    term = term.*(x/n);
    y = y + term;
end
[x', y', exp(x)', (y-exp(x))']
maxerror = max(abs(y - exp(x)))
plot(x,y,x,exp(x),'--')
title('그림 1. 5-항 근사와 실제 exp(x)(점선)')
```

근사값들은 벡터 **y**이며 **MATLAB** 지수함수와 비교된다. 다음은 그 결과이다:

```
    x          y        exp(x)    error=y-exp(x)

  -2.0000    0.3333    0.1353    0.1980
  -1.8000    0.2854    0.1653    0.1201
  -1.6000    0.2704    0.2019    0.0685
     ⋮          ⋮         ⋮          ⋮
   1.6000    4.8357    4.9530   -0.1173
   1.8000    5.8294    6.0496   -0.2202
   2.0000    7.0000    7.3891   -0.3891

maxerror =
   0.3891
```

코멘트: 첨부된 그림1에서 알 수 있듯이 5항 근사는 구간 [-1,1]에서는 잘 맞는다. 사실 표로부터 이 구간에서의 최대 오차는 0.0099임을 알 수 있다.

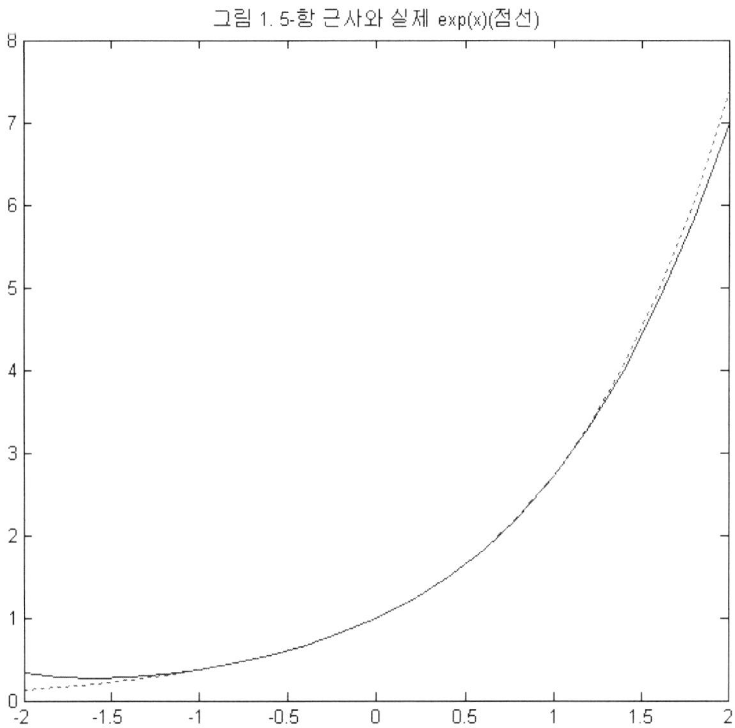

그림 2.1 스크립트 파일 myexp에 의하여 생성된 그림.

윈도우즈에서의 diary 명령어

윈도우즈 PC를 사용하고 있다면 확장자 .txt를 붙여 diary를 파일에 저장한다. 예를 들면

```
>> diary myexp.txt
```

확장자가 txt인 파일은 노트패드 편집기로 바로 호출하여 편집할 수 있다.

3
벡터, 선, 그리고 평면

이 장에서는 "평평한 기하학"의 일부 요소들, 즉 벡터, 선, 그리고 평면들을 다루고 있다. 그래프 표시를 위하여 다음의 m-파일들을 준비하여 이 장에서 사용되도록 하였다.

이 장에서 사용되는 미리 작성된 m-파일들

```
arrow    arrow3    plane
```

3.1 벡터

벡터는 속도, 가속도, 힘 등을 나타내는 데에 사용되는 2차원이나 3차원 공간에서의 방향을 갖는 선분이다. 벡터는 작용점, 방향, 그리고 크기를 갖는다. 벡터는 보통 $v=[a,b,c]$와 같이 3성분들로 주어진다. 벡터의 크기는 그 성분들의 유클리드 놈(norm)으로서 $\| v \| = \sqrt{a^2+b^2+c^2}$로 표시된다. 벡터 v의 방향은 단위벡터 $u=\dfrac{v}{\| v \|}$이다. 작용점은 점 $P_0=(x_0,y_0,z_0)$로 주어진다. 물론 2차원 공간에서 작용점과 벡터는 두 개의 성분만을 갖는다.

m-파일 arrow, arrow3

m-파일 arrow와 arrow3는 벡터를 각각 2차원과 3차원으로 나타내는 데에 사용될 수 있는 함수 m-파일들이다. 예를 들어 모두 점 $P_0=(2,6)$에 작용하는 벡터 v=[1,2]와 w=[-2, 2]를 나타내고 싶다면 다음과 같은 명령어들을 사용한다:

```
>> P0 = [2 6];
>> v = [1 2];
>> arrow(P0,v)
>> hold on
>> w = [-2 2];
>> arrow(P0,w)
>> arrow(P0,v+w,'r')
>> axis equal
>> hold off
```

arrow에 대한 처음 두 호출에서 우리는 색을 지정하지 않았으며 화살표가 기본색인 청색으로 나타남을 주목하자. 세 번째 호출에서 세 번째의 인수 'r'을 추가하였는데 이는 사용되는 색을 빨강으로 지정해 준다. 이 세 번째 호출에서는 동일함 점 P_0에 작용하는 합 벡터 v+w를 나타내었다.

동일한 명령어들이 m-파일 arrow3.m에서도 같은 방법으로 작용한다.

마지막에서 두 번째 명령어 axis equal은 스크린 상에서 축 상의 단위들이 동일한 물리적 길이를 갖도록 함으로써 벡터 사이의 각들이 스크린에 나타나는 것과 같도록 하여준다. 결과는 그림 3.1에 나타나 있다.

그림 3.1 점 $P_0 = (2,6)$에 작용하는 벡터 v=[1,2], w=[−2,2], 그리고 v+w.

수치 벡터 v의 크기는 하나의 MATLAB 명령어 norm(v)로 계산할 수 있다. 두 수치 벡터 v와 w가 행 벡터(1×3 행렬)들로 입력되면 그들의 스칼라 곱 $v \cdot w$는 행렬곱 v*w'로 계산할 수 있다. 실수벡터의 경우 스칼라 곱은 명령어 dot(v,w)로도 계산된다.

v'*w를 이용한다면 원소가 $v_i w_j$인 3×3 행렬이 얻어짐을 유의하자. 마지막으로 교차곱 $v \times w$는 MATLAB 명령어 cross(v,w)로 계산할 수 있다.

비록 norm 명령어가 기호 벡터에는 적용될 수 없지만 스칼라 곱과 교차곱은 다음에 보인 바와 같이 기호 벡터에 적용할 수 있다:

```
>> format compact
>> syms a b c x y z
>> v = [a b c]
v =
[ a, b, c]

>> w = [x y z]
w =
[ x, y, z]

>> cross(v,w)
ans =
[ b*z-c*y, c*x-a*z, a*y-b*x]

>> v*w'
ans =
a*conj(x)+b*conj(y)+c*conj(z)
```

마지막 결과에서 MATLAB은 벡터의 원소들이 복소수가 될 가능성을 허용하고 있으며 복소수 스칼라 곱을 계산함을 알 수 있다. 명령어 dot(v,w)을 사용한다면 그 결과는 conj(a)*x + conj(b)*y + conj(c)*z로서 약간 이상하다. 여기에서 공액은 통상적인 두 번째 인자가 아닌 첫 번째 인자에 작용한다.

3.2 2차원과 3차원 공간에서의 선의 작도

2차원 공간에서 두 점 $P_0 = (x_0,\ y_0)$와 $P_1 = (x_1,\ y_1)$을 알고 있다면 plot 명령어를 이용하여 선을 그릴 수 있다:

```
>> plot([x0,x1], [y0,y1])
```

마찬가지로 3차원 공간에 두 점 $P_0=(x_0,\ y_0,\ z_0)$와 $P_1=(x_1,\ y_1,\ z_1)$이 있다면 MATLAB 명령어 plot3을 이용할 수 있다:

```
>> plot3([x0,x1], [y0,y1], [z0,z1])
```

5개의 점 $P_j=(x_j,\ y_j,\ z_j)$, $j=0,\cdots,4$ 들을 연결하는 다각형 선을 그리려면 다음과 같은 명령어를 이용한다:

```
>> x = [x0, x1, x2, x3, x4];
>> y = [y0, y1, y2, y3, y4];
>> z = [z0, z1, z2, z3, z4];
>> plot3(x,y,z)
```

연결선이 없이 예를 들어 *표로 점들을 나타내려면 마지막 명령어를 plot3(x,y,z,'*')로 대체한다. 연결선들이 있고 점들을 *로 표시하려면 다음과 같이 한다:

```
>> plot3(x,y,z)
>> hold on
>> plot3(x,y,z,'*')
```

그래프 표현에 유용한 다른 명령어로서 fill 명령어가 있다. 좌표벡터 $x=[x_1,x_2,x_3,x_4]$와 $y=[y_1,y_2,y_3,y_4]$는 $x_4=x_1$이고 $y_4=y_1$이면 x−y 평면에서 삼각형의 꼭지점들이 된다. 이 삼각형을 한 가지 색으로 채우려면 fill(x,y,'r')을 입력한다. 여기에서는 빨간 색을 선택하였다. 마지막 꼭지점이 첫 번째 꼭지점과 다르면 fill 명령어는 마지막 두 꼭지점을 연결하여 주는데 이로써 사변형을 채우는 셈이다. 임의의 다각형을 채우는 데에도 동일한 과정이 적용된다.

3차원 공간의 경우 다각형 선을 그릴 때와 같이 좌표를 나타내는 세 벡터들을 제시한다. 그러면 명령어 fill3(x,y,z,'r')은 이 다각형을 빨간색으로 채운다. 그러나 그 결과는 보는 각도에 따라 달라진다. 점들이 모두 동일한 평면상에 존재하면 일관된 결과가 얻어진다.

다음에 2차원과 3차원 공간에서 파라미터로 표현된 선을 살펴보자. L=[a,b,c]가 그 선에 대한 접선이며 그 선은 점 $P_0=(x_0,y_0,z_0)$를 지난다고 하면 이 선의 파라미터 식은 다음과 같다:

$$x(t) = x_0 + at, \quad y(t) = y_0 + bt, \quad z(t) = z_0 + ct \tag{3.1}$$

이제 $P(t) = P_0 + tL$로 쓸 수 있으며 $P(0) = P_0$이다.

이와 같이 주어진 선은 쉽게 도시된다. t에 대한 범위를 먼저 정한다. 예를 들면 $t_1 \le t \le t_2$에서 선을 나타낸다고 하자. 이 경우 $P(t_1) = (x_0 + at_1,\ y_0 + bt_1,\ z_0 + ct_1)$과 $P(t_2) = (x_0 + at_2,\ y_0 + bt_2,\ z_0 + ct_2)$는 선 위의 두 점들이다. 위에서 논의한 그래프 명령어들을 이용할 수 있다. $x_0,\ y_0,\ z_0,\ a,\ b,\ c$와 $t_1,\ t_2$에 대한 값들을 입력한 후 다음을 입력한다:

```
>> x = [x0+a*t1, x0+a*t2];
>> y = [y0+b*t1, y0+b*t2];
>> z = [z0+c*t1, z0+c*t2];
>> plot3(x,y,z)
```

보기 3.1

위와 같은 선을 그리는 다른 방법으로서 곡선을 다루는 다음 장에서 수행하게 될 것과 유사한 방법은 t 값들의 벡터를 생성한 후에 다음과 같이 해당되는 좌표값들을 구하는 것이다(여기에서 $t_1 = -1,\ t_2 = 1$이다):

```
t = -1:0.01:1;
x = x0 + a*t;
y = y0 + b*t;
z = z0 + c*t;
plot3(x,y,z)
hold on
L = [a b c];
P0 = [x0 y0 z0];
arrow3(P0,L,'r')
hold off
```

P_0에서 선에 접하는 접선 벡터는 선의 방향을 나타낸다.

3.3 평면

3차원 공간에서 2차원 평면은 몇 가지 방법으로 정할 수 있다. 먼저 수직 방향 N=[a,b,c]와 면이 포함하고 있는 점 $P_0=(x_0,\ y_0,\ z_0)$가 주어져 있다고 가정하자. P_0를 포함하며 정규 방향이 N인 면은 벡터 $P-P_0$가 N에 직교가 되는 점 P=(x,y,z)들의 집합으로 정의된다. 좌표로 나타내면 면은 식

$$\{(x,y,z)\ :\ (x-x_0)a+(y-y_0)b+(z-z_0)c=0\}$$

혹은

$$ax+by+cz=d\equiv ax_0+by_0+cz_0 \tag{3.2}$$

로 주어진다.

공간에 세 점 $P_0=(x_0,\ y_0,\ z_0)$, $P_1=(x_1,\ y_1,\ z_1)$, $P_2=(x_2,\ y_2,\ z_2)$가 주어져 있다면 이 세 점들은 일의적으로 면을 정의한다. 수직 방향 N을 구함으로써 이 평면의 식을 앞의 형태로 얻을 수 있다. v는 P_0에서 P_1으로의 벡터이고 w는 P_0에서 P_2까지의 벡터라고 하자. 이들을 성분으로 나타내면 다음과 같다:

$$v=[x_1-x_0,\ y_1-y_0,\ z_1-z_0]\quad w=[x_2-x_0,\ y_2-y_0,\ z_2-z_0]$$

이제 $N=v\times w$로 하면 N은 v와 w 모두에 대하여 직교가 될 것이다. 이 N과 P_0를 이용하면 이전과 같이 면의 식을 생성할 수 있다.

계수 $c\neq 0$이면, 즉 N이 x-y 평면상에 있지 않으면 식 (3.2)를 z에 대하여 풀고 평면을 두 변수들의 함수로 도시할 수 있다:

$$z=f(x,y)=z_0-\frac{1}{c}\{a(x-x_0)+b(y-y_0)\} \tag{3.3}$$

제 5장에서는 두 변수들의 함수들을 그래프로 나타내는 방법을 익히게 될 것이다.

잠시 선의 파라미터 식에 대한 2차원 변형인 면의 다른 표현방법을 알아보기로 한다. 여기에서 주요 요소들은 점 P_0 및 정규벡터 N과 직교인 것으로 간주되는 임의의 두 벡터 v와 w이다. 아울러 v는 w의 스칼라 곱이 아니라고 가정하자. 이 벡터들은 이전과 마찬가지로

평면에서 두 개의 다른 점 P_1과 P_2를 알면 얻을 수 있다. 이제 $s,t \in R$에 대하여 벡터

$$u = sv + tw$$

는 두 벡터 v와 w의 *선형조합*이라고 말한다. v와 w의 임의의 선형조합 역시 N과 직교인데 이는

$$N \cdot (sv + tw) = sN \cdot v + tN \cdot w = 0$$

이기 때문이다. 따라서 평면상의 점 P는

$$P = P_0 + sv + tw \qquad s,\ t \in R \tag{3.4}$$

로 주어진다. 좌표를 이용하는 경우 $v = [v_1,\ v_2,\ v_3]$, $w = [w_1,\ w_2,\ w_3]$라면 $P = (x, y, z)$로서

$$\begin{aligned} x &= x_0 + sv_1 + tw_1 \\ y &= y_0 + sv_2 + tw_2 \\ z &= z_0 + sv_3 + tw_3, \qquad s,\ t \in R \end{aligned} \tag{3.5}$$

이다. 식 (3.5)는 *평면에 대한 파라미터식*이다. 이는 선에 관한 파라미터식 (3.1)의 유사형태이다.

식 (3.5)는 평면에서 점의 위치를 지정하는 데에 이용될 수 있다. P_0에 대한 x_0, y_0, z_0의 값들은 물론 v의 성분 v_1, v_2, v_3와 w의 성분 w_1, w_2, w_3들이 모두 입력되었다고 하자. 그러면 다음과 같은 짤막한 스크립트 파일을 이용하여 점들을 평면상에 화살표로 나타낼 수 있다(그림 3.2 참조):

```
P0 = [x0 y0 z0];
v = [v1 v2 v3]; w = [w1 w2 w3];
for s = -1:0.5:1
   for t = -1:0.5:1
      arrow3(P0, s*v+t*w)
      hold on
   end
end
xlabel('x'), ylabel('y'), zlabel('z')
```

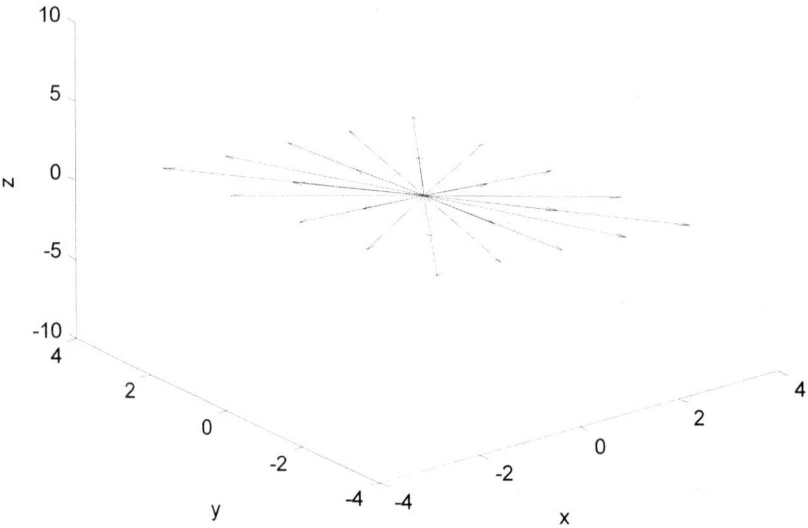

그림 3.2 원점에서 작용하는 두 벡터의 선형 조합들.

m-파일 평면

m−파일 plane.m은 파라미터 형식을 사용하여 평면을 도시하여 주는 함수 m−파일이다. 입력 정보는 점 P_0와 수직 방향 N으로 구성된다. 예를 들면 다음으로부터 그림 3.3이 얻어진다:

```
>> P0 = [1 2 -1];
>> N = [-5 2 2];
>> plane(P0, N)
>> xlabel('x'), ylabel('y'), zlabel('z')
```

점 P_0는 평면부분의 중앙에 위치하고 있으며 여기에 수직 벡터가 작용하고 있음을 주목하자. 수평방향으로의 평면부분의 너비는 2이며 다른 방향으로의 너비 역시 2이다. 너비가 수평방향으로 2a이고 다른 방향으로 2b인 평면부분을 얻으려면 다음과 같은 호출을 사용한다:

```
>> plane(P0,N,a,b)
```

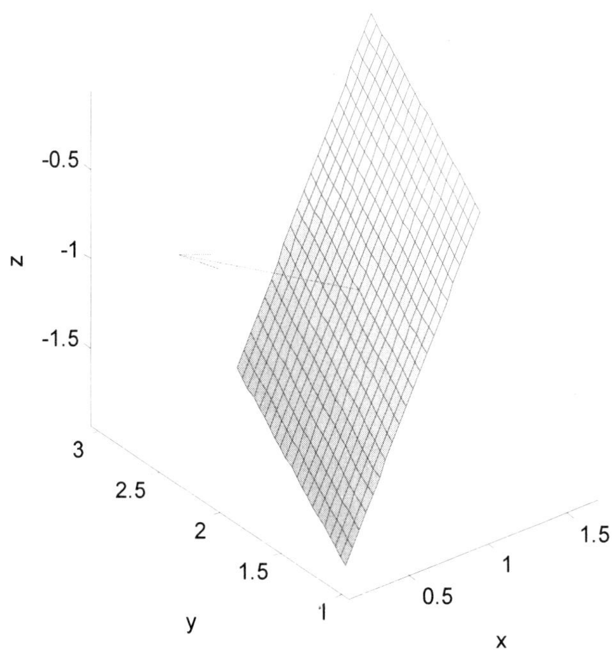

그림 3.3 점 $P_0 = (1,2,-1)$을 지나며 N=[−5,2,2]인 평면.

만일 두 평면이 수직 N_1과 N_2를 가지며 이들 중 어느 하나가 다른 것의 곱이 아니라면 두 평면들은 서로 교차할 것이다. 교차선은 두 평면 모두에 존재할 것이므로 이 선에 대한 접선 벡터는 N_1과 N_2 모두와 직교가 될 것이다. 따라서 교차선에 대한 기울기 방향은 교차곱

$$L = N_1 \times N_2$$

으로 주어진다. 만일 P_0가 교차선 상의 임의의 점이라면 그 선은 다음과 같은 파라미터 형태로 주어진다:

$$P = P_0 + tL$$

보기 3.2

다음의 스크립트는 수직이 $N_1=[-2.5,1,1]$, $N_2=[1,1,1]$이며 $P_0=(0,0,0)$을 포함하는 두 평면의 그래프를 작성하여 준다(그림 3.4 참조). 교차선은 기울기 벡터 $L=[0,3.5,-3.5]$를 갖는다.

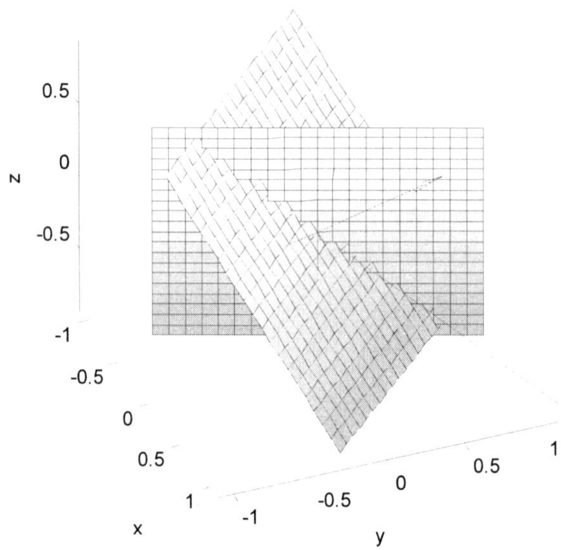

그림 3.4 수직이 $N_1=[-2.5,1,1]$, $N_2=[1,1,1]$이며 $P_0=(0,0,0)$을 지나는 평면들의 교차. 방위각이 68도이고 고도가 32도가 되도록 한 그림이다.

```
P0 = [0 0 0];
N1 = [-2.5 1 1];
N2 = [1 1 1];
plane(P0,N1)
hold on
plane(P0,N2)
L = cross(N1,N2);
arrow3(P0,L)
view(68,32)
hold off
xlabel('x'), ylabel('y'), zlabel('z')
```

3.4 3차원 그래프 보기

3차원 그래프에서 바라보는 시각을 바꾸는 것이 때로는 유용하다. MATLAB에서 시각은 방위각과 고도의 두 각의 쌍으로 지정된다. 3차원 공간의 원점이 그림의 중앙으로 전이되었다고 상상해 보자. 이는 그림에 x축, y축, z축을 부여한다. 방위각과 고도는 이 축들로부터 결정된다. 방위각은 음의 x축으로부터 측정되는 x,y 평면상의 각도로서 시계 반대방향으로 돌아가면 양이다. 그래프가 처음 나타날 때 기본 시각은 방위각이 −37.5도(제 4분면)이고 고도는 x, y 평면 위로 30도이다. 시각을 방위각 45도와 고도 60도로 바꾸려면 view(45,60)을 입력한다. 시각을 확인하고 싶으면 어느 때건 [az,el] = view를 입력한다. 그림 3.4에서 방위각은 68도이며 고도는 32도이다.

시각을 지정하는 다른 방법은 벡터의 성분을 입력하는 것이다. 이 벡터가 그림의 중앙부의 전이된 원점에 작용한다고 하자. 예를 들면 view([1 2 1])은 시각을 방위각이 153.4 = arctan(2)+90 도, 고도는 65.9 = $\arccos(1/\sqrt{6})$도가 되도록 지정한다.

다른 시각을 얻는 세 번째 방법은 명령어 rotate3d on을 입력하는 것이다. 마우스를 클릭하고 왼쪽 버튼으로 끌면 그림을 회전시킬 수 있다. 방위각과 고도값은 스크린 상에 나타난다. 명령어 rotate3d off는 회전기능을 소멸시킨다.

연습문제

1. $P_0 = (1,2,1), L_1 = [1,0,1], L_2 = [-1,2,0]$, 그리고 $L_3 = [0,3,1]$이라고 하자. hold on을 사용하여 이들 세 기울기 벡터들과 함께 P_0을 지나는 세 선들을 같은 그림에 나타내어라. 함수 arrow3을 이용하여 각각의 선에 기울기 벡터를 추가하여라. 방위각이 75도, 고도가 60도가 될 때까지 그림을 회전시켜 보라. 다음에 각 선 l_1, l_2, l_3과 축 들에 라벨을 붙여보라.

2. 단위원에 내접하는 정오각형의 모서리들을 도시하여라. 다음에 그림을 수정하여 내부 점들이 반경 0.4의 원 위에 존재하는 별 모양으로 만들어 보라(그림 3.5 참조).

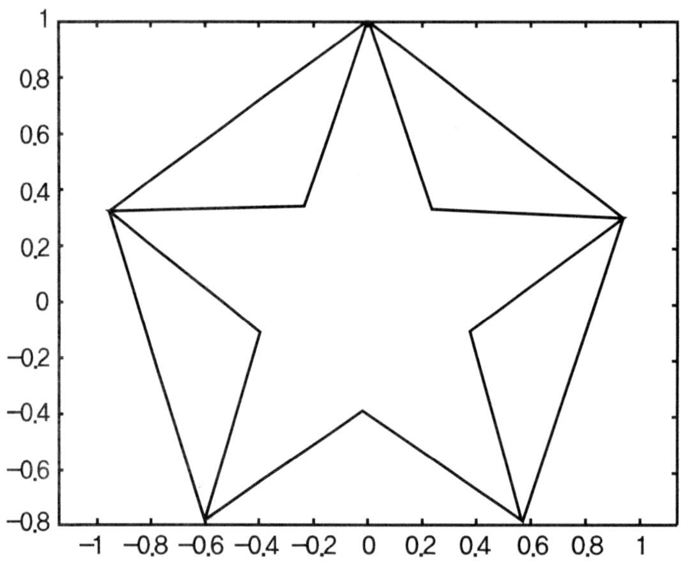

그림 3.5 단위원에 내접하는 정오각형 및 오각형에 내접하는 별 모양.

3. x−y 평면에서 두 힘 F_1과 F_2가 원점에 놓인 물체에 작용하고 있다. F_1은 크기가 10 파운드이며 양의 x축 위로 30도를 향하고 있다. F_2는 크기가 5 파운드이며 양의 x축 아래로 20도를 향하고 있다.

   (1) F_1과 F_2를 구하여라. hold on과 arrow 명령어를 사용하여 두 힘들을 같은 그림에 나타내어라. 다음에 $F_1 + F_2$를 구하고 이를 같은 그림에 나타내어라.

(2) 세 번째 힘 $F_3 = [0,1,2]$를 추가하여 보자. 결과로 얻어지는 힘은 얼마인가? arrow3 명령어를 사용하여 세 힘 모두와 이들의 합을 나타내는 그림을 3D로 다시 그려보라.

4. 무게가 약 400 파운드인 냉장고가 다리가 세 개인 받침대 위에 올려져 있다. 이 받침대의 높이는 2.5 피트이며 길이가 모두 같은 세 개의 다리들은 받침대 상판의 중앙에 고정되어 있고 다리 끝부분들은 반경 1 피트의 원주 상에 위치하고 있다.

(1) MATLAB®을 이용하여 받침대를 3차원 그림으로 나타내어라.

(2) 받침대 다리 각각에 가해지는 힘의 크기와 방향을 직접 계산하여라. arrow3 명령어를 사용하여 그림 상에 힘의 방향을 나타내는 화살표를 추가하여라.

5. "for 루프"를 이용하는 m−파일을 작성하여 3차원 공간에서 원점을 지나는 다음과 같은 선분 l_θ들을 도시하여 보라:

$$l_\theta = \{t(\cos(\theta),\ \sin(\theta),\ 0.7),\ -1 \le t \le 1\}$$

위에서 $\theta = \dfrac{2j\pi}{n}$, $j = 0, \cdots, n$이다. n=24로 하여보라. $n \to \infty$인 경우 그림은 어떻게 되겠는가?

6. (1) "for 루프"(2.4절)를 이용하는 m−파일을 작성하여 점 $P_a = (a,0,0)$을 지나며 기울기 벡터 $L_a = [0,\ \cos(a),\ \sin(a)]$인 선분 l_a들을 도시하여 보라. 여기에서 $a = j\Delta a$, $\Delta a = \dfrac{\pi}{20}$, 그리고 $j = 0, \cdots, 20$이다. 보다 잘 나타내기 위해 명령어 axis equal을 추가하여 보라. 시각을 view(45,40)으로 회전시키고 축에 라벨을 붙여보라. 이는 직선들로 구성되는 면을 의미하는 *지배되는 면*의 한 가지 예이다.

(2) 이제 동일한 Δa를 이용하여 a=0부터 $a = 4\pi$까지 a를 변화시켜 보자. 표면은 x 축을 따라 뒤틀려진 크레이프 종이조각처럼 보일 것이다. 명령어 plot3([0 4*pi], [0 0], 0, 0)을 이용하여 x 축을 추가하여라. axis equal 명령어를 사용하고 이전처럼 회전시켜 본다. 축에 라벨을 붙여보자.

7. x−y 평면상에 놓여있는 지레가 z 축을 따라 정렬된 수직 축에 부착되어 있다. 지레의 끝점은 P=(x, y, 0)에 위치하고 있다. P에서 힘 F=[a, b, c]가 지레에 가해지고 있다. 원점에서 P까지의 벡터를 r이라고 하면 힘과 지레에 의하여 생성되는 원점에서의 *토크*는

$$T = r \times F$$

로 주어진다. 간단히 하기 위해 P=(1, 0, 0)이고 따라서 r=[1, 0, 0]이라고 하자.

(1) arrow3을 이용하여 다양한 값의 [a, b, c]에 대한 r, F, 그리고 T를 도시하여라.

(2) 토크의 z 성분은 z 축에 대한 회전을 야기시키는 성분이다. 토크의 z 성분은 힘 F가 x−y 평면과 평행하고 지레와 수직일 때 그 크기가 최대가 됨을 보여라.

(3) 지레를 시계 반대방향으로 회전하도록 하여주는 크기 10의 토크를 생성하는 데에 필요한 최소의 힘은 얼마인가?

8. (1) $P_0 = (1,2,-1)$, $N_1 = [2,1,-1]$, $N_2 = [-1,1,3]$이라고 하자. plane과 hold on을 이용하여 P_0를 지나는 두 평면들을 같은 그림에 나타내어라.

(2) $L = N_1 \times N_2$라고 하자. (1)에서 얻은 그래프 상에 교차선을 추가시켜라. 교차선이 뚜렷이 보일 때까지 그림을 회전시켜 보라. 축에 라벨을 붙여본다.

9. $P_1 = (1,2,1), P_2 = (2,5/2,0)$, $N = [1,1/2,-1]$이라고 하자.

(1) P_0와 P_1을 지나며 동일한 수직 N을 갖는 평면들을 같은 그림에 나타내어라.

(2) $P_3 = (P_1 + P_2)/2$, $N_3 = [0,1,1/2]$라고 하자. 이 세 번째 평면을 위에서 얻은 그림에 나타내어라. 교차부분이 뚜렷이 보여지도록 그래프를 회전시켜 보라. 축에 라벨을 붙여본다.

10. (1) 점 $P_1 = (1,0,0), P_2 = (0,2,0), P_3 = (0,0,1)$들을 포함하는 평면의 그래프를 작성하여라. $P_0 = \dfrac{(P_1 + P_2 + P_3)}{3}$로 취한다.

(2) 첫 번째 8분 공간에 위치하는 평면부분을 보기 위하여 x를 점 P_1, P_2, P_3의 첫 번째 좌표들의 벡터라 하고 y를 두 번째 좌표들의 벡터, 그리고 z를 세 번째 좌표들의 벡터라고 하자. 다음에 명령어 fill3(x,y,z,'b')를 이용한다.

★11. plane 명령어와 for 루프를 사용하여 그림 3.6에 보인 바와 같은 8개의 평형 냉각핀들의 배열을 그려보라. 핀들은 변의 길이가 2인 정방형이어야 한다. 핀들의 중심은 x 축 상에 위치하며 y 및 z 평면과 이루는 각이 $\frac{\pi}{6}$이며 핀들 사이의 수직거리는 1이어야 한다. x 축과 평행한 방향으로의 핀들의 간격은 얼마인가? 배열의 한쪽 끝의 핀은 원점을 포함하도록 하여라.

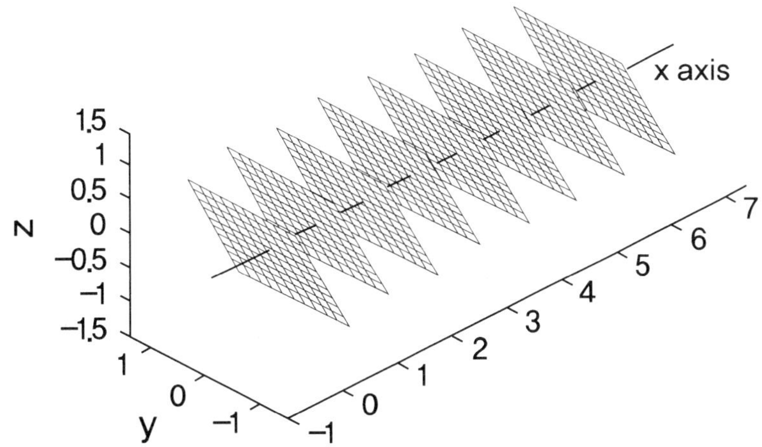

그림 3.6 연습문제 11의 냉각핀.

★**12.** plane 명령어를 사용하여 단면이 삼각형이고 길이가 10 cm인 고체막대를 그려보라. 단면은 변의 길이가 2 cm인 이등변삼각형이어야 한다. 막대의 바닥면이 $\{0 \le x \le 10, -1 \le y \le 1\}$ 에 위치하도록 한다. 각 측면의 중심에서 점 P_0들과 수직방향 N을 적절히 선택하여라. 마지막으로 fill3 명령어를 사용하여 막대의 양 끝부분을 색으로 채워라. 그림 3.7을 참조한다.

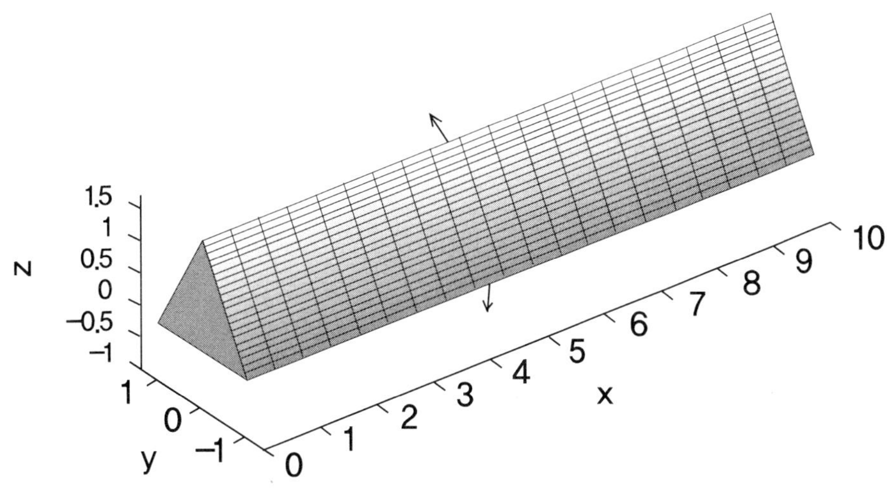

그림 3.7 연습문제 12의 단면이 삼각형인 막대.

★**13.** TV 안테나가 지붕에 설치되어 있다. 지붕의 기울기는 수평으로부터 20도이다. 안테나로부터 세 가닥의 선이 지붕으로 늘여져 있다. 이 선들은 지붕 위 25 ft 위치에서 접하고 있으며 각각의 선은 안테나 지지대와 30도의 각을 이루고 있다. 선들 가운데 하나는 가능한 한 길게 함으로써 지붕이 아래로 기울어지는 방향으로 이어지도록 한다. 다른 두 선들은 길이가 같으며 보다 짧을 것이다. 위에서 바라보면 이 선들은 첫 번째 선과 120도의 각을 이루고 있을 것이다. 원점 (0,0,0)에 지지대의 바닥을 위치시킴으로써 좌표를 도입하면 선들이 접하는 위치는 (0,0,25)가 될 것이다. 지붕의 기울기는 음의 x 방향으로부터 양의 x 방향으로 향하는 것으로 간주한다. 그림 3.8을 참조하라.

(1) 선 L_j, $j=1,2,3$의 방향 L_j을 계산하여라.

(2) 각 선들의 길이는 얼마이며 지붕에 접하는 각 선들의 접점 P_1, P_2, P_3의 좌표는 얼마인가?

(3) 지붕, 안테나, 그리고 세 개의 선들을 그려보라.

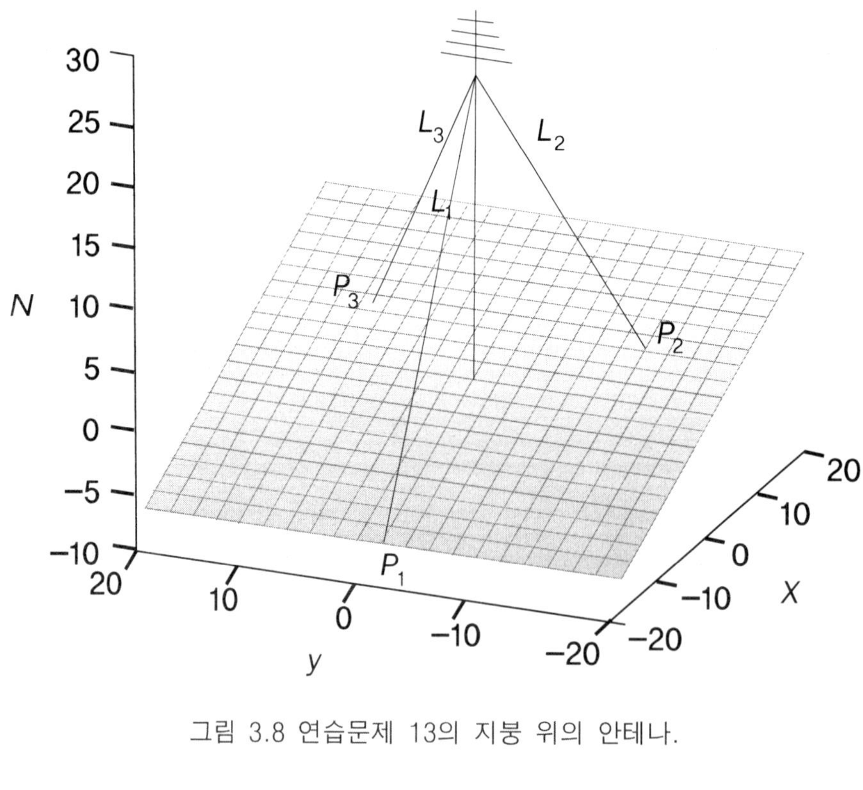

그림 3.8 연습문제 13의 지붕 위의 안테나.

4

공간의 곡선

이 장에서 사용되는 미리 작성된 m-파일들

```
arrow    arrow3    frenet
```

4.1 파라미터를 이용한 곡선의 표현

2차원 및 3차원 공간의 곡선들은 흔히 벡터 값을 갖는 실수 변수 함수의 이미지들로 나타내어진다. 이는 *파라미터적* 표현이라고 지칭된다. 2차원에서의 파라미터적 표현은 두 좌표함수 x(t) 및 y(t)와 벡터값을 갖는 함수 $t \rightarrow (x(t), y(t))$에 의하여 제공된다. 이 곡선들은 매우 쉽게 MATLAB으로 나타낼 수 있다.

보기 4.1

중심이 (1,3)이고 반경이 2인 원을 그리는 일련의 명령어들은 다음과 같다:

```
>> t = linspace(0, 2*pi, 101);
>> x = 1 + 2*cos(t);
>> y = 3 + 2*sin(t);
>> plot(x,y)
```

또한 인라인 함수의 속성을 이용하여 이러한 그래프를 작성할 수 있다. 다음은 원을 그리는 다른 일련의 명령어들이다:

```
>> x = inline('1 + 2*cos(t)');
>> y = inline('3 + 2*sin(t)');
>> t = linspace(0, 2*pi, 101);
>> plot(x(t), y(t));
```

첫 번째와 두 번째 줄에서 정의된 인라인 함수 x와 y는 배열에 순응한다; 이들에 벡터 t를 적용하면 이전 명령어들의 두 번째와 세 번째 줄에서와 같이 동일한 벡터들을 생성하여 준다.

MATLAB® 5.2 이상의 버전에서는 기호로 정의되는 함수들을 이용하여 이러한 2차원 곡선들의 그래프를 작성하는 다음과 같은 세 번째 방법이 가능하다:

```
>> syms t
>> x = cos(t);
>> y = sin(t);
>> ezplot(x,y)
```

이 버전의 ezplot 명령어에서 파라미터 t의 기본 범위는 $0 \le t \le 2\pi$ 이다. $1 \le t \le 5$와 같이 다른 범위를 원한다면 좀 더 긴 명령어 ezplot(x,y, [1,5])를 사용한다.

마찬가지로 3차원 공간에서의 곡선들은 세 좌표함수에 따른 벡터값 함수 $t \to (x(t), y(t), z(t))$ 들에 의하여 파라미터적으로 표현된다. 표준적인 예는 원형 나선모양으로서 둥근 코일과 유사한 형태이다. 이에 대한 한 가지 파라미터 표현은

$$x(t) = \cos t, \quad y(t) = \sin t, \quad z(t) = \frac{t}{2\pi}, \quad 0 \le t \le 4\pi \tag{4.1}$$

이의 그래프는 그림 4.1에 보인 바와 같다.

3차원 공간에서 곡선을 그리려면 plot3 명령어를 사용한다. 예를 들어 그림 4.1에 보인 원모양의 나선형을 도시하려면 다음을 입력한다:

```
>> t = linspace(0, 4*pi, 201);
>> plot3(cos(t), sin(t), t/(2*pi))
>> xlabel('x'), ylabel('y'), zlabel('z')
```

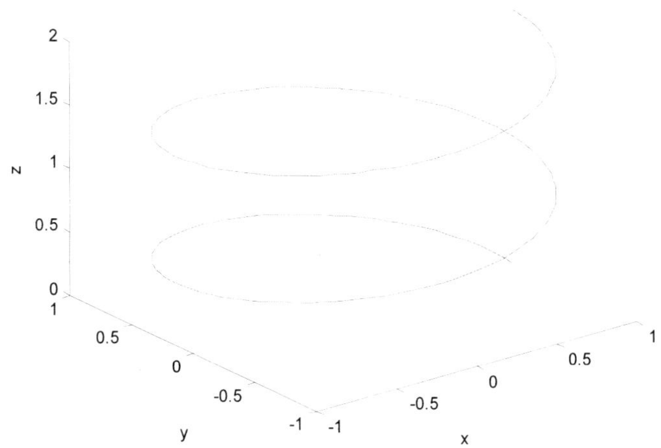

그림 4.1 두 번 회전하여 z=2의 높이까지 이르는 원모양의 나선형

만일 좌표함수들이 더 복잡하다면 먼저 이들을 인라인 함수나 m-파일로 정의하는 것이 좋을 수 있다.

또한 MATLAB® 5.2 버전 이상에서는 명령어 ezplot3가 제공되는데 이는 ezplot의 유사형이다. 좌표함수 x, y, z가 기호로 정의된 함수들이라면 명령어 ezplot3(x,y,z,[0,4*pi])를 이용하여 3차원 공간에 곡선을 그릴 수 있다. 추가로 ezplot3에 대하여 편리한 점들을 간략하게 다루게 될 것이다.

4.2 접선벡터와 속도

어떤 곡선에 대한 접선벡터는 1차원에서 곡선에 대한 접선의 기울기를 찾는 것과 아주 흡사한 방법으로 할선을 보면 파악할 수 있다. $t=t_0$ 근처에서 $P(t)=(x(t),y(t),z(t))$에 의해 파라미터로 표현되는 곡선을 고려하여 보자. $P_0=P(t_0)$라 하면 벡터

$$\frac{P(t)-P(t_0)}{t-t_0}=\left[\frac{x(t)-x(t_0)}{t-t_0},\ \frac{y(t)-y(t_0)}{t-t_0},\ \frac{z(t)-z(t_0)}{t-t_0}\right]$$

는 곡선상의 점 P_0로부터 점 $P(t)$ 까지의 방향을 갖는 할선에 $(t-t_0)^{-1}$을 곱한 양을 나타

낸다. 그림 4.2에 두 가지의 이러한 할선벡터 $v_1 = \dfrac{P_1 - P_0}{t_1 - t_0}$ 및 $v_2 = \dfrac{P_2 - P_0}{t_2 - t_0}$를 나타내었다. 여기에서 $P_1 = P(t_1)$, $P_2 = P(t_2)$이며 $t_0 < t_1 < t_2$이다.

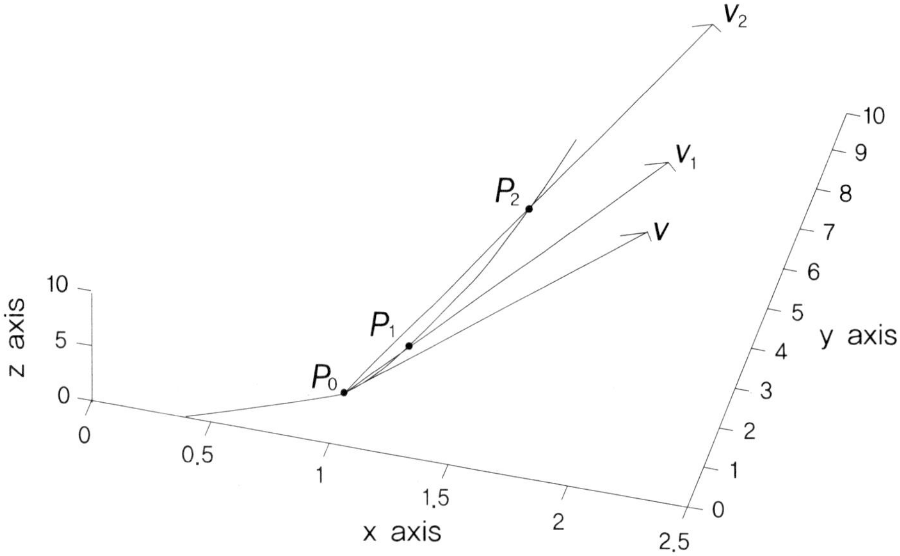

그림 4.2 할선 벡터 v_1 및 v_2와 접선 벡터 $v = [x'(t_0), y'(t_0), z'(t_0)]$.

만일 좌표 함수 x(t), y(t), z(t)들이 t_0에서 미분 가능하다면 할선벡터들의 성분들은 $x'(t_0)$, $y'(t_0)$, $z'(t_0)$로 수렴한다. 벡터

$$v = [x'(t_0),\ y'(t_0),\ z'(t_0)]$$

는 $P(t_0)$에서 곡선에 대한 하나의 *접선*벡터이다. v의 스칼라 곱 역시 접선벡터이므로 *하나의* 접선벡터라고 말한다. 그림 4.2를 살펴보자. 어떤 이유로 미분 $x'(t_0)$, $y'(t_0)$, $z'(t_0)$들을 계산할 수 없다면 미분의 근사로서 $\dfrac{P(t) - P(t_0)}{t - t_0}$의 성분들을 이용한다. 이는 *수치미분*이라 불리며 4.6 절에서 좀 더 자세히 다루어지고 있다.

만일 시간 t에서 $P(t)$가 어떤 입자의 위치를 나타낸다면 접선벡터 $v = [x'(t),\ y'(t),\ z'(t)]$는 그 입자의 *속도*로 해석된다. 이 입자의 *속력*은

$$\| v(t) \| = \sqrt{x'(t)^2 + y'(t)^2 + z'(t)^2},$$

그리고 가속도는

$$a = \frac{dv}{dt} = [x''(t),\ y''(t),\ z''(t)]$$

로 주어진다.

보기 4.2

arrow와 arrow3 명령어를 사용하여 곡선 그래프를 따라 몇 군데 위치에서 접선벡터를 추가할 수 있다. 식 (4.1)로 나타내어지는 그림 4.1의 나선형 그림으로 되돌아가 보자. 여기에서 속도는 $v(t) = [-\sin t,\ \cos t,\ \frac{1}{2\pi}]$이다. 다음 스크립트를 이용하여 시간 $t = [0, \frac{\pi}{4}, \cdots, 4\pi]$에서 나선형의 그래프와 접선벡터들을 얻을 수 있다:

```
clear all;
t = linspace(0, 4*pi, 101);
x = inline('cos(t)');
y = inline('sin(t)');
z = inline('t/(2*pi)');
plot3(x(t),y(t),z(t))
hold on
for s = linspace(0, 4*pi, 17)
   p = [x(s), y(s), z(s)];
   v = [-sin(s), cos(s), 1/(2*pi)];
   arrow3(p,v,'r')
end
view(135, 40)
hold off
xlabel('x'), ylabel('y'), zlabel('z')
```

위의 2, 3, 그리고 4 번째 줄에서 좌표 함수를 인라인 속성으로 정의하였다. 미분 x'에 대해서도 똑같이 하지 않는 이유는 이들을 한 번만 사용하기 때문이다. 위의 결과는 그림 4.3에 나타나 있다.

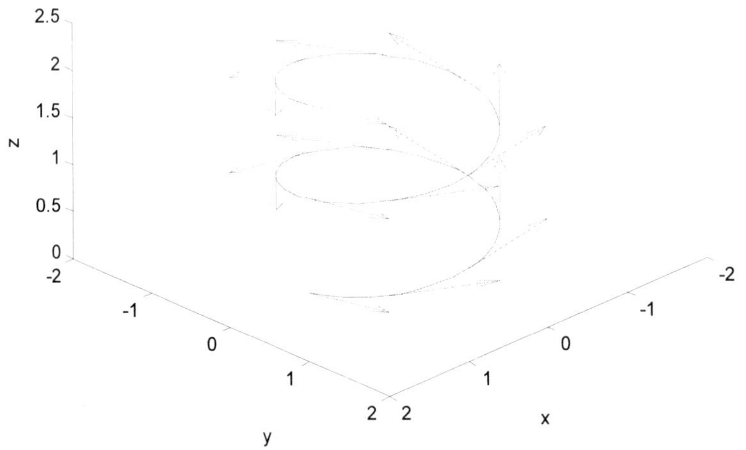

그림 4.3 속도 벡터를 갖는 원 모양의 나선형.

위에서 ezplot3 명령어를 사용할 수 있는데 이 때 출발점부터 종착점까지의 곡선을 따라 움직이는 빨간 구슬모양을 위한 추가의 인수가 필요하다. 호출은 다음과 같이 한다:

```
>> ezplot3(x,y,z,[0, 4*pi], 'animate')
```

구슬모양의 속도는 속도 (x',y',z')가 변함에 따라 변화한다. 파라미터 t를 2t로 대체하면 구슬모양은 두 배 빨리 움직인다.

종종 곡선은 날카로운 모서리나 첨점(尖點)을 가질 수 있다. 예를 들면 2차원에서 $|t| \le 1$일 때 $P(t) = (x(t), y(t)) = (t^3, t^2)$ 는 (0,0)에서 첨점을 갖는다(그림 4.4 참조). 여기에서 v(0) = [x'(0), y'(0)] = [0,0] 임을 알 수 있다.

곡선 C가 벡터값을 갖는 함수 $t \to P(t) = (x(t), y(t), z(t))$, $a \le t \le b$로 파라미터화될 수 있어서 x(t), y(t) 및 z(t)가 [a, b] 및 [a, b] 상의 $\| v(t) \| > 0$에서 연속 미분가능하다면 C는 첨점을 갖지 않을 것이다. 후자의 조건은 만일 P(t)가 입자의 운동을 나타낸다면 그 속도는 결코 0이 아님을 말하여 준다. 만일 C가 위의 두 조건들을 만족하는 파라미터 관계 P(t)를 갖는다면 C는 *매끄러운* 곡선이라고 말한다. 만일 곡선 C가 함수 $t \to P(t)$, $a \le t \le b$로 파라미터화될 수 있어서 P가 한정된 수의 점 t_j를 제외한 부분에서 매끄러우며 각각의 t_j

에서는 한 쪽만의 미분이 존재할 경우 C는 *구분적으로 매끄럽다*고 말한다. $P(t)=(t^3,t^2)$, $|t| \le 1$과 같이 파라미터화된 곡선은 구분적으로 매끄럽다. 속도 $v=[3t^2,2t]$는 t=0에서 0이 된다. 다른 구분적으로 매끄러운 곡선은 정사각형의 네 측면으로 구성되는 경로이다. 여기에서는 한 측면에 대하여 하나씩 네 개의 서로 다른 함수들을 사용하는 것이 더욱 편리할 것이다.

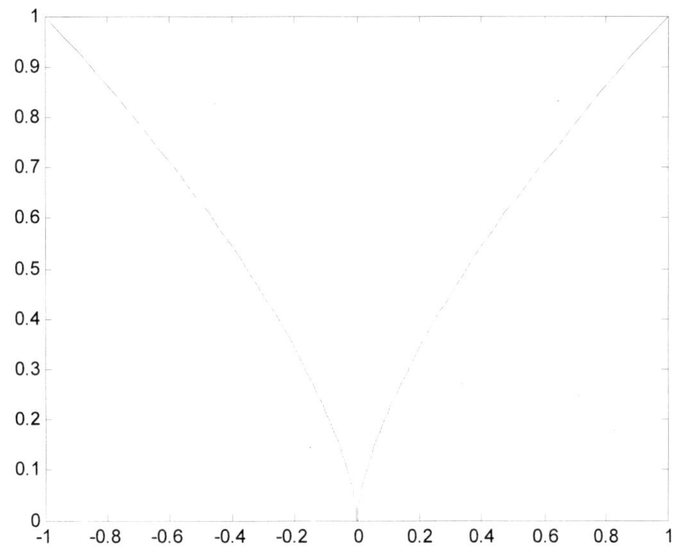

그림 4.4 t=0에서 첨점을 보여주는 $P(t)=(t^3,t^2)$의 그래프

표기방법을 약간 통합시키기 위하여 물리학 및 공학에서 이용하는 관례에 따라 점 P=(x,y,z)를 동일한 성분을 가지며 원점에 접하는 벡터 r=[x,y,z]로 인식하기로 한다.

보기 4.3

사이클로이드 곡선은 구분적으로 매끄러운 곡선의 한 가지 예이다. 이 곡선은 바퀴가 굴러감에 따라 바퀴의 테에 부착된 등불이 이루는 경로이다. 바퀴의 반경을 r이라고 하자. 바퀴는 ω의 각속도로 양의 축을 따라 굴러가는 것으로 가정한다. 바퀴의 중심은 언제나 지면과의 접촉점 바로 위에 위치하므로 바퀴의 중심은 일정한 속도 $v=r\omega$로 수평 방향으로 움직인다. 따라서 바퀴의 중심은 벡터 $r_0(t)=[vt,\ r]$로 나타내어질 것이다. 바퀴는 시계방향으로 굴러가므로 테의 등불은 중심 주위를 시계방향으로 움직인다. 중심 주위의 그 운동은 $r_1=[r\cos(\omega t+\delta)-r\sin(\omega t+\delta)]$

로 주어진다. 여기에서 δ는 t=0에서의 위치에 따라 결정되는 상 인자이다. 그러므로 바퀴 테의 등불의 위치는

$$r = r_0(t) + r_1(t) = [r\omega t + r\cos(\omega t + \delta),\ r - r\sin(\omega t + \delta)]$$

로 주어진다. t=0에서의 등불이 (0,0) 위치(x 축과의 접점)에 있다고 하면 $\delta = \pi/2$를 취해야 한다. 약간의 삼각관계를 적용하면 다음 식을 얻는다:

$$r(t) = [r(\omega t - \sin\omega t),\ r(1 - \cos(\omega t)]$$

다음 스크립트에 따라 몇 가지의 속도 벡터들과 함께 사이클로이드 곡선을 나타낼 수 있다(그림 4.5 참조):

```
clear all;
rad = 1; omega = 1;
t = linspace(0, 4*pi, 121);
x = rad*(omega*t - sin(omega*t));
y = rad*(1 - cos(omega*t));
plot(x,y)
hold on

% 속도벡터를 추가
for s = linspace(0, 4*pi, 25);
   r = [rad*(omega*s-sin(omega*s)),rad*(1-cos(omega*s))];
   u = [rad*omega*(1-cos(omega*s)),rad*omega*sin(omega*s)];
   arrow(r,u,'r')
end
zero = 0*x;
plot(x,zero)
axis([0  13 -2 5])
hold off
```

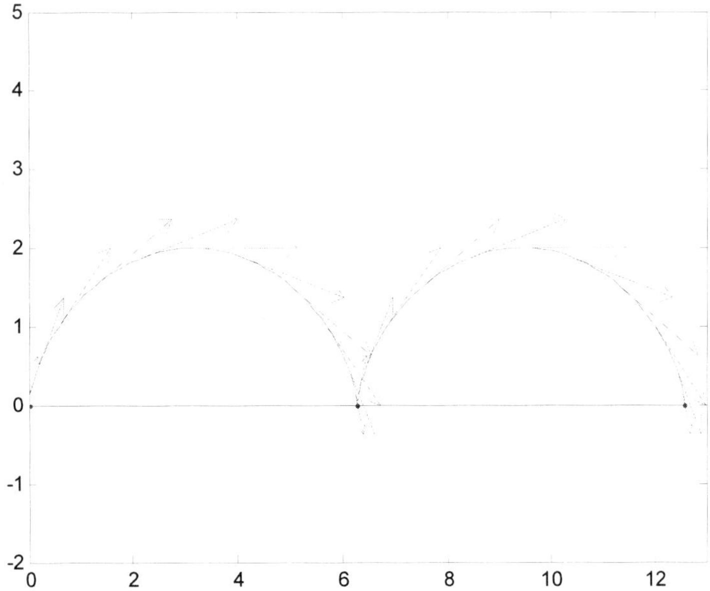

그림 4.5 각속도 $\omega = 1$인 반경 1의 바퀴에 대한 접선벡터와 사이클로이드.

$t = 0,\ 2\pi$ 및 4π일 때 속도는 0임을 주목하자. 이들은 지면과의 접점들이며 등불의 궤적에 따른 곡선은 이 점들에서 첨점을 갖는다.

4.3 호의 길이

점 $P_0 = (x_0,\ y_0,\ z_0)$에서 점 $P_1 = (x_1,\ y_1,\ z_1)$까지의 선분의 길이는 단순히 벡터

$$P_1 - P_0 = [x_1 - x_0,\ y_1 - y_0,\ z_1 - z_0]$$

의 놈(norm)으로서 다음과 같이 주어진다:

$$\| P_1 - P_0 \| = \sqrt{(x_1 - x_0)^2 + (y_1 - y_0)^2 + (z_1 - z_0)^2}$$

마찬가지로 꼭지점이 $P_0,\ P_1,\ \cdots,\ P_N$인 다각형 경로 Γ의 길이는 다음과 같이 연결선분들

의 길이의 합으로 주어진다:

$$\text{길이}(\Gamma) = \| P_1 - P_0 \| + \| P_2 - P_1 \| + \cdots + \| P_N - P_{N-1} \| \tag{4.2}$$

다각형 경로의 길이를 쉽게 계산할 수 있다는 사실은 곡선 C를 다각형 경로 Γ에 의한 곡선으로 근사한 다음 Γ의 길이를 계산함으로써 C의 길이에 대하여 의미를 부여할 수 있다는 사실을 일깨워준다. 이용되는 과정은 C 상에서 점 P_0, $\cdots$, P_N들을 선택한 다음 합 (4.2)를 구하는 것이다. 다각형 근사는 그림 4.6에 예시되어 있다.

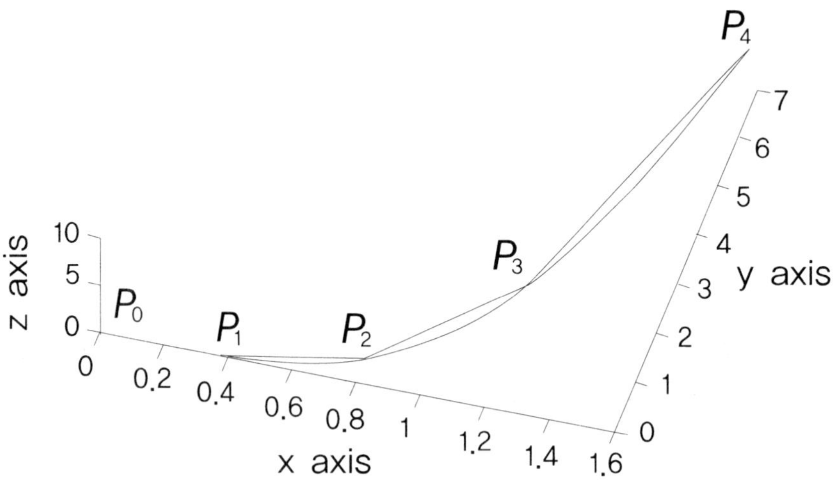

그림 4.6 곡선 C를 근사하는 다각형 경로 Γ.

C에서 점들을 더욱 더 많이 선택함에 따라 다각형 경로 Γ는 곡선 C에 대한 더욱 우수한 근사가 된다. C가 구분적으로 매끄럽다면 근사하는 다각형 경로의 길이는 C의 길이를 나타내는 수 $l(C)$에 수렴한다. 만일 C가 $r(t)$, $a \le t \le b$로 파라미터화되며 속도벡터는 $v(t) = [x'(t), y'(t), z'(t)]$라면 길이 $l(C)$는 다음과 같은 호 길이 적분으로 주어진다:

$$l(C) = \int_a^b \| v(t) \| \, dt = \int_a^b \sqrt{x'(t)^2 + y'(t)^2 + z'(t)^2} \, dt$$

$\| v \|$에 나타나는 제곱근으로 인하여 위의 적분이 기본적인 방법으로 계산될 수 있는 예는 많지 않다. 계산 목적에 따라 몇 가지 다른 방법들이 있다.

- 예를 들어 적분의 상한 b와 같이 파라미터에 대한 의존성을 보여주는 호 길이의 값을 얻고자 한다면 MATLAB의 기호적분 속성을 시도할 수 있다.
- 특정 곡선의 호 길이값만을 원하며 미분 x', y', z'에 대한 식을 지니고 있다면 quad나 quadl과 같은 MATLAB의 수치적분 루틴을 사용할 수 있다.
- 마지막으로 파라미터관계 $t \to r(t)$가 주어져 있지만 미분 x', y', z'를 계산하기가 어렵다면 근사 다각형 경로의 길이를 계산할 수 있다.

보기 4.4

곡선 C가 $r(t)=[2t, t^2, \ln(t)]$로 파라미터화된다고 하자. 먼저 C의 길이를 다각형 근사로 근사한다. 다음은 합 (4.2)를 계산하는 스크립트이다:

```
clear all;
t = 1:0.01:2;
x = 2*t; y = t.^2; z = log(t);
sum = 0;
for j = 1:100
    dx = x(j+1) - x(j);
    dy = y(j+1) - y(j);
    dz = z(j+1) - z(j);
    dr = [dx,dy,dz];
    sum = sum + norm(dr);
end
disp('100 개의 선분을 이용한 다각형 근사의 길이 ')
sum
```

이제 속력을 직접 계산하여 보자.

$$\| v(t) \| = \sqrt{4+4t^2+(1/t)^2} = 2t+1/t$$

이므로 호 길이 적분을 직접 계산하는 것은 쉬운 일이지만 여기에서는 수치 적분기 quadl을 사용하는 방법을 예시하기로 한다. 다음 명령어를 이용한다:

```
>> speed = inline('2*t + 1./t')
speed =
     Inline function:
```

```
     speed(t) = 2*t + 1./t
>> quadl(speed, 1, 2)
ans =
   3.6931
```

만일 speed가 인라인 함수가 아닌 m−파일로 정의된다면 적분 명령어는 quadl('speed',1, 2)와 같이 될 것이다. 단일 인용부호에 유의하자.

마지막으로 적분의 상한을 파라미터 b로 하여 기호계산을 수행하여 보기로 한다:

```
>> syms t b
>> r = [2*t, t^2, log(t)]
r =
[   2*t,    t^2, log(t)]
>> v = diff(r)
v =
[  2, 2*t, 1/t]
>> speed = sqrt(v(1)^2 + v(2)^2 + v(3)^2)
speed =
(4+4*t^2+1/t^2)^(1/2)
>> int(speed, t, 1, b)
ans =
(((4*b^2+4*b^4+1)/b^2)^(1/2)*b^3+((4*b^2+4*b^4+
1)/b^2)^(1/2)*b*log(b)-1-2*b^2)/(1+2*b^2)
```

명령어 pretty(문)는 위와 같은 복잡한 모양을 보다 알기 쉬운 형태로 바꾸어 준다:

```
>> pretty(ans)

 /  2      4    \1/2      /  2      4    \1/2
 |4 b  + 4 b  + 1|  3    |4 b  + 4 b  + 1|                      2
 |---------------| b  +  |---------------| b log(b) - 1 - 2 b
 |       2       |       |       2       |
 \      b        /       \      b        /
 -----------------------------------------------------------
                                  2
                           1 + 2 b
```

물론 위의 마지막 표현은 $b^2 - 1 + \ln(b)$로 간단히 할 수 있다.

4.4 곡선의 기하학

파라미터화와는 무관하게 곡선 C의 기하학적 측면에 초점을 맞추기 위하여 속력을 인수화하여 속도의 변화 방향만을 남겨두기로 한다.

$$T(t) = \frac{v(t)}{\| v(t) \|} = \frac{[x'(t), y'(t), z'(t)]}{\sqrt{x'(t)^2 + y'(t)^2 + z'(t)^2}} \tag{4.3}$$

위에서 T는 단위 접선벡터이다.

P(t)가 곡선을 이동함에 따라 단위 접선벡터의 변화 방향은 곡선이 공간에서 어떻게 뒤틀려지고 굽어지는지를 보여준다. 모든 t에서 $\| T(t) \| = 1$이므로

$$T'(t) \cdot T(t) = 0$$

이다. 따라서

$$N(t) = \frac{T'(t)}{\| T'(t) \|} \tag{4.4}$$

는 T(t)에 직교인 단위벡터이다. N(t)는 점 P(t)에서 C에 대한 *주 수직* 벡터라고 불린다. 마지막으로 세 번째 직교벡터는 다음과 같이 정의된다:

$$B(t) = T(t) \times N(t) \tag{4.5}$$

B는 *바이노멀(binormal)*이라고 불린다. 이들과 같은 세 개의 서로 직교인 단위벡터들은 $T'(t) \neq 0$인 곡선상의 각 점 P(t)에서 *프레넷(Frenet) 프레임*을 구성한다. 마지막으로 스칼라 함수 $\kappa(t)$를 다음과 같이 정의한다:

$$\kappa(t) = \frac{\| T'(t) \|}{\| v(t) \|} \tag{4.6}$$

κ는 *곡률*이라고 불린다.

단위 접선벡터는 계산하기가 그리 어렵지 않다. 다음 식에 따라 N, B, 그리고 κ를 T, v, 그리고 a의 함수로 구할 수 있다:

$$N = \frac{a-(a \cdot T)T}{\| a-(a \cdot T)T \|} \tag{4.7}$$

N에 대한 식의 분자는 가속도 a를 T에 수직인 평면으로 투영한 것이다. 다음 관계를 쉽게 보일 수 있다:

$$B = \frac{v \times a}{\| v \times a \|} \tag{4.8}$$

$$\kappa = \frac{\| v \times a \|}{\| v \|^3} \tag{4.9}$$

T와 N으로 스팬되는 평면은 수직 B와 함께 *접촉평면*으로 불린다. 접촉평면상에 있는 반경 $1/\kappa$인 원은 그 점에서 곡선과 가장 잘 접하는 원이다. *접촉*이라는 말은 "키스"를 뜻하는 라틴어로부터 유래한 것이다.

B에 대한 식 (4.8)로부터 v와 a는 모두 접촉평면에 위치함을 알 수 있다. 따라서 a는 접선 성분과 수직 성분으로 구분할 수 있다:

$$a = a_T T + a_N N \tag{4.10}$$

$$a_T = a \cdot T, \quad a_N = a \cdot N$$

a_T는 계산하기가 좀 더 쉬운 다른 식으로 나타낼 수 있다:

$$a_T = \frac{d \| v(t) \|}{dt}$$

m-파일 frenet

곡선상의 점들에서 프레넷 프레임을 가시화하기 위하여 m-파일 frenet.m을 사용할 수 있다. 이 파일은 그림의 곡선을 따라 선택된 점에서 벡터 T, N, B를 보여주며 스크린 상에 행렬 frame을 보여주는데 이 행렬의 첫 번째 열은 T이고 두 번째 열은 N이며 세 번째 열은 B이다. 곡률 κ 또한 계산되어 제시된다. frenet을 이용하려면 좌표함수 x(t), y(t), z(t)들이 m-파일이나 인라인 함수들로 정의되어야 한다. 이들이 m-파일로 정의되어 있다면 다음과 같이 호출한다:

```
>>frenet('x', 'y', 'z')
```

사용자는 프레넷 프레임이 계산될 t 값들을 입력하도록 요구받을 것이다. 이는 네 번 수행될 수 있다. 만일 좌표들이 인라인 함수들로 정의된다면 단일 인용부호가 불필요하며 다음과 같이 호출한다:

```
>> frenet(x,y,z)
```

보기 4.5

다음 명령어들을 이용하여 그림 4.7을 생성할 수 있다:

```
>> x = inline('2*t')
x =
     Inline function:
     x(t) = 2*t
>> y = inline('t.^2')
y =
     Inline function:
     y(t) = t.^2
>> z = inline('t.^3/2')
z =
     Inline function:
     z(t) = t.^3/2
>> t = 0:0.01:2;
>> plot3(x(t), y(t), z(t))
>> axis equal
>> hold on
>> frenet(x,y,z)
enter a value of  t  0
enter a value of  t  0.8
enter a value of  t  1.4
enter a value of  t  1.8
t =
    1.8000
      T          N           B
frame =
    0.3140   -0.6967    0.6450
    0.5651   -0.4088   -0.7166
```

```
    0.7629    0.5895    0.2654
  kappa        a_T          a_N
  ans =
    0.9373    5.2497    2.3657
```

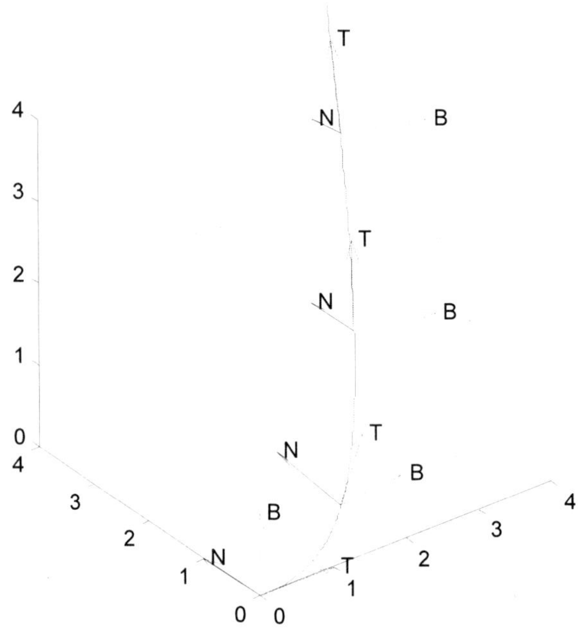

그림 4.7 t=0, 0.8, 1.4, 1.8에서 프레넷 프레임을 보여주는 $r(t)=[2t, t^2, t^3/2]$의 그래프.

t=0에서 T와 N은 이 경우 접촉평면이 되는 x−y 평면상에 위치함을 주목하자. 곡선을 따라서 진행함에 따라 곡선은 굽어지고 B의 방향을 관찰하여 알 수 있는 바와 같이 접촉평면은 시계방향으로 휘어진다.

4.5 평면에서의 회전

x−y 평면상의 점에 대한 회전은 평면 곡선의 기하학에서 중요한 역할을 한다. 점 (x, y)가 열 벡터 $v=[x,\ y]$로 나타내어진다고 하자. 이 벡터는 행렬곱에 의하여 원점 주위로 회전될 수 있다. θ를 $0 \le |\theta| < 2\pi$ 범위의 각이라 하면 다음의 2×2 행렬은 회전행렬이라고 불린다:

$$R = \begin{bmatrix} \cos\theta & -\sin\theta \\ \sin\theta & \cos\theta \end{bmatrix} \tag{4.11}$$

벡터 w = Rv는 이 회전에 의한 v의 이미지이다. 성분으로 쓰면

$$w = [x\cos\theta - y\sin\theta,\ x\sin\theta + y\cos\theta] \tag{4.12}$$

점 (x, y)는 w의 성분을 갖는 점으로 사상된다. 특히 점 (1, 0)는 점 $(\cos\theta,\ \sin\theta)$로, 점 (0, 1)은 $(-\sin\theta,\ \cos\theta)$로 사상된다. 그림 4.8을 살펴보라.

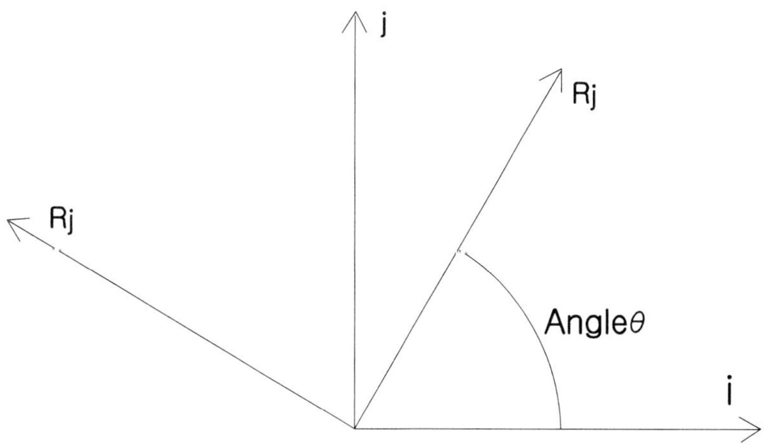

그림 4.8 원점에 붙어 있으며 각 θ만큼 회전된 벡터 $i = [1,0]$ 및 $j = [0,1]$

회전에 따른 곡선의 이미지는 무엇인가? 곡선 C가 $r(s) = [x(s),\ y(s)]$, $a \le s \le b$와 같이 파라미터화 되었다고 가정하자. 그러면 이미지 곡선 $\tilde{C}$는 q(s)=Rr(s)로 파라미터화된다. 각 성분들을 구하려면 각각의 s에 대하여 [x(s),y(s)]에 식 (4.12)를 적용한다:

$$q(s) = [x(s)\cos\theta - y(s)\sin\theta,\ x(s)\sin\theta + y(s)\cos\theta] \tag{4.13}$$

접선벡터 C와 $\tilde{C}$ 역시 상호 연관되어 있다. q(s)의 성분들을 미분하면 $\tilde{C}$에 대한 접선벡터는 다음 성분을 가짐을 알 수 있다:

$$q'(s) = [x'(s)\cos\theta - y'(s)\sin\theta,\ x'(s)\sin\theta + y'(s)\cos\theta] \tag{4.14}$$

식 (4.12)를 감안하면 q'(s)=Rr'(s)이며 이는 $\tilde{v}(s) = Rv(s)$로 줄여 쓸 수 있다.

보기 4.6

어떤 모양을 회전시키는 방법을 보여주고자 한다(그림 4.9 참조). 타원

$$\frac{x^2}{9} + \frac{y^2}{4} = 1$$

를 $r(s) = [3\cos s,\ 2\sin s]$, $0 \le s \le 2\pi$로 파라미터화 시켜보자. 다음 스크립트는 이 타원을 시계 반대방향에 따라 $\theta > 0$일 때 각 θ만큼 회전시킨다. 식 (4.13)을 사용하기로 한다:

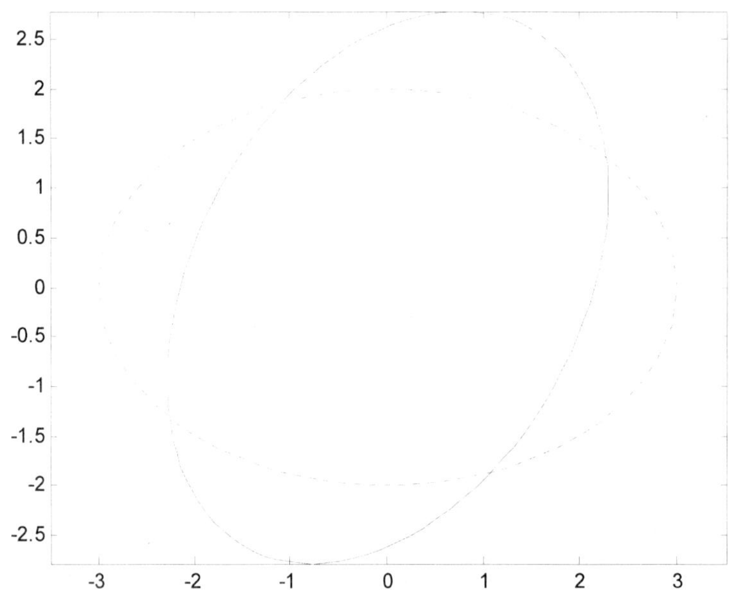

그림 4.9 원래의 타원(점선)과 회전된 타원(실선), 회전각 $\theta = \pi/3$

```
clear all;
theta = input(' 회전각을 입력: ')
s = linspace(0, 2*pi, 101);
x0 = 3*cos(s);
y0 = 2*sin(s);
% 먼저 회전이 없이 타원 그래프를 생성
```

```
plot(x0, y0, ':')
hold on
% 이제 회전시키고 다시 그래프를 작성
x = cos(theta)*x0 - sin(theta)*y0;
y = sin(theta)*x0 + cos(theta)*y0;
plot(x,y); axis equal
hold off
```

4.6 수치미분

곡선에 대한 접선벡터의 논의에서 살펴보았듯이 차분비율에 의하여 함수의 미분을 근사할 수 있다. m-파일 frenet에서 입력 함수들은 좌표함수 x(t), y(t), z(t)들 뿐임을 주목하자. 그러나 T, N 및 B를 계산하려면 이 함수들의 1차 및 2차 미분들이 필요하다. 이들에 대한 추가적인 함수들은 제공되지 않으므로 미분들은 수치미분을 이용하여 근사된다.

1차원 미적분으로부터 두 연속적인 미분을 갖는 함수는 선형(엄밀히 말하면 동맹)함수에 의하여 근사될 수 있음을 상기하자. 선형 근사는 Taylor 팽창의 처음 두 항들로 주어지며 오차는 2차 미분으로 주어진다:

$$f(t+h)=f(t)+f'(t)h+\frac{f''(\eta)}{2}h^2 \tag{4.15}$$

위에서 η는 t와 t+h 사이의 어떤 점이다. 이 식은 미분 f'을 오차가 h에 비례하는 함수값들로 근사하는 데에 이용될 수 있다:

$$f'(t)=\frac{f(t+h)-f(t)}{h}+E \tag{4.16}$$

위에서

$$E=-\frac{f''(\eta)}{2}h$$

식 (4.16)의 우변은 f'(t)에 대한 *전향차분* 근사라고 불린다. (4.16)에서 h를 −h로 대체하면 f'(t)에 대한 *후향차분* 근사를 얻는다:

$$f'(t) = \frac{f(t) - f(t-h)}{h} + E$$

f가 세 개의 연속미분을 갖는다고 가정하면 보다 긴 Taylor 팽창을 얻을 수 있다:

$$f(t+h) = f(t) + f'(t)h + \frac{f''(\eta)}{2}h^2 + \frac{f'''(\eta)}{6}h^3 \tag{4.17}$$

이 경우 전향 및 후향차분 근사에서 오차에 대한 보다 정확한 관계를 얻을 수 있다:

$$f'(t) = \frac{f(t+h) - f(t)}{h} - \frac{f''(t)}{2}h - \frac{f'''(\eta)}{6}h^2 \tag{4.18}$$

식 (4.18)에서 h를 −h로 대체하면

$$f'(t) = \frac{f(t) - f(t-h)}{h} + \frac{f''(t)}{2}h - \frac{f'''(\eta)}{6}h^2 \tag{4.19}$$

식 (4.18)과 (4.19)를 더하고 2로 나누면 전향 및 후향차분 근사들의 평균을 취하는 것이 된다. 이 평균에서는 f''(t)h가 떨어져 나가고 h^2를 포함하는 오차항이 남아 있으므로 더 정확할 것이다. 이로부터 얻어지는 결과는 중심차분 근사라고 불린다:

$$f'(t) = \frac{f(t+h) - f(t-h)}{2h} + E \tag{4.20}$$

중심차분 근사의 오차 E는 h^2에 비례한다.

f가 4개의 연속 미분을 갖는다고 가정하면 Taylor 팽창 (4.17)을 h^4를 포함하는 다음 항으로 확장시킬 수 있다. 다음에 h를 −h로 대체하고 두 팽창들을 더하면 f'(t)h와 $f'''(t)h^3/6$의 두 항들이 모두 떨어져 나감을 알 수 있다. 이를 h^2로 나누면 f''(t)에 대한 중심차분 근사를 얻는다:

$$f''(t) = \frac{f(t+h) - 2f(t) + f(t-h)}{h^2} + E \tag{4.21}$$

위에서 오차 E는 h^2에 비례한다.

m-파일 frenet에서는 v와 a의 성분들을 근사하기 위하여 $h=10^{-6}$을 이용하는 공식 (4.20)과 (4.21)이 사용된다.

연습문제

1. 곡선 C가 $P(t)=(1-\cos t,\ 1+2t+t^2)$로 파라미터화된다고 하자.

(1) P(0)에서 곡선에 대한 접선벡터를 직접 계산하여라.

(2) MATLAB®을 이용하여 t=0.2, 0.1, 0.05일 때 할선벡터 (P(t)−P(0))/t를 계산하여라. 할선 근사에서 오차는

$$\frac{P(t)-P(0)}{t}-P'(0)$$

이다. t를 절반으로 했을 경우 각 성분에서 오차는 어느 정도로 감소되는가?

(3) $0 \le t \le 1$에 대하여 곡선의 그래프를 그리고 arrow를 이용하여 (1)에서 얻은 접선벡터는 물론 각각의 할선벡터들을 나타내어라. 모든 벡터들을 점 P(0)=(0, 1)에 붙여라.

★2. (1) 파라미터화 $x(t)=2\cos t$, $y(t)=\sin t$, $0 \le t \le 2\pi$를 이용하여 x−y 평면상에 타원 $x^2/4+y^2=1$의 그래프를 그려라.

(2) 속도, 속력, 그리고 가속도를 직접 계산하여라. 속력은 어디에서 가장 크며 어디에서 가장 작은가?

(3) 명령어 arrow를 이용하여 $t=0,\ \pi/3,\ \pi,\ 3\pi/2$일 때 점 P(t)들에 대한 속도벡터들을 부착하여라. 보기 4.2를 참조하라.

(4) 곡률을 직접 계산하여라. 다음에 속력과 곡률을 인라인 함수로 만들고 $[0,\ 2\pi]$에서 이들에 대한 그래프를 그려라. 어느 위치에서 속력의 최대 및 최소값이 얻어지는가? 곡률에 대해서는 어떠한가?

(5) MATLAB®을 사용하여 100 선분의 다각 근사를 이용한 호 길이 근사를 수행하여라(보기 4.4 참조). 다음에 quadl을 이용하여 속력의 호 길이 적분을 추정하여라(보기 4.4 참조). 두 경우에서 원에 대한 계산방법을 조사하여 올바르게 작용하는지 알아보라.

3. 곡선 C가 다음과 같이 파라미터화 된다고 하자:

$$r(t)=((\cos t)^3,\ (\sin t)^3),\quad 0 \le t \le 2\pi$$

(1) 곡선의 그래프를 그려라. 이 곡선은 첨점을 갖는가? 어느 위치에서 속력이 0이

될 것으로 기대하는가?

(2) 속력 $\| v \| = \| r' \|$ 를 직접 계산하여라. (1)의 그래프에서 기대했던 위치에서 속력이 과연 0이 되는가?

(3) 곡률을 직접 계산하여라. 평면곡선에 대한 공식은 다음과 같이 간단히 된다:

$$\kappa = \frac{|x''y' - y''x'|}{\| v \|^3}$$

κ는 어느 위치에서 특이성을 갖는가? 이는 그래프와 일치하는가?

★4. 문제 3의 곡선은 구분적으로 매끄럽다. 매끄러운 곡선을 얻기 위해 r을 수정하여 보자. C_δ는 다음과 같이 파라미터화 된다고 하자:

$$r_\delta = \frac{1}{1+\delta}((\cos t)^3 + \delta\cos t,\ (\sin t)^3 + \delta\sin t)$$

(1) $\delta = 0.5,\ 0.2,\ 0.1$에 대하여 이 곡선의 그래프를 그려라. $\delta \to 0$에 따라 C_δ는 어떻게 하여 C에 대한 매끄러운 근사가 되는지 알아보라.

(2) r_δ의 속력과 곡률을 계산하고 $[0, 2\pi]$에서 그래프를 그려라. 이는 MATLAB의 기호처리와 ezplot을 활용할 수 있는 좋은 기회이다. δ와 t를 기호변수라 하고 x와 y를 이들의 함수로 정의한다. 다음에 속력과 곡률을 δ와 t로 계산한다. 마지막으로 δ에 다양한 값들을 대입하고 ezplot를 이용하여 속력과 곡률의 그래프를 함께 그린다.

5. 질량 m=1인 발사체가 수평으로부터 θ의 각도에서 속도 v_0로 발사되었다. 이 운동의 성분들은 다음과 같다:

$$r(t) = [v_0 t\cos\theta,\ v_0 t\sin\theta - \frac{gt^2}{2}]$$

단위로서 피트와 초를 이용하고 있으므로 g=32 ft/sec/sec이다. $v_0 = 50\ ft/\sec$라고 하자.

(1) t=0:0.01:5라고 하자. 2차원 그래프 명령어 plot을 사용하여 θ = 10, 20, 30, 40, 50, 60, 70, 80도일 때 궤적을 그려보라. 공식 (라디안)=(도/180)$\times\pi$가 필요할 것이다. 명령어 hold on을 사용하여 모든 곡선들을 하나의 그래프에 나타내어라. 명령어 axis([0 80 0 50])을 사용하여 발사체가 땅에 닿을 때 곡선들을 잘라내어라.

(2) 실험을 더 수행하여 최대 범위에 해당되는 θ 값을 구하여라. 다음에 해석적 계산을 수행하여 앞에서 얻은 결과를 확인하여라. 최대 범위는 얼마인가? 초기속도 v_0를 이용하여 최대 범위를 나타내는 공식을 구하여라.

6. 공간곡선 $r(t) = [3\cos(t),\ 3\sin(t),\ z(t)]$를 고려하여 보자. 이 곡선은 반경이 3이고 "상승"함수 z(t)가 지정되지 않은 원형 나선이다.

(1) 직접, 혹은 기호적으로 계산하여 $a-(a \cdot T)T$의 세 번째 성분은

$$\frac{9z''(t)}{\| v(t) \|^2}$$

임을 보여라.

(2) 식 (4.7)을 이용하여 어떤 상수 c에 대하여 z(t)=ct인 경우 벡터 N은 언제나 x,y 평면에 평행함을 보여라.

(3) $z(t) = \dfrac{t^2}{2\pi}$라고 하자. $0 \le t \le 2\pi$에 대하여 이 곡선의 그래프를 그려라. m-파일 frenet.m을 사용하여 모델로서 보기 4.5를 따라 $t = 0,\ \pi/2,\ 3\pi/2$ 일 때 점 P(t)에서 프레넷 프레임을 추가하여라. 그림을 보고 N의 세 번째 성분이 양인지, 혹은 음인지를 정하여라. 이는 (1)의 계산결과와 일치하는가?

(4) $z(t) = \sqrt{t}$, $0 \le t \le 2\pi$, 그리고 $t = 0.1,\ \pi/2,\ \pi,\ 3\pi/2$ 일 때 점 P(t)에 대하여 (3)에서와 동일한 작업을 수행하여라.

7. 시간 t=0에서 비행기가 이륙하고 있다. $0 \le t \le 2\pi$에서 이 비행기의 비행경로는 다음과 같은 (타원형) 나선모양이다:

$$x(t) = 2\cos(t), \quad y(t) = 3\sin(t), \quad z(t) = t$$

(1) 곡선의 그래프를 그려라.

(2) 여러 위치에서 프레넷 프레임을 추가하여라. 어느 위치에서 a_N이 가장 큰가? 어느 위치에서 a_N이 가장 적은가?

★8. 이 문제에서 우리는 문제 3의 곡선 C에 대한 "나선"을 구성할 것이다. $\alpha \ge 0$이라 가정하고 Γ는 다음과 같이 파라미터화되는 곡선이라고 하자:

$$q(t) = ((\cos t)^3,\ (\sin t)^3,\ \alpha t), \quad 0 \le t \le 2\pi$$

(1) 몇 가지의 α값들에 대하여 인라인 함수와 plot3를 이용하여 곡선의 그래프를

그려라. $\alpha > 0$이면 곡선은 매끄러운가? 속도나 속력을 계산함으로써 이를 설명할 수 있는가?

(2) 이제 z 성분을 변경시키고

$$p(t) = ((\cos t)^3,\ (\sin t)^3,\ \cos(2t))$$

라고 두자. 이 곡선은 *아스트로이드*로 알려져 있다. $0 \le t \le 2\pi$에서 인라인 함수와 plot3를 이용하여 이 곡선의 그래프를 그려라. 첨점들이 존재하는가? 속도를 직접 계산하여 보라. 0은 어디에 위치하는가? 기호 처리기를 이용하여 곡률을 계산하여라. 특이점들은 어느 위치에 존재하는가?

(3) 이상의 작업을 마치면 약간의 흥미를 느낄 것이다. p의 성분들을 기호표현으로 정의하여라. 명령어 ezplot3(x,y,z,'animate')를 이용한다. 첨점들에서 구슬이 어떻게 느려지는가를 주목하여라.

★9. 20 피트 길이의 보트가 z 축 상에 놓여 있으며 선미는 z=0에, 선수는 z=20에 위치한다. 보트의 단면은 x의 포물선으로서 $|x| \le a(z)$에 대하여 $y = \left(\dfrac{2x}{a(z)}\right)^2$이며 계수 $a(z) = -0.0166z^2 + 0.2245z + 2.25$이다. 동일한 간격으로 21개의 늑골들이 있다(그림 4.10 참조).

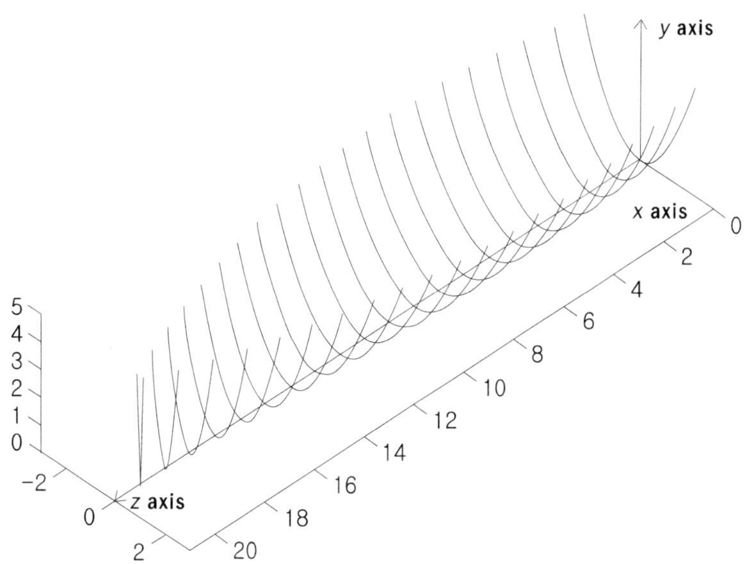

그림 4.10 21개의 늑골을 갖는 보트 선체.

(1) z = 0, 8, 12, 20 일 때 늑골의 단면을 동일한 2차원 그림으로 도시하여라.

(2) 각각의 늑골이 강철 튜브로 만들어져 있다면 21개의 늑골에 대하여 필요한 튜브의 길이는 몇 피트인가? 직접 계산하여 봄으로써 각 늑골의 길이에 대한 공식을 찾아낼 수 있다. 다음에 for 루프를 이용하여 이들을 모두 합한다.

★**10.** 이 문제에서는 행성을 도는 위성의 궤도를 구성할 것이다. 행성은 $r_0(t)=[3\cos(t), 2\sin(t), 0]$으로 파라미터화되는 타원형 궤도를 따른다. 방법은 보기 4.3에서와 유사하다.

(1) 행성 궤도의 수직선 N을 직접 계산하고 바이노멀 B = [0, 0, 1]임을 보여라.

(2) 위성은 행성 주위를 반경 ρ의 궤도로 돌고 있다. 행성이 한 번의 타원 궤도를 운행하는 동안 위성은 궤도를 20회 운행한다. 수직 및 바이노멀 벡터를 이용하여 행성에 대한 위성의 상대적인 위치를 나타내고자 한다. 편의를 위하여 n= −N이라 하자. n은 외부를 향하는 타원에 대한 수직 벡터이다. 시간 t=0에서 위성은 $r=r_0(0)+\rho n$의 위치에서 출발한다고 가정하자. 행성 위에 있는 사람의 시각에서 본다면 위성의 운동은 회전

$$r_1(t)=\rho\cos(20t)n+\rho\sin(20t)B$$

로 주어진다. 조합된 운동 $r(t)=r_0(t)+r_1(t)$의 성분 x(t), y(t), z(t)들을 직접 써보라.

(3) $\rho=0.2$일 때 행성과 위성의 궤도를 그리는 스크립트를 작성하여라.

★**11.** 이 문제에서는 캠 및 캠을 따르는 부분의 운동을 나타내고 도시할 것이다. 원래 위치의 캠은 원점 주위를 지나는 간단한 폐곡선 C로 경계지워져 있다고 가정한다. C는 $s\to[x(s),\ y(s)]$로 파라미터화되며 x와 y의 주기는 2π이다. 이는 모든 s에 대하여 $x(s+2\pi)=x(s)$, 그리고 $y(s+2\pi)=y(s)$임을 의미한다. 캠 후속부는 캠과 함께 운동하는 부분이며 캠의 오른쪽으로 x 축을 따라 위치하고 있다(그림 4.11 참조). 임의의 회전각 θ에 대하여 캠 후속부는 한 곳에서만 캠과 접촉한다고 가정한다. 이 접촉점의 x 좌표를 $l(\theta)$라 하자. 이 점에서 회전된 캠에 대한 접선벡터는 0의 x 성분을 갖는다. 식 (4.14)로부터 접촉점에서는

$$x'(s)\cos\theta-y'(s)\sin\theta=0 \tag{4.22}$$

임을 알 수 있다. 이 방정식을 s에 대하여 θ의 함수로 풀어서 $s(\theta)$를 얻을 수 있다면 $l(\theta)$는

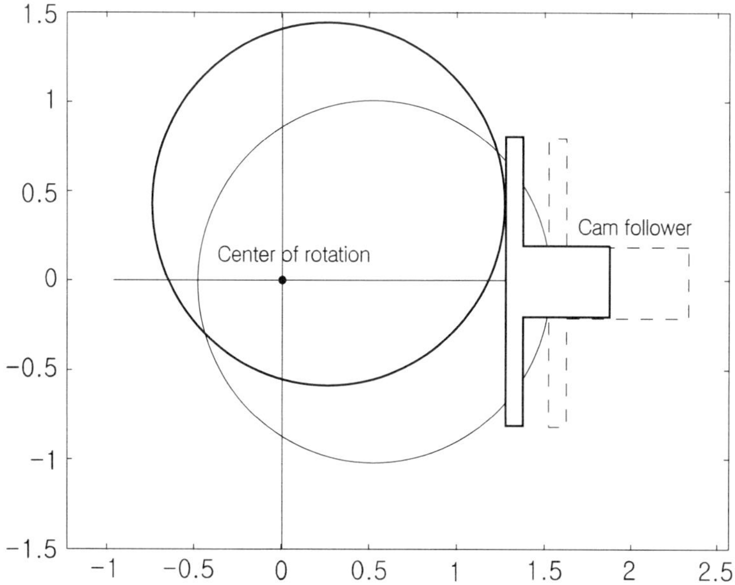

그림 4.11 처음 위치(점선) 및 $\theta=\pi/3$일 때의 캠 및 캠 후속부.

$$l(\theta)=x(s(\theta))\cos\theta-y(s(\theta))\sin\theta$$

로 주어진다.

(1) 캠이 중심이 (0.5, 0)이고 반경이 1인 원으로 주어질 수 있다고 하자. 경계곡선 C를 파라미터화하라. 식 (4.13)을 이용하여 각 θ만큼 회전된 캠의 파라미터화를 써 보라. 원은 그 중심 주위로는 회전되지 않을 것임을 유의하라.

(2) 보기 4.6을 이용하여 캠을 원점에 대하여 각 θ만큼 회전시키는 스크립트를 작성하여라. $\theta=\pi/3,\ \pi/2, \pi$에 대하여 처음 위치와 회전된 위치의 캠을 도시하여라. 각 위치와 축 들에 라벨을 붙여라.

(3) 식 (4.2)를 s에 대하여 θ의 함수로 풀고 함수 $l(\theta)$를 구하여라.

★★12. 이 문제는 문제 11의 연속이다. 다음과 같이 파라미터로 주어지는 캠들을 고려하여 보자:

$$x(s)=c+a\cos s,\quad y(s)=b\sin s$$

(1) 식 (4.22)는 $s(\theta)=-\arctan((b/a)\tan\theta)$로 되며 $l(\theta)$는

$$l(\theta)=(c+a\cos s(\theta))\cos\theta-b\sin s(\theta)\sin\theta$$

로 주어짐을 보여라.

(2) 입력으로서 3개의 파라미터 a, b, c를 받아들이며 함수 $l(\theta)$의 그래프를 그리는 MATLAB 스크립트를 작성하여라. $l(\theta)$를 연속으로 만들기 위해서는 구간 $[\pi/2 \le \theta \le 3\pi/2]$에서 $s(\theta)$ 값들을 조정하여야 할 것이다.

(3) a=1, b=1/2, c=1/2라고 하자. l의 그래프를 살펴보고 캠 후속부가 사이클의 가장 왼쪽 지점에 위치할 때의 각 θ들을 구하여라. 이 각들은 $l(\theta)$의 최소값들을 생성하여 준다.

5
2변수 함수

이 장에서 사용되는 미리 작성된 m-파일들

```
qsurf   xslice   yslice  mslice
```

5.1 다변수 수치함수의 정의

다변수 수치함수는 단일변수 수치함수와 동일한 방법으로 m-파일 및 인라인 함수에 의하여 정의된다.

보기 5.1

$f(x,y) = x + ye^{x^2+y^2}$라고 하자. 이 함수는 다음과 같이 m-파일 f.m으로 정의될 수 있다:

```
function z = f(x,y)
z = x + y.*exp(x.^2 + y.^2);
```

.*와 .^를 사용함으로써 함수가 배열에 대해서도 적용될 수 있도록 하였음을 주목하자. 그래프를 위한 것이라면 f가 행렬에 대해서 작용할 수 있도록 하는 것이 중요하다.

f를 인라인 함수로 정의할 경우 두 변수들을 단일 인용부호로 감싸줌으로써 f가 두 변수들의 함수임을 나타내 주어야 한다:

```
f = inline('x + y.*exp(x.^2 + y.^2)', 'x', 'y')
```

m-파일들은 합성으로 생겨나는 복잡한 함수들을 작성하는 편리한 방법이다. 함수가 $f(x,y)=(\sin u)e^{u^2-v^2}$로 주어지며 $u=x+\dfrac{y}{2}$, $v=\cos(x-y)$라고 하자. 이 함수에 대한 m-파일은 다음과 같이 쓸 수 있다:

```
function z = f(x,y)
u = x + 0.5*y;
v = cos(x-y);
z = sin(u).*exp(u.^2 - v.^2);
```

5.2 2변수 수치함수의 그래프

이 장에서는 x, y 평면상의 사각형 $a \le x \le b$, $c \le y \le d$ 상에서 수치함수 f(x,y)의 그래프 작성을 다루고 있다. 이들 그래프의 경우 변수들은 x 좌표의 행렬 X와 y 좌표의 행렬 Y들이다. 이 행렬들은 다음과 같이 만들어진다. 먼저 x 방향으로의 구간 크기Δx와 y 방향으로의 구간 크기 Δy를 선택하여 사각형 상에서 격자를 구성한다. 다음에 명령어 x = a:delx:b와 y=c:dely:d를 이용하여 벡터 x와 y를 구성한다. 다음 명령어는 두 행렬 [X,Y] = meshgrid(x,y)를 생성한다. 만일 $\Delta x=\dfrac{b-a}{n}$, $\Delta y=\dfrac{d-c}{m}$이라면 x의 길이는 n+1이며 y의 길이는 m+1이다. 두 행렬 X와 Y는 (m+1)×(n+1)이다. X의 m+1 행들은 모두 x와 동일하며 Y의 n+1 열들은 모두 y와 동일하다.

보기 5.2

a=-1, b=1, c=0, d=4라고 하자. $\Delta x=\Delta y=0.4$라고 하면 n=5, m=10이 된다. 이로부터 얻어지는 11×6 좌표행렬들은 다음과 같이 하여 얻어진다.

```
>> x = -1:0.4:1; y = 0:0.4:4;
>> [X,Y] = meshgrid(x,y)
X =
   -1.0000   -0.6000   -0.2000    0.2000    0.6000    1.0000
   -1.0000   -0.6000   -0.2000    0.2000    0.6000    1.0000
```

```
   -1.0000   -0.6000   -0.2000    0.2000    0.6000    1.0000
   -1.0000   -0.6000   -0.2000    0.2000    0.6000    1.0000
   -1.0000   -0.6000   -0.2000    0.2000    0.6000    1.0000
   -1.0000   -0.6000   -0.2000    0.2000    0.6000    1.0000
   -1.0000   -0.6000   -0.2000    0.2000    0.6000    1.0000
   -1.0000   -0.6000   -0.2000    0.2000    0.6000    1.0000
   -1.0000   -0.6000   -0.2000    0.2000    0.6000    1.0000
   -1.0000   -0.6000   -0.2000    0.2000    0.6000    1.0000
   -1.0000   -0.6000   -0.2000    0.2000    0.6000    1.0000
Y =
    0         0         0         0         0         0
    0.4000    0.4000    0.4000    0.4000    0.4000    0.4000
    0.8000    0.8000    0.8000    0.8000    0.8000    0.8000
    1.2000    1.2000    1.2000    1.2000    1.2000    1.2000
    1.6000    1.6000    1.6000    1.6000    1.6000    1.6000
    2.0000    2.0000    2.0000    2.0000    2.0000    2.0000
    2.4000    2.4000    2.4000    2.4000    2.4000    2.4000
    2.8000    2.8000    2.8000    2.8000    2.8000    2.8000
    3.2000    3.2000    3.2000    3.2000    3.2000    3.2000
    3.6000    3.6000    3.6000    3.6000    3.6000    3.6000
    4.0000    4.0000    4.0000    4.0000    4.0000    4.0000
```

Y 행렬의 첫 번째 행은 사각형의 아래 모서리 상의 격자점들에 해당된다(그림 5.1[2] 참조).

---

[2] 역자 주: 그림 5.1은 다음 코드로 그릴 수 있다:

```
>> plot(X,Y,'*')
>> axis off
>> hold on
>> plot(X(:,1),Y(:,1))
>> plot(X(:,length(x)),Y(:,1))
>> plot(X(1,:),Y(1,:))
>> plot(X(1,:),Y(length(y),:))
>> hold off
```

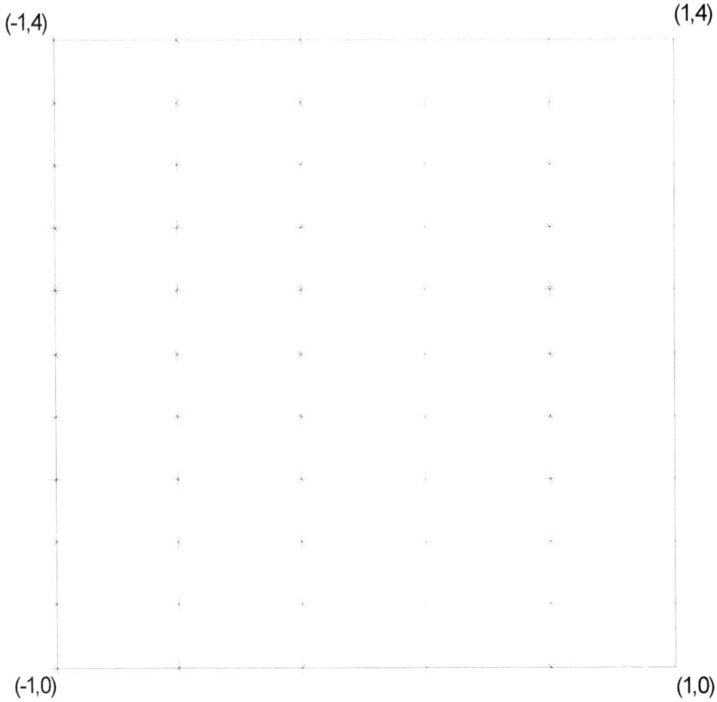

그림 5.1 사각형의 격자점.

격자가 있으면 사각형 상에 함수 f(x,y)의 그래프를 그릴 수 있다. f의 그래프는 3중점 $(x_j,\ y_i,\ f(x_j,y_i))$, $i=1,\cdots,\ m+1$, $j=1,\ \cdots,\ n+1$들로 구성될 것이다. $Z(i,j)=f(x_j,\ y_i)$인 $(m+1)\times(n+1)$ 행렬 Z를 생성하고자 한다. 예시를 위하여

$$f(x,y)=10x^2+y^2$$

라고 하자. 인라인 함수 f를 정의하고 행렬 Z를 계산한다:

```
>> f = inline('10*x.^2 + y.^2', 'x', 'y')
f =
     Inline function:
     f(x,y) = 10*x.^2 + y.^2
>> Z = f(X,Y)
Z =
```

```
10.0000    3.6000    0.4000    0.4000    3.6000   10.0000
10.1600    3.7600    0.5600    0.5600    3.7600   10.1600
10.6400    4.2400    1.0400    1.0400    4.2400   10.6400
11.4400    5.0400    1.8400    1.8400    5.0400   11.4400
12.5600    6.1600    2.9600    2.9600    6.1600   12.5600
14.0000    7.6000    4.4000    4.4000    7.6000   14.0000
15.7600    9.3600    6.1600    6.1600    9.3600   15.7600
17.8400   11.4400    8.2400    8.2400   11.4400   17.8400
20.2400   13.8400   10.6400   10.6400   13.8400   20.2400
22.9600   16.5600   13.3600   13.3600   16.5600   22.9600
26.0000   19.6000   16.4000   16.4000   19.6000   26.0000
```

그래프는 다음 명령어로부터 얻어진다:

```
>> surf(X,Y,Z)
```

또한 surf(X,Y,f(X,Y))와 같이 명령어들을 조합할 수도 있다. 결과는 그림 5.2(가)에 보인 바와 같다. 여기에서 사용된 격자는 다소 거칠다. 보다 매끄러운 그래프를 얻으려면 $\Delta x = \Delta y = 0.2$로 둠으로써 좀 더 미세한 격자를 사용한다. 결과는 그림 5.2(나)에 보인 바와 같다.

```
>> x = -1:0.2:1;
>> y = 0:0.2:4;
>> [X,Y] = meshgrid(x,y);
>> surf(X,Y,f(X,Y))
```

m-파일 qsurf

이 짧은 m-파일(빠른 surf)은 사용자가 격자를 구성할 필요가 없으므로 사각형 상에서 수치 함수들의 그래프를 약간 더 빠르게 만들어 준다. 호출은 f가 인라인 함수인 경우 qsurf(f,corners,n)과 같이 하고 f가 m-파일로 주어진 경우 qsurf('f',corners,n)과 같이 한다. corners는 4원소 벡터 [a, b, c, d]로서 사각형 영역 $R = \{a \le x \le b,\ c \le y \le d\}$를 정의하며 n은 각 방향으로의 격자의 구간 수이다. 호출에서 인수 n이 생략되면 기본적으로 50×50 격자가 생성되는데 이는 대체적으로 적절하다. n이 생략되는 경우 코드는 다음과 같다:

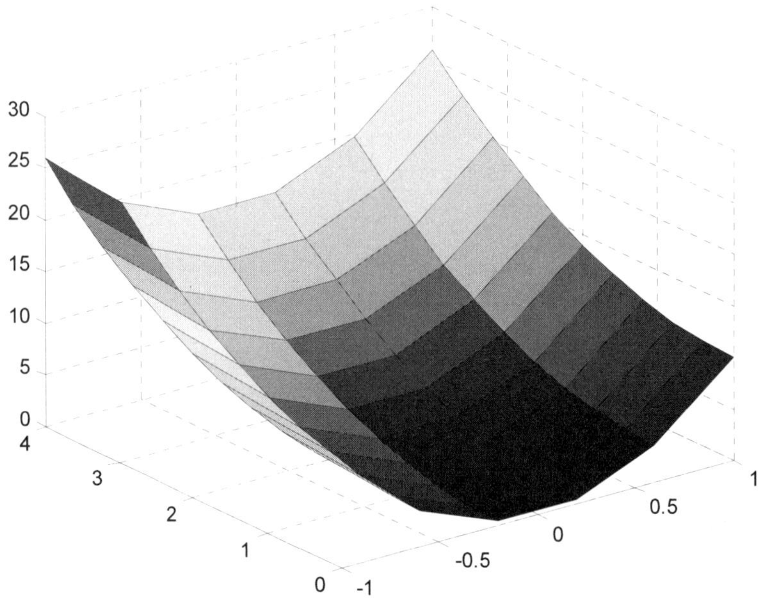

(가)

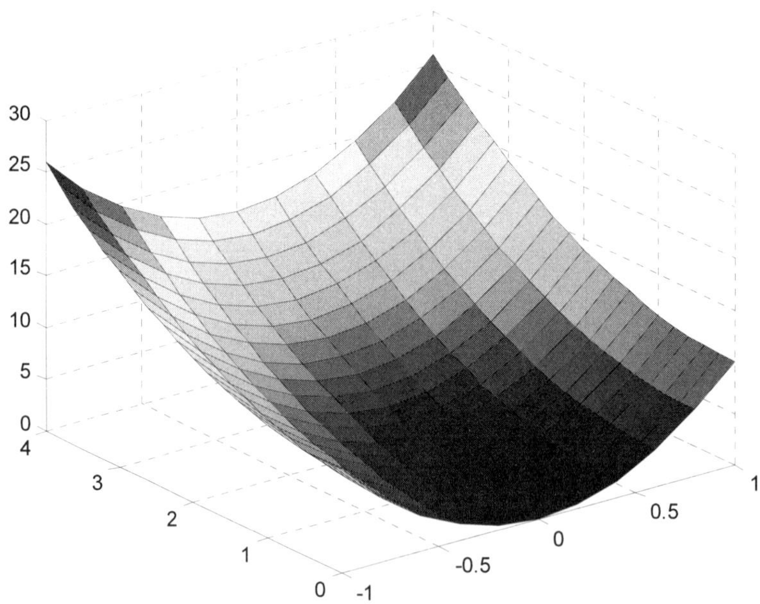

(나)

그림 5.2 $f(x,y)=10x^2+y^2$의 그래프: (가) 거친 격자, (나) 보다 미세한 격자.

```
function out = qsurf(f,corners)
    a = corners(1); b = corners(2);
    c = corners(3); d = corners(4);
    x = linspace(a,b,51);
    y = linspace(c,d,51);
    [X,Y] = meshgrid(x,y);
    Z = feval(f,X,Y);
    surf(X,Y,Z)
```

앞에서 살펴보지 않은 명령어는 feval 뿐이다. 이 명령어는 제 13장에서 논의된다.

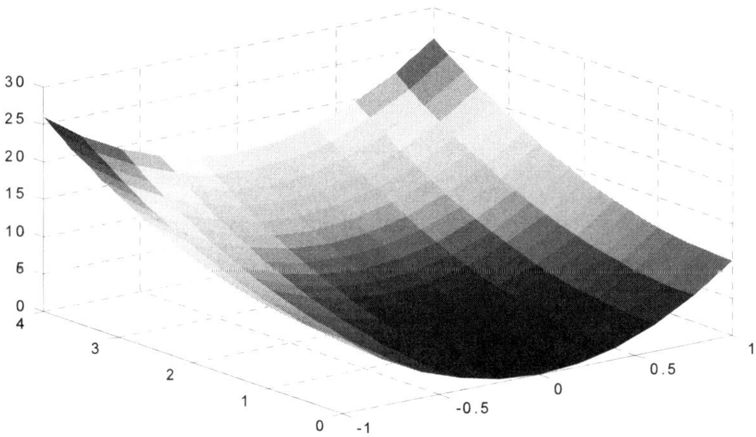

(가)

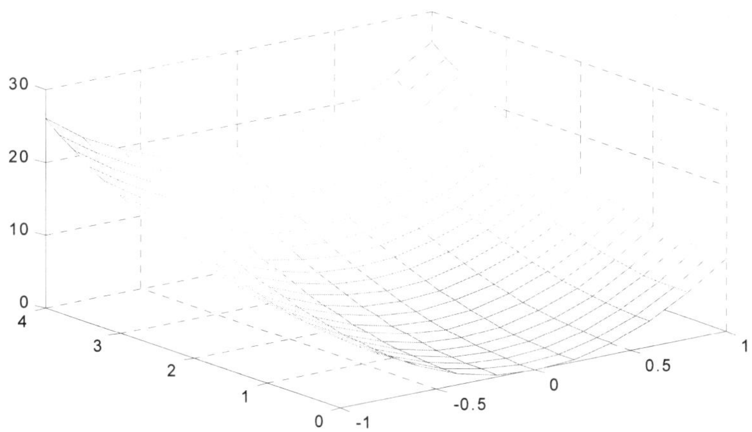

(나)

그림 5.3 $f(x,y) = 10x^2 + y^2$의 그래프: (가) shading flat, (나) 격자 프레임.

surf 명령어는 표면의 작은 부분면들을 색으로 채우며 x, y 평면의 격자점들 상의 그래프에서 점들을 연결하는 선분들을 보여준다. 보다 매끄럽게 보이는 표면을 만들려면 surf 명령어 다음에 shading flat, 혹은 shading interp를 추가한다. 그 결과는 그림 5.3에 보인 바와 같다.

MATLAB®은 곡면의 z 좌표를 나타내는 데에 색을 사용하고 있다. 그래프에서 가장 낮은 점은 짙은 청색인 반면에 가장 높은 점은 빨간 색임을 알 수 있다. 이러한 색의 할당은 *컬러맵*이라고 불린다. 기본적인 컬러맵은 jet라고 불린다. 이는 컬러맵 hsv(색상 포화값)의 한 가지 변형이다. 여러 가지 목적에 부합되도록 서로 다른 많은 컬러맵들이 있다. 컬러맵을 변경하여 그래프를 회색 그늘로 칠하고 싶다면 colormap(gray)를 이용한다. 추가의 정보를 원한다면 help colormap을 입력한다.

극좌표를 이용한 수치함수의 그래프

종종 사각형이 아닌 원 위에 함수의 그래프를 나타내고자 할 수도 있다. 이를 위해서는 격자를 구성할 때 한 가지 단계를 추가시켜야 한다. 다음 스크립트에서 처음 세 줄은 r, θ 좌표의 격자를 생성한다. 4번째 및 5번째 줄은 r, θ 격자를 x, y 평면의 곡선으로 이루어지는 격자로 전환시켜 준다. 함수 $g = g(r,\theta)$의 경우 동일한 방법으로 하면 된다.

보기 5.3

다음 스크립트는 원판 $\{(x-1)^2+(y-3)^2=4\}$ 상에서 함수 $f(x,y)=x-1+y^2$의 그래프 작성방법을 보여주고 있다:

```
clear all
% 먼저 r, theta 좌표로 격자를 만든다.
r = linspace(0,2,21);
theta = linspace(0, 2*pi, 41);
[R,TH] = meshgrid(r,theta);

% 이제 x, y 좌표에서 곡선으로 이루어지는 격자로 전환시킨다.
X = 1 + R.*cos(TH);
Y = 3 + R.*sin(TH);
Z = X-1 + Y.^2;
surf(X,Y,Z)
hold on
```

```
% 곡선으로 이루어지는 격자에 평면 z=-5를 추가한다.
surf(X,Y,-5+0*Z)
hold off
```

결과는 그림 5.4에 나타나 있다. r, θ 격자는 평면 z=−5 상에 나타나 있다.

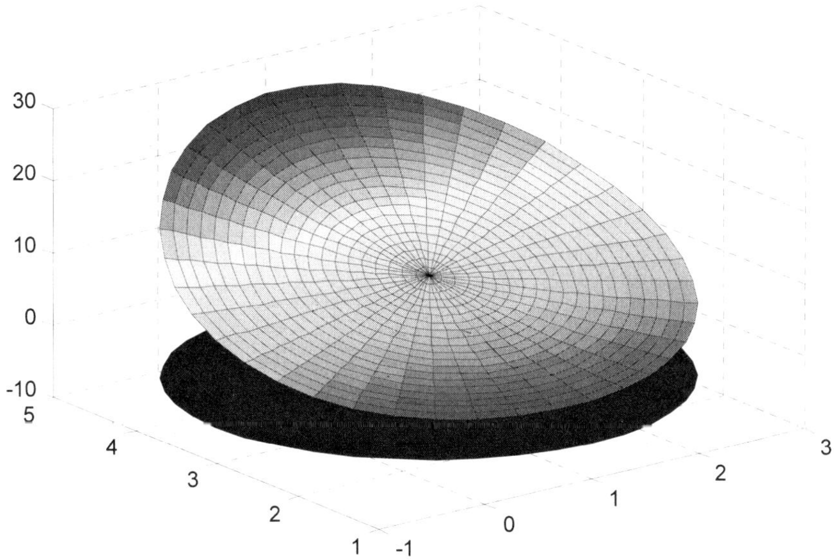

그림 5.4 원판 $(x-1)^2+(y-3)^2=4$ 상에서 $f(x,y)=x-1+y^2$의 그래프.

보기 5.4

원점이 중심인 단위 원판 위에 $g(r,\theta)=(r/2)\sin(\theta)+r^3\cos(3\theta)$의 그래프를 그려 보기로 한다(그림 5.5 참조).

```
clear all
r = linspace(0,1,21);
theta = linspace(0, 2*pi, 41);
[R,TH] = meshgrid(r,theta);
X = R.*cos(TH);
Y = R.*sin(TH);
Z = 0.5*R.*sin(TH) + R.^3.*cos(3*TH);
surf(X,Y,Z)
```

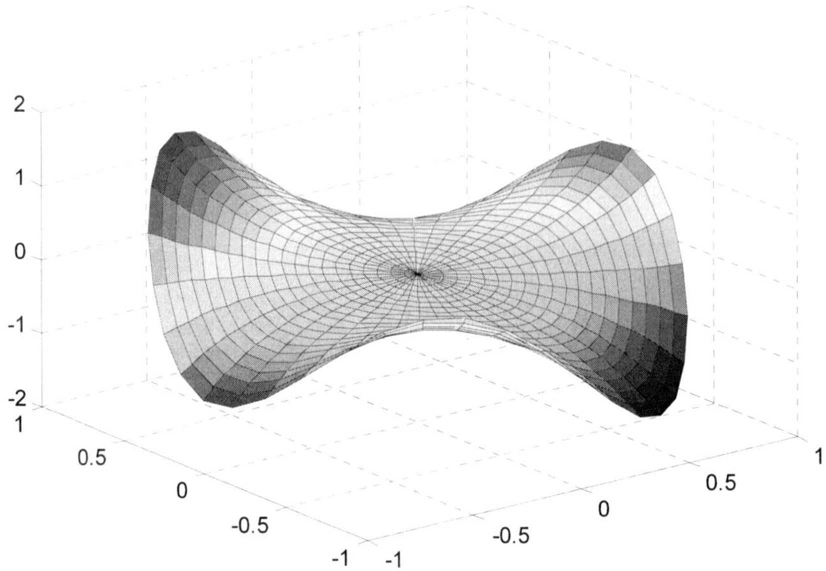

그림 5.5 단위 원판에서의 $g(r,\theta)=(r/2)\sin(\theta)+r^3\cos(3\theta)$의 그래프.

5.3 수준 곡선

함수가 주어진 값을 갖는 점 (x, y)들의 집합은 그 함수의 *수준 집합*이라고 불린다. 함수가 f(x, y)라면

$$S_c=\{(x,y)\ :\ f(x,y)=c\}$$

로 쓴다. 이 집합들은 흔히 x, y 평면상에서 *수준 곡선*으로 불리는 곡선들이다. 많은 경우 수준 곡선들은 *등고선*이라고 불린다. f의 그래프를 평면 z=c로 절단함으로써 수준 곡선들이 어떻게 생성되는지 가시화하여볼 수 있다. 그래프와 평면의 교점은 일반적으로 그 평면상의 곡선이 된다. 수준 곡선은 x, y 평면에 대한 이 곡선의 투영이다. 이 개념을 보기 5.2에서 이용한 함수 $f(x,y)=10x^2+y^2$를 통하여 예시해 보기로 한다. 그림 5.6(가)에서 높이 z=6, 12, 18에서의 수평 평면들은 f의 그래프와 교차하고 있다. 그림 5.6(나)에는 해당되는 수준

곡선들이 나타나 있다[3].

MATLAB®은 함수의 수준 곡선들을 생성하는 명령어를 지닌다. 먼저 [X,Y] = meshgrid(x,y)를 이용하여 어떤 사각형 상에서 격자를 구성한다. 기본적인 명령어 contour(X,Y,f(X,Y))는 사각형 상에서 f의 몇 가지 등고선들을 컬러맵에 해당되는 색으로 나타내어 준다. 이 기본 명령어는 몇 가지 방법으로 조정될 수 있다. contour(X,Y,f(X,Y),n,'k')는 구간 [min f, max f]를 n+1 개의 부구간 min f $< c_1 < c_2 < \cdots < c_n <$ max f들로 나눈 다음 n 개의 값 $c_1 < c_2 < \cdots < c_n$에 해당하는 n 개의 등고선들을 그려준다. 마지막 인수 'k'는 모든 등고선들이 검은 색으로 나타나도록 지시한다. plot 명령어의 경우에 열거된 색 약자 목록을 이용하여 다른 색들도 사용이 가능하다. 마지막으로 숫자 n에 대하여 값들의 벡터를 대입함으로써 수준 곡선들의 값들을 선택할 수 있다. 예를 들어 f(x,y) = 1.5, 2.5, 4에 대한 수준 곡선들을 나타내려면 벡터 levels = [1.5, 2.5, 4]를 정의한다. 이 값들은 간격이 동일할 필요는 없다. 다음에 contour(X,Y,f(X,Y),levels,'k')를 호출한다. 마지막 방법은 이미 함수값들의 범위를 알고 있는 등고선 맵의 특정 영역을 조정하는 데에 유리하다. 등고선 방법에 대한 다양한 변형들이 있으며 help contour를 입력하여 알아볼 수 있다.

---

3) 역자 주: 그림 5.6은 다음 코드로부터 얻을 수 있다:

```
f = inline('10*x.^2 + y.^2', 'x', 'y');
x = -1:0.2:1; y = 0:0.2:4;
[X,Y] = meshgrid(x,y); Z = f(X,Y);
[r,c] = size(Z); c1 = 6; c2 = 12; c3 = 18;
figure(1)
for i = 1:r
   for j = 1:c
      Z1(i,j) = c1; Z2(i,j) = c2; Z3(i,j) = c3;
   end
end
surf(X,Y,Z)
shading flat
hold on
mesh(X,Y,Z1), mesh(X,Y,Z2), mesh(X,Y,Z3)
hold off
levels = [c1, c2, c3];
figure(2)
contour(X,Y,Z,levels,'k')
```

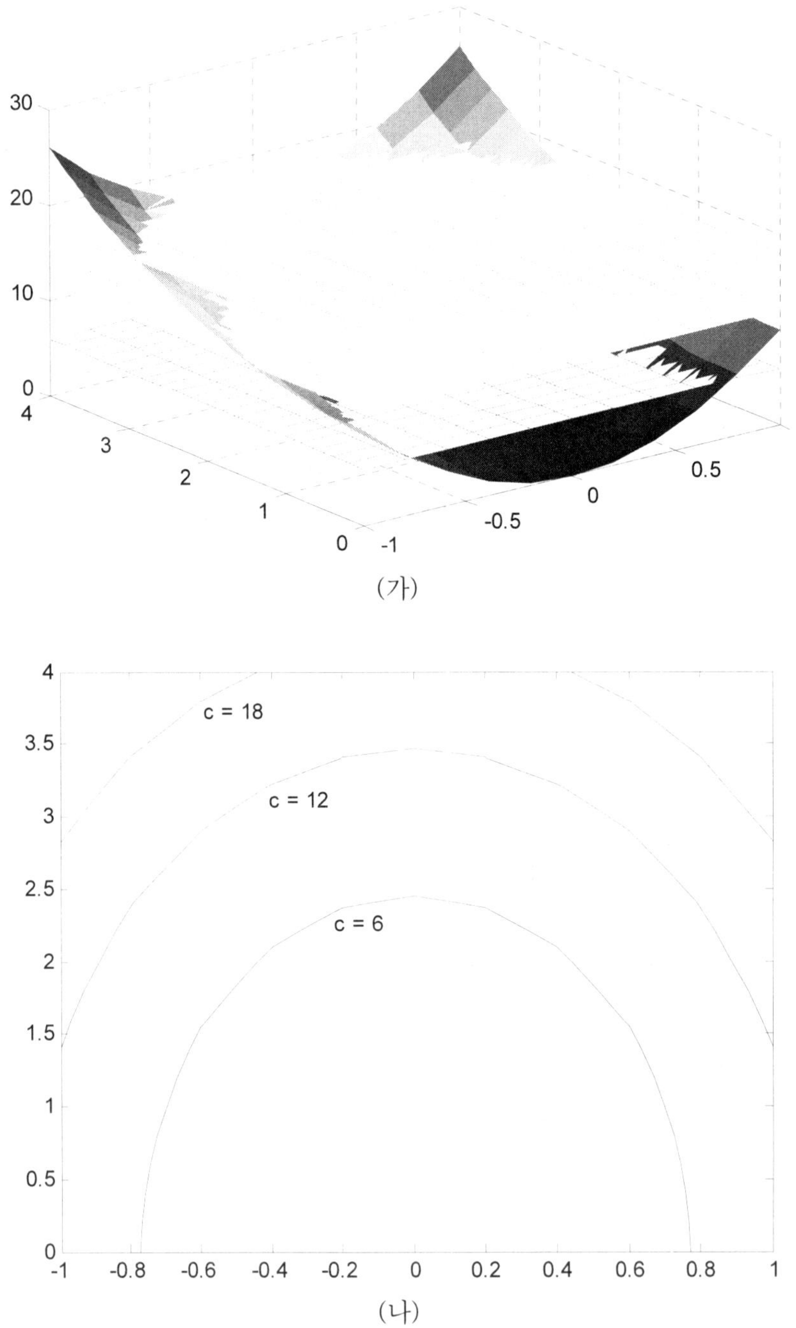

그림 5.6 $f(x,y) = 10x^2 + y^2$의 그래프:
(가) 높이 z=6, 12, 18의 교차평면, (나) 해당되는 수준곡선.

아울러 컬러맵의 색들에 해당되도록 x, y 평면에 색을 입힐 수 있다. 이는 함수의 거동에 대한 또 다른 가시적 열쇠를 제공하여 준다. 해당되는 명령어는 pcolor(X,Y,f(X,Y))이다. 이 명령어와 contour 명령어는 매우 효율적으로 조합될 수 있다.

보기 5.5

$$f(x,y)=6e^{-3x^2-y^2}+\frac{x}{2}+y \tag{5.1}$$

라고 하자. 다음 스크립트에 따라 사각형 $[-2,2]\times[-2,3]$에서 f에 대한 10개의 등고선들을 나타낼 수 있다(그림 5.7 참조). 등고선들은 pcolor 맵 위에 입혀진다.

```
clear all
x = -2:0.05:2; y = -2:0.05:3;
[X,Y] = meshgrid(x,y);
```

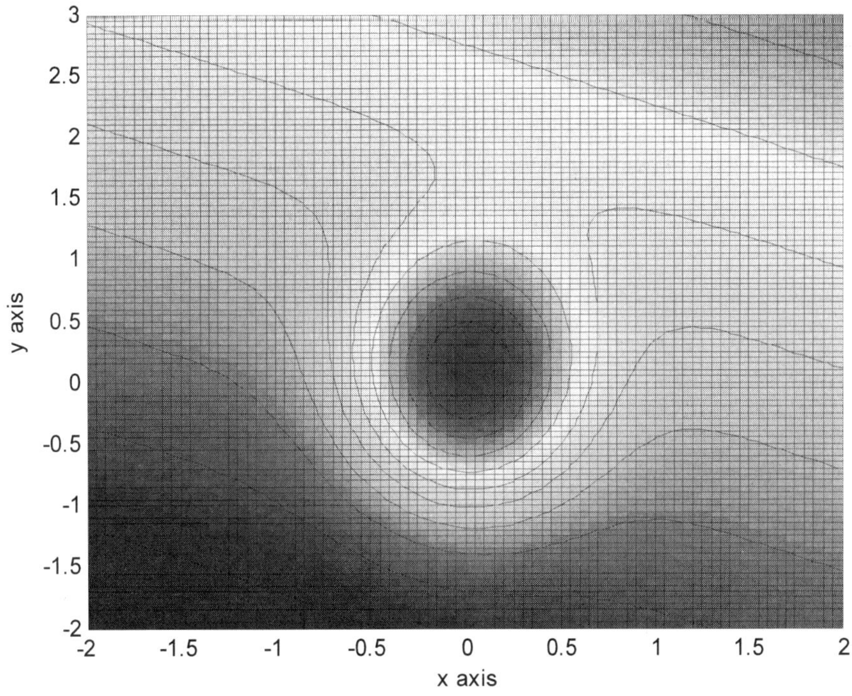

그림 5.7 $f(x,y)=6e^{-3x^2-y^2}+\frac{x}{2}+y$의 수준곡선.

```
f = inline('6*exp(-3*x.^2-y.^2)+0.5*x+y','x','y');
Z = f(X,Y);
pcolor(X,Y,Z)
hold on
contour(X,Y,Z,10,'k')
xlabel(' x axis')
ylabel(' y axis')
hold off
```

5.4 기호로 정의된 함수의 그래프

이전에 언급한 바와 같이 MATLAB® 5.2 이후 버전들은 기호로 정의된 2변수 함수들에 대한 그래프 명령어들을 포함하고 있다. 이에는

```
ezsurf
ezmesh
ezcontour
```

들이 포함된다.

2변수 함수에 대한 기호 표현은 다음과 같이 주어진다. 먼저 x와 y를 기호 변수로 선언한 다음 식을 구성한다. 다음은 그래프 명령어를 포함하는 한 가지 예이다:

```
>> syms x y
>> f = cos(x)*exp(x-y^2)
f =
cos(x)*exp(x-y^2)
>> ezsurf(f)
```

영역이 지정되지 않으면 그래프는 기본 영역인 $\{-2\pi \le x, y \le 2\pi\}$에서 그려진다. 영역을 지정하려면 ezsurf(f,corners)로 호출한다. 여기에서 이전과 마찬가지로 corners는 사각형 영역 $R=\{a \le x \le b,\ c \le y \le d\}$을 정의하는 4원소 벡터 [a, b, c, d]이다. ezmesh와 ezcontour는 동일한 방법으로 작용한다. 복잡한 함수를 취한 다음 기울기의 크기와 같은 미분의 어떤 함수를 그래프로 나타내고자 한다면 이 명령어들은 특히 유용하다.

동일한 함수와 명령어들로 계속하여 본다면 다음과 같이 쓸 수 있다:

```
>> fx = diff(f,x); fy = diff(f,y);
>> g = sqrt(fx^2+fy^2)
>> ezsurf(g)
```

5.5 편미분과 방향미분

함수 f(x, y)의 변화율을 측정하기 위해서는 x 축과 y 축에 평행한 선들에 대한 f의 제한을 고려한다. 이는 하나의 변수를 고정시켜서 f를 남아있는 하나의 변수의 함수로 축소시키는 것을 의미한다. 예를 들면 x 축에 평행한 선으로의 f의 제약은 $x \to f(x,\ y_0)$이며 y 축에 평행한 선으로의 f의 제약은 $y \to f(x_0,\ y)$이다(그림 5.8 참조).

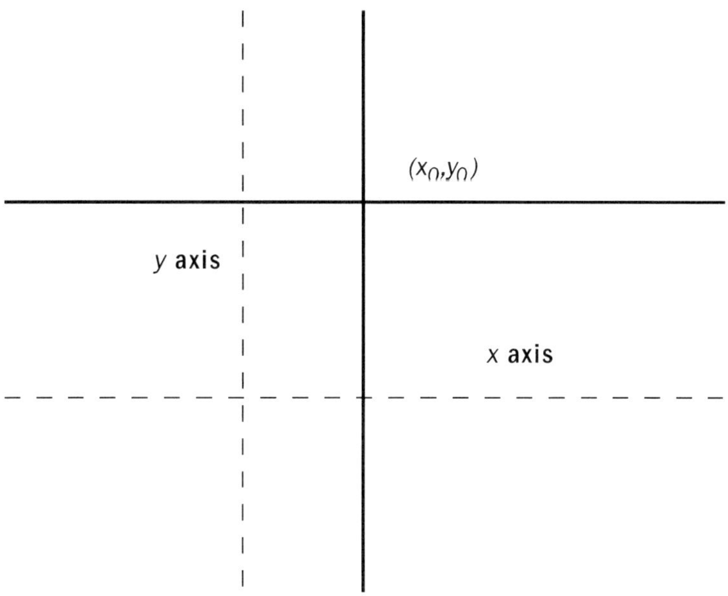

그림 5.8 제한선.

이제 $x \to f(x,\ y_0)$를 미분함으로써 x 축에 평행한 방향으로의 f의 변화율을 알아낼 수 있으며 $y \to f(x_0,\ y)$를 미분함으로써 y 축에 평행한 방향으로의 f의 변화율을 알아낼 수 있다. 이로부터 얻어지는 미분들은 f의 *편미분*이라고 불린다. 보다 구체적으로 x_0에서 구한 $(d/dx)f(x, y_0)$와 y_0에서 구한 $(d/dx)f(x_0, y)$에 대하여 각각

$$\frac{\partial f}{\partial x}(x_0,\ y_0) \text{ 및 } \frac{\partial f}{\partial y}(x_0,\ y_0)$$

로 쓴다. 편미분의 엄밀한 정의는 다음에서 우변의 극한이 존재할 경우

$$\frac{\partial f}{\partial x}(x_0,y_0) = \lim_{x \to x_0} \frac{f(x,y_0) - f(x_0,y_0)}{x - x_0} \tag{5.2}$$

및

$$\frac{\partial f}{\partial y}(x_0,y_0) = \lim_{y \to y_0} \frac{f(x_0,y) - f(x_0,y_0)}{y - y_0} \tag{5.3}$$

로 쓴다.

기하학적으로 $\frac{\partial f}{\partial x}(x_0,\ y_0)$는 f의 그래프와 수직 평면 $y = y_0$의 교차 곡선의 $x = x_0$에서의 기울기라고 볼 수 있다. 한편 $\frac{\partial f}{\partial y}(x_0,\ y_0)$는 f의 그래프와 수직 평면 $x = x_0$의 교차 곡선의 $y = y_0$에서의 기울기이다.

m-파일 xslice, yslice

m-파일 xslice와 yslice는 함수의 그래프를 평면 $y = y_0$(xslice)와 평면 $x = x_0$(yslice)으로 절단한다. f는 이미 사각형 $[a,b] \times [c,d]$ 상에서 그래프로 얻어졌다고 가정한다. 호출은 f가 m-파일로 주어져 있는 경우 xslice('f',x,y0), f가 인라인 함수로 주어진 경우 xslice(f,x,y0)와 같다. x는 a에서 b에 이르는 x 좌표의 벡터이며 y0는 하나의 숫자이다. 다른 절단의 경우 yslice('f',x0,y), 혹은 yslice(f,x0,y)를 이용한다. 여기에서 y는 c에서 d에 이르는 좌표의 벡터이다.

보기 5.6

$$f(x,y) = 1 - (x^2 + y^2)/2$$

라고 하자. qsurf를 사용하여 사각형 $\{0 \le x,y \le 2\}$에서 f의 그래프를 그린 다음에 다음 스

크립트를 이용하여 평면 y=1로 이 그래프를 절단하여 보기로 한다. 결과는 그림 5.9(가)와 같다.

```
clear all;
f = inline('1-0.5*(x.^2 + y.^2)','x','y');
qsurf(f,[0 2 0 2]); shading flat
hold on
x = linspace(0,2,51)
xslice(f,x,1)
hold off
```

그림 5.9에서 $\frac{\partial f}{\partial x}(1,1) < 0$ 및 $\frac{\partial f}{\partial y}(1,1) < 0$ 임을 뚜렷이 알 수 있다. 그림 5.9(나)는 yslice로부터 얻은 것이다:

```
clear all;
f = inline('1-0.5*(x.^2 + y.^2)','x','y');
qsurf(f,[0 2 0 2]); shading flat
hold on
y = linspace(0,2,51)
yslice(f,1,y)
hold off
```

방향미분

보다 일반적으로 우리는 (x_0, y_0)에서 임의방향으로의 f의 변화율을 계산할 수 있다. u를 $u = [u_1,\ u_2]$인 단위벡터라 하자. 방향 u에서의 방향미분은 다음에서 극한이 존재할 경우 아래와 같이 정의된다:

$$D_u f(x_0, y_0) = \lim_{h \to 0} \frac{f(x_0 + hu_1,\ y_0 + hu_2) - f(x_0,\ y_0)}{h} \tag{5.4}$$

식 (5.2)와 (5.3)으로부터 편미분 $\frac{\partial f}{\partial x}$ 및 $\frac{\partial f}{\partial y}$는 u=[1, 0] 및 u=[0, 1]의 특수한 경우임을 알 수 있다. 사실 일단 $\frac{\partial f}{\partial x}(x_0,\ y_0)$ 및 $\frac{\partial f}{\partial y}(x_0,\ y_0)$를 계산하였다면 다음 공식을 사용하여 임의의 방향 u에서의 방향미분 $D_u f(x_0, y_0)$를 구할 수 있다:

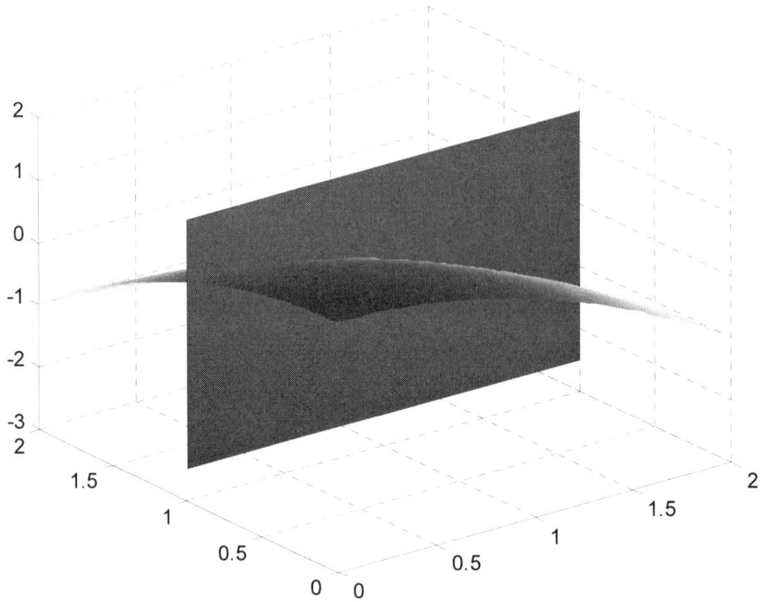

(가)

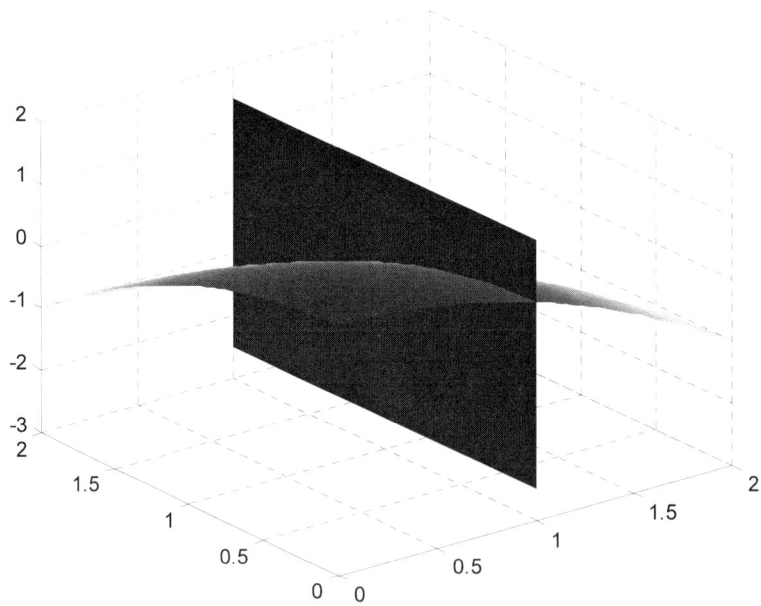

(나)

그림 5.9 (가) $f(x,y)=1-(x^2+y^2)/2$의 그래프를 평면 y=1을 따라 절단; (나) 같은 그래프를 평면 x=1을 따라 절단.

$$D_u f(x_0, y_0) = u_1 \frac{\partial f}{\partial x}(x_0, y_0) + u_2 \frac{\partial f}{\partial y}(x_0, y_0) \tag{5.5}$$

식 (5.5)는 $D_u f$가 u와 다른 벡터의 스칼라 곱으로 표현될 수 있음을 보여준다. 점 (x,y)에서 f의 *기울기 벡터*를

$$\nabla f(x,y) = \left[\frac{\partial f}{\partial x}(x,y),\ \ \frac{\partial f}{\partial y}(x,y) \right] \tag{5.6}$$

으로 정의한다. 따라서

$$D_u f(x,y) = \nabla f(x,y) \cdot u \tag{5.7}$$

로 쓸 수 있다. 모든 방향 u에 대하여

$$-\parallel \nabla f(x,y) \parallel \ \le D_u f(x,y) \le \ \parallel \nabla f(x,y) \parallel$$

임을 바로 알 수 있다. 특히 f의 최대 변화율은 방향 $u = \dfrac{\nabla f(x,y)}{\parallel \nabla f(x,y) \parallel}$에서 얻어진다.

m-파일 mslice

작성되어 있는 m−파일 mslice는 f의 그래프를 (z 축에 평행한) 수직 평면부분 $(x-x_0)u_2 = (y-y_0)u_1$과 교차시킴으로써 u 방향으로의 f의 거동을 보여준다. 호출은 f가 m−파일로 주어진 경우 mslice('f',P), f가 인라인 함수로 주어진 경우 mslice(f,P)와 같다. $P=(x_0, y_0)$는 방향미분이 계산되는 점이다.

m−파일 mslice가 호출되면 함수의 그래프는 사각형 $|x-x_0| \le 1$, $|y-y_0| \le 1$ 상에 도시된다. 다음에 스크립트는 사용자로 하여금 창을 확장시키고 그림을 회전시킬 수 있도록 함으로써 표면이 더 잘 보도록 할 수 있다. 이어서 return을 입력한다. 점 P와 함수의 3개 수준곡선들을 x, y 평면상에 나타낸 두 번째 그림이 나타날 것이다. 이 수준곡선들 가운데 하나는 P를 지나는 수준곡선이다. 이제 마우스를 P 근처의 한 점(Q라고 부르기로 한다)로 움직이고 이를 클릭한다. 스크립트는 아래쪽 그림에 P로부터 Q까지 가리키는 화살표를 보여줄 것이다. 위쪽 그림에서 스크립트는 P부터 Q까지의 화살표 위에 위치하는 수직 평면을 보여

준다. 이는 식이 $(x-x_0)u_2=(y-y_0)u_1$인 더 큰 평면의 일부이다. 그래프와 평면의 교차곡선으로부터 그 함수가 평면상에 빨간 화살표로 표시된 u 방향으로 증가하는지, 혹은 감소하는지를 알 수 있다. 마지막으로 스크립트는 유한차분 근사를 이용하여 P에서의 방향미분 D_uf를 계산한다. 방향 u와 D_uf는 스크린 상에 나타난다. 5가지 방향에 대한 결과를 볼 수 있다.

보기 5.7

$f(x,y)=x^2+y$ 라 하고 고정점 P=(1,2)를 고려하여 보자. m-파일 mslice를 적용하여 보기로 한다. 한 쌍의 그림이 그림 5.10에 나타나 있다. 그림 5.10의 윗부분 그림의 평면은 아래부분 그림의 수준곡선을 따라 아래를 향하는 화살표에 해당한다.

```
% ex5_7.m
clear all;
f = inline('x.^2 + y','x','y');
P = [1 2];
mslice(f,P)
```

작업창에서 return을 입력하면 다음을 얻는다:

```
>> ex5_7
This is a chance to enlarge the window, and rotate the figure
When you are finished, enter return
    u1        u2        Duf
ans =
    0.5704    0.8214    1.9621
ans =
   -0.9097   -0.4153   -2.2347
ans =
   -0.8498    0.5271   -1.1725
ans =
    0.5376   -0.8432    0.2320
```

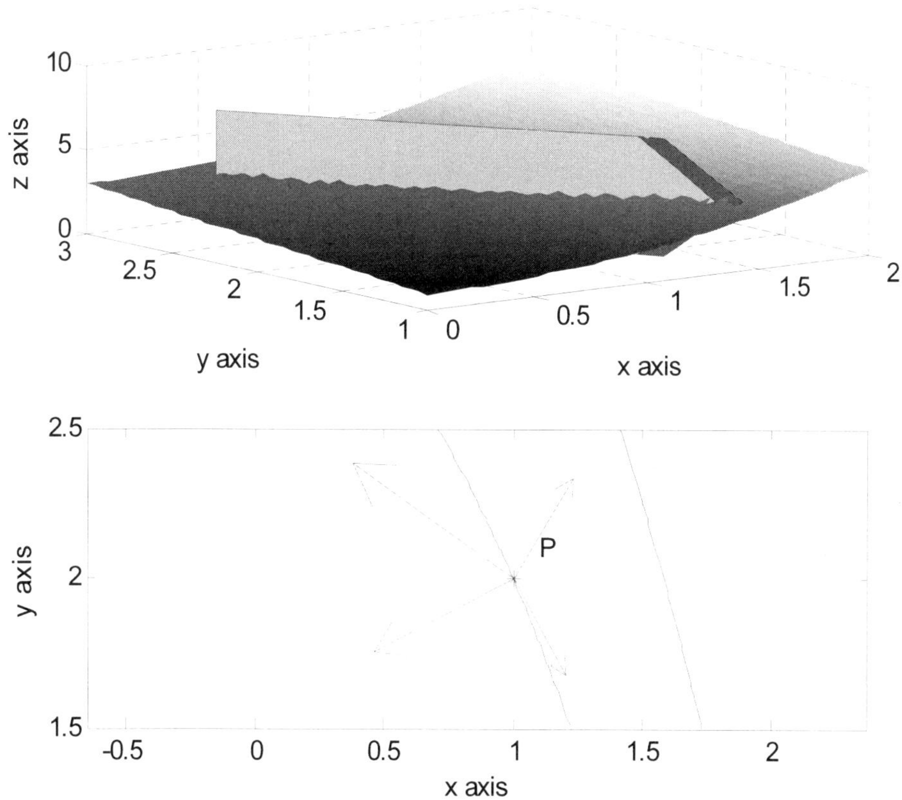

그림 5.10 $f(x,y)=x^2+y$의 그래프와 P=(1,2)에서의 절단면.

5.6 기울기 벡터와 수준곡선

함수 f(x,y)가 주어진 경우 그 변역의 각 점 (x, y)에서 벡터 $v=\nabla f(x,y)$를 정의할 수 있다. 이는 기울기 벡터 필드이다. 방향미분의 정의로부터 u가 $\nabla f(x,y)$에 직교이면 $D_u f(x,y)=0$임을 알 수 있다. 이로부터 사슬 규칙을 이용하면 각 점 (x, y)에서 기울기 벡터는 (x, y)를 통하는 수준곡선에 직교함을 보일 수 있다.

기울기 벡터 필드를 나타내려면 MATLAB 명령어 quiver를 이용할 수 있다. 먼저 각각의 편미분 f_x 및 f_y에 대한 m−파일을 작성하거나 이들을 인라인 함수로 정의한다. 다음에 어떤 사각형 영역에서 격자를 구성한다. 마지막으로 quiver(X,Y,fx(X,Y),fy(X,Y))를 호출한다. 명령어 quiver는 격자의 각 점에 화살표를 나타낼 것이다. x, y 격자상에 점들이 너무 많다면 화살표들이 겹쳐져서 알아보기가 힘들 것이다. 수준곡선들과 기울기 벡터들을 모두 나타내려면 화살표의 경우 거친 격자가, 그리고 수준곡선의 경우 미세한 격자가 필요할 것이다.

보기 5.8

$f(x,y) = xy - \dfrac{x^3}{3}$이라 하자. 그러면 $f_x(x,y) = y - x^2$이며 $f_y = x$이다. 사각형 $[-2,2] \times [-2,2]$ 상에 f의 수준곡선들과 기울기 벡터 필드를 나타내어 보기로 한다. 그림 5.11을 참조하자.

```
clear all;
f = inline('x.*y - (x.^3)/3','x','y');
fx = inline('y - x.^2','x','y');
fy = inline('x','x','y');
x = -2:0.05:2; y = x;
% 이 격자는 수준곡선을 위한 미세한 격자이다.
[X,Y] = meshgrid(x,y);
```

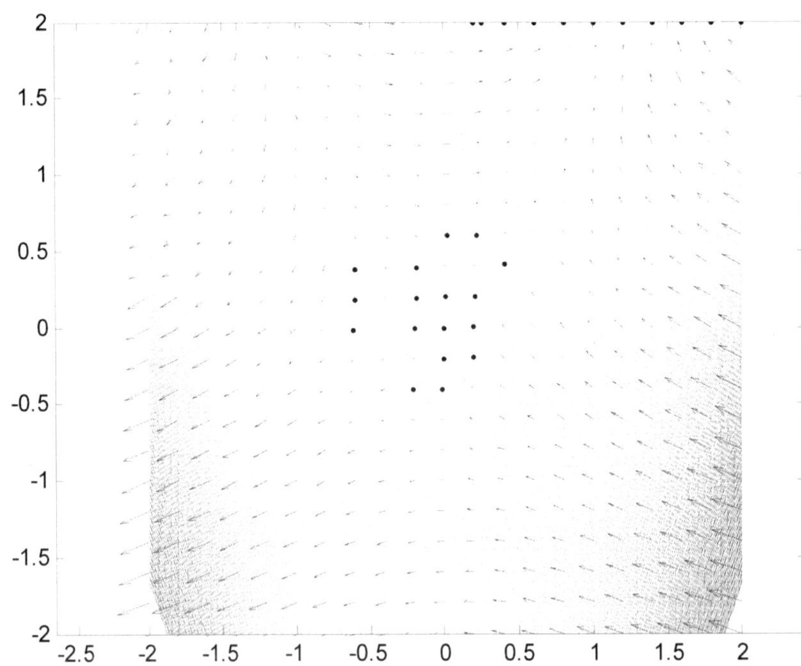

그림 5.11 $f(x,y) = xy - \dfrac{x^3}{3}$의 기울기 벡터 필드와 수준곡선.

```
Z = f(X,Y);
% 수준곡선들을 선택한다.
levels = [-6:0.05:6];
contour(X,Y,Z,levels)
hold on
xx = -2:0.2:2; yy = xx;
% 이 격자는 화살표를 위한 거친 격자이다.
[XX,YY] = meshgrid(xx,yy);
U = fx(XX,YY); V = fy(XX,YY);
quiver(XX,YY,U,V)
axis equal
hold off
```

다음 보기에서는 MATLAB의 기호 툴, 특히 MATLAB® 5.2 이상 버전의 그래프 툴들인 ezsurf와 ezcontour가 사용되고 있다. 이 보기는 경제학에서 취한 것이다.

보기 5.9

독점 상황에서 상품이나 서비스의 판매로부터 회사가 얻는 수입은 생산 수준 z에 따라 좌우된다. 수입은 z에 따라 증가하는 함수이지만 시장이 점차 포화상태로 됨에 따라 어떤 점근선을 향하게 된다. 수입함수 $R(z)=\dfrac{z^2}{1+z^2}$라고 하자. 생산 수준은 이번에는 투자된 자본의 양 x와 고용된 노동의 양 y에 따라 좌우된다. 대표적인 생산 모델은 Cobb-Douglas 생산함수 $z=Kx^{\alpha}y^{\beta}$로서 $\alpha+\beta=1$이다. 이제 $\alpha=\beta=0.5$, $K=1$이라고 가정하자. 마지막으로 비용함수 C(x, y)는 $C(x,y)=0.04x+0.06y$라고 가정하기로 한다. 그러면 이익함수는

$$\pi(x,y)=R(z(x,y))-C(x,y)$$

가 된다. MATLAB의 기호 툴을 사용하여 이익함수 $\pi(x,y)$와 자본에 대한 임계이익 $\pi_x(x,y)$의 그래프를 그려 보기로 한다. 그림 5.12에서 등고선들과 이익함수를 살펴보면 아마도 (x, y)=(3,2) 근처에서 이익함수의 최대값이 존재할 것으로 보인다.

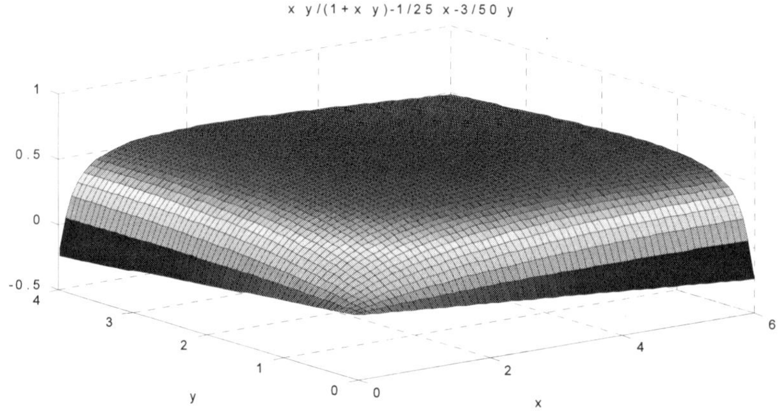

(가)

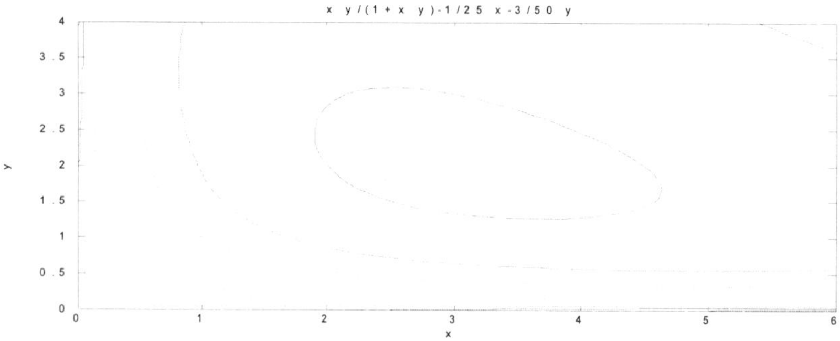

(나)

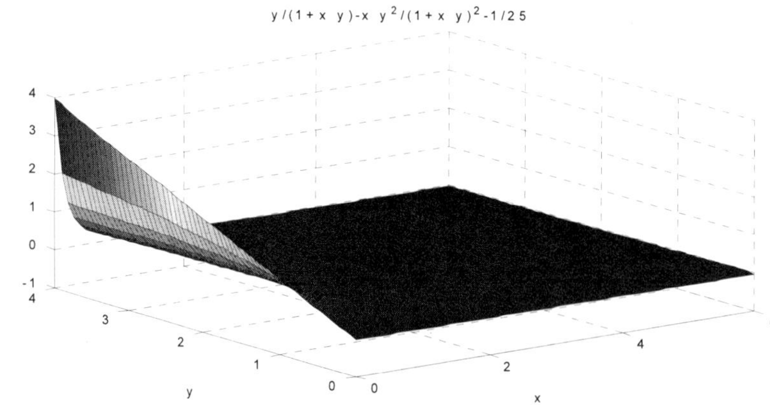

(다)

그림 5.12 (가) 보기 5.9의 이익함수 $\pi(x,y)$의 그래프; (나) $\pi(x,y)$의 등고선; (다) $\pi_x(x,y)$의 그래프.

```
clear all;
syms x y;
z = (x^0.5)*(y^0.5);
revenue = (z^2)/(1+z^2);
cost = 0.04*x + 0.06*y;
profit = revenue - cost;
profitx = diff(profit, x);
figure(1);
ezsurf(profit, [0 6 0 4])
figure(2);
ezcontour(profit, [0 6 0 4])
figure(3);
ezsurf(profitx, [0 6 0 4])
view, [10, 40]
```

5.7 접선평면 근사

때로는 복잡한 비선형 함수를 간단한 선형함수를 이용하여 적어도 국부적으로 근사할 수 있다는 것이 중요하다. 이는 접선평면 근사에 의하여 이루어진다.

$f(x,y)$를 어떤 함수라 하고 f의 변역 내의 한 점을 (x_0,y_0)라고 하자. (x_0,y_0)에 근접한 영역에서 f를 선형(엄밀히 말하면 우호적인) 함수로 근사하여 보기로 한다. 수직 평면 $y=y_0$와 $f(x,y)$의 그래프와의 교선은 다음과 같이 파라미터화시킬 수 있다:

$$t \to r(t) = (x_0+t,\ y_0,\ f(x_0+t,y_0))$$

$r_0 = P_0$이며 이 점에서 곡선에 대한 기울기 벡터는

$$v = r'(0) = [1,\ 0,\ f_x(x_0,y_0)]$$

이다. 마찬가지로 하여 평면 $x=x_0$의 교선은

$$t \to q(t) = (x_0,\ y_0+t,\ f(x_0,y_0+t))$$

이며 기울기 벡터는

$$w = q'(0) = [0,\ 1,\ f_y(x_0, y_0)]$$

이다. P_0와 벡터 v 및 w들을 포함하는 면은 다음과 같이 파라미터 형태로 주어진다:

$$(x, y, z) = P_0 + sv + tw, \quad s,\ t \in R$$

사슬 규칙을 사용하면 만일 p(t)가 그래프 상의 임의의 곡선으로서 $p(0) = P_0$이라면 기울기 벡터 p'(0)는 이 평면상에 존재한다. 이 때문에 v와 w로 스팬되는 평면은 점 P_0에서 f의 그래프에 대한 *기울기 평면*으로 불린다(그림 5.13 참조).

기울기 평면에 대한 수직벡터는

$$N = v \times w = [-f_x(x_0, y_0),\ -f_y(x_0, y_0),\ 1]$$

이다. 기울기 평면에 대한 식, 즉

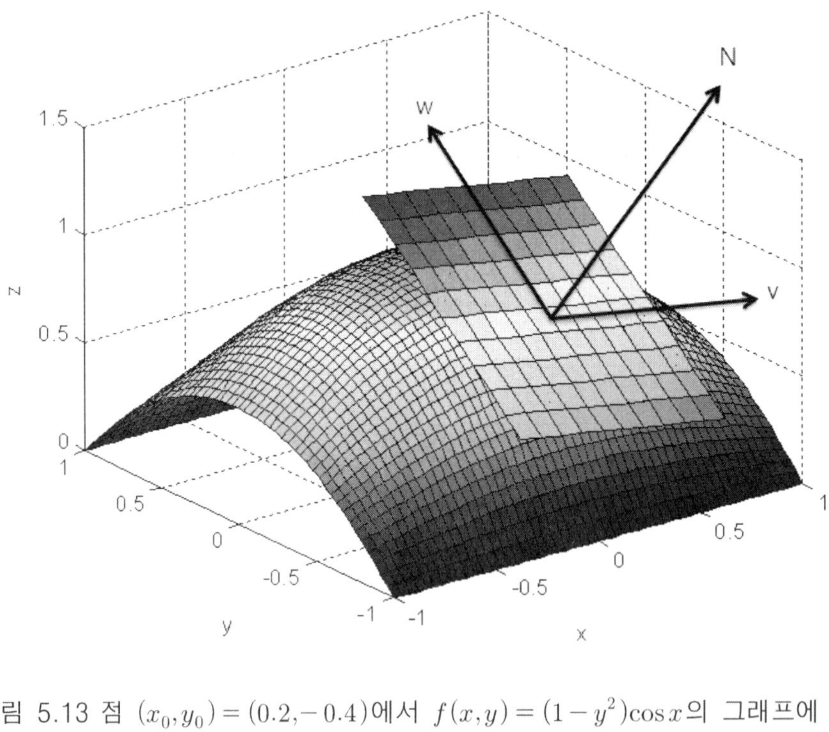

그림 5.13 점 $(x_0, y_0) = (0.2, -0.4)$에서 $f(x, y) = (1 - y^2)\cos x$의 그래프에 대한 기울기 벡터와 기울기 평면.

$$(P-P_0)\cdot N=0$$

은

$$z=f(x_0,y_0)+f_x(x_0,y_0)(x-x_0)+f_y(x_0,y_0)(y-y_0) \tag{5.8}$$

로 다시 쓸 수 있다. (x_0,y_0) 근처의 점 (x,y)들에 대하여 기울기 평면은 f의 그래프에 대한 근사를 제공한다. 만일 f가 연속인 2차 편미분을 갖는다면 (x_0,y_0)에 근접한 점 (x,y)에 대하여

$$f(x,y)=f(x_0,y_0)+f_x(x_0,y_0)(x-x_0)+f_y(x_0,y_0)(y-y_0)+E \tag{5.9}$$

임을 보일 수 있다. 위에서 $|E|\le K\max\{|x-x_0|^2,\ |y-y_0|^2\}$이며 K는 f의 2차미분에 의하여 결정되는 상수이다. 이 식의 우변은 점 (x_0,y_0)에서 f의 Taylor 팽창의 처음 세 항들이다.

보기 5.10

점 $(x_0,y_0)=(0.2,-0.4)$에서 $f(x,y)=(1-y^2)\cos x$에 대한 기울기 평면 근사를 구하여 보기로 한다. 편미분은 $f_x(x,y)=-(1-y^2)\sin x$ 및 $f_y(x,y)=-2y\cos x$이다. 따라서 $P_0=(0.2,-0.4,$ $f(0.2,-0.4))$에서 f에 대한 기울기 평면은

$$\begin{aligned} z=l(x,y)&=f(0.2,-0.4)+f_x(0.2,-0.4)(x-0.2)+f_y(0.2,-0.4)(y+0.4)\\ &=0.8233-0.1699(x-0.2)+0.7841(y+0.4) \end{aligned}$$

이며 이에 대한 수직벡터는

$$N=[-f_x(x_0,y_0),-f_y(x_0,y_0),1]=[0.1699,-0.7841,1]$$

로 주어진다. 이제 정사각형 $\{-1\le x,y\le 1\}$에서 f의 그래프를 그리고 여기에 기울기 평면을 추가하여 보자. 기울기 평면은 좀 더 작은 사각형 $\{|x-0.2|,|y+0.4|\le 0.5\}$ 내에 나타내고 보다 거친 격자를 사용하여 좀 더 잘 보이도록 한다.

```
f = inline('(1-y.^2).*cos(x)', 'x', 'y');
l = inline('0.8233-0.1699*(x-0.2)+0.7841*(y+0.4)', 'x', 'y');
qsurf(f, [-1 1 -1 1])
hold on
qsurf(l, [-0.3 0.7 -0.9 0.1], 10)
hold off
xlabel('x'), ylabel('y'), zlabel('z')
```

그림 5.13은 F의 그래프 및 근사 기울기 평면과 그의 수직벡터 N을 나타낸 것이다.

Q_h를 중심이 (x_0, y_0)인 정사각형 $Q_h = \{|x-x_0|, |y-y_0| \le h\}$라고 하자. Q_h에서 식 (5.9)의 오차항 E를 추정하고 이 값이 h에 따라 어떻게 좌우되는지를 알아보기로 한다. h=0.2일 때 Q_h에서 $|E|$의 최대값은 다음 명령어로부터 추정할 수 있다.

```
f = inline('(1-y.^2).*cos(x)', 'x', 'y');
l = inline('0.8233-0.1699*(x-0.2)+0.7841*(y+0.4)', 'x', 'y');
x = linspace(0, 0.4, 101);
y = linspace(-0.6, -0.2, 101);
[X,Y] = meshgrid(x,y);
E = f(X,Y) - l(X,Y);
max(max(abs(E)))
ans =
    0.0619
```

이중의 max 명령어는 먼저 행렬의 각 열의 최대값을 구한 다음 이들 열의 최대값들의 최대값을 구한다. h=0.1로 하고 Q_h 상에서 이러한 추정을 반복한다면 0.0156의 결과를 얻는다. 따라서 h를 반으로 줄임으로써 식 (5.9)의 다음에서 언급한 바와 같이 최대 오차를 대략 1/4정도 감소시킬 수 있다.

5.8 컬러맵

컬러맵은 함수의 그래프에 색을 부여하는 방법이다. 대개 컬러맵은 색들의 스펙트럼이다. MATLAB® 5.0의 기본 컬러맵은 jet로서 짙은 청색으로부터 초록, 노랑, 그리고 오렌지 색의 명암을 지나 밝은 빨강색에 이른다. 명령어 surf를 사용하면 그래프의 가장 낮은 부분에 짙은 청색, 가장 높은 부분에 밝은 빨강색들이 부여된다. 컬러맵의 색들의 범위와 z 좌표로

부여된 수치값들을 보려면 colorbar를 입력한다. 컬러맵의 색 할당으로 격자상에서 함수의 최대 및 최소점들을 색깔로 구별되게 할 수 있다.

gray는 또 다른 컬러맵이다. 명령어 colormap(gray)으로 컬러맵을 변경한다. 이 컬러맵에서 그래프의 가장 낮은 부분은 검정색이며 가장 높은 부분은 흰색이고 그 사이는 회색의 명암으로 나타난다. colorbar는 명암도와 수치 범위를 보여준다.

지금까지는 그래프에서 가장 낮은 점 위의 그래프의 높이를 나타내는 데에 컬러맵을 사용하였다. 그러나 컬러맵을 이용하여 그래프의 다른 속성들을 나타낼 수도 있다. 이는 surf 명령어의 4번째 인수로 수행된다. 어떤 함수 f와 어떤 격자 [X,Y} 상에서 Z = f(X,Y)라 하고 그래프 상에 ∇f가 큰 부분과 작은 부분을 나타내려 한다고 하자. f_x 및 f_y가 m-파일이나 인라인 함수로 주어졌다면 다음과 같이 설정한다:

```
W = sqrt(fx(X,Y).^2 + fy(X,Y).^2)
```

그러면 명령어 surf(X,Y,Z,W)는 $\| \nabla f(x,y) \|$의 값에 따라 컬러맵 색을 부여할 것이다.

보기 5.11

$f(x,y)=x+y+3e^{-x^2-y^2}$라 하면 $f_x=1-6xe^{-x^2-y^2}$, $f_y=1-6ye^{-x^2-y^2}$이다. 이 보기에서 컬러맵은 기울기의 크기에 따라 정해진다. 그림 5.14를 참조하라.

```
clear all
[X,Y] = meshgrid(-1:0.1:2);
f = inline('x + y + 3*exp(-x.^2 - y.^2)', 'x', 'y');
fx = inline('1 - 6*x.*exp(-x.^2 - y.^2)', 'x', 'y');
fy = inline('1 - 6*y.*exp(-x.^2 - y.^2)', 'x', 'y');
Z = f(X,Y);
W = sqrt(fx(X,Y).^2 + fy(X,Y).^2);
surf(X,Y,Z,W); colormap(gray); shading interp
colorbar
xlabel('x'), ylabel('y')
```

위의 컬러맵에서 $\nabla f=0$인 임계점은 가장 어두운 영역들로 나타난다.

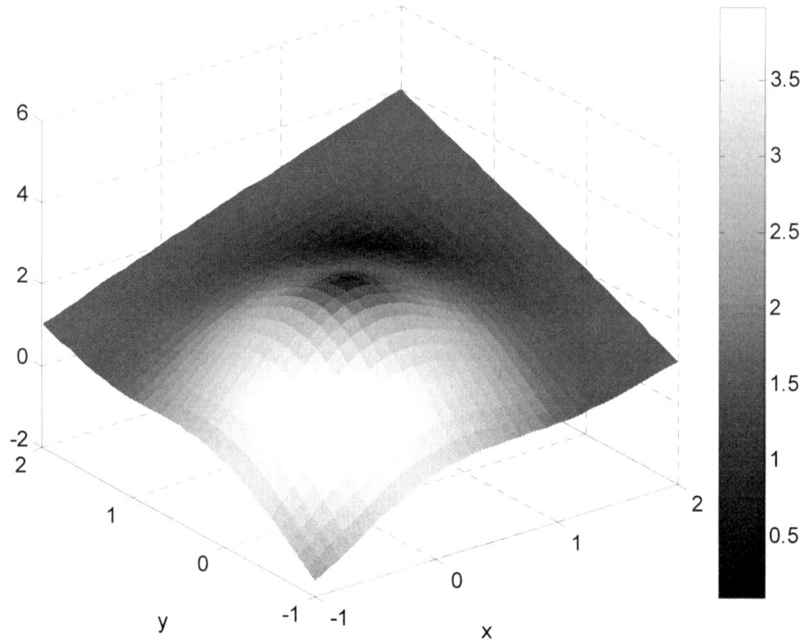

그림 5.14 컬러맵 그레이가 ∇f의 크기로 결정되는 $f(x,y)=x+y+3e^{-x^2-y^2}$의 그래프.

5.9 그래프의 절단

간혹 2차원 및 3차원에서 함수의 그래프를 그릴 경우 함수가 음이건 양이건 작은 영역에서 매우 큰 값을 취하는 상황에 부닥치게 된다. 이 경우 그래프의 수직 척도에서 대부분의 자세한 내용은 사라지게 된다. 다음은 함수값을 "절단"하여 자세한 내용을 더 잘 보여주는 그래프를 얻는 몇 가지 방법들이다.

2차원 그래프에서는 axis 명령어를 사용할 수 있다.

보기 5.12

$f(x)=\cos x+\dfrac{1}{(x-\pi)^2+0.01}$이라고 하자. 이 함수는 $x=\pi$에서 피크점에 도달한다. 이 함수를 구간 $0 \le x \le 2\pi$에서 그래프로 나타낸다면 진동에 대한 자세한 부분이 나타나지 않게 된다. 그림 5.15를 참조하라.

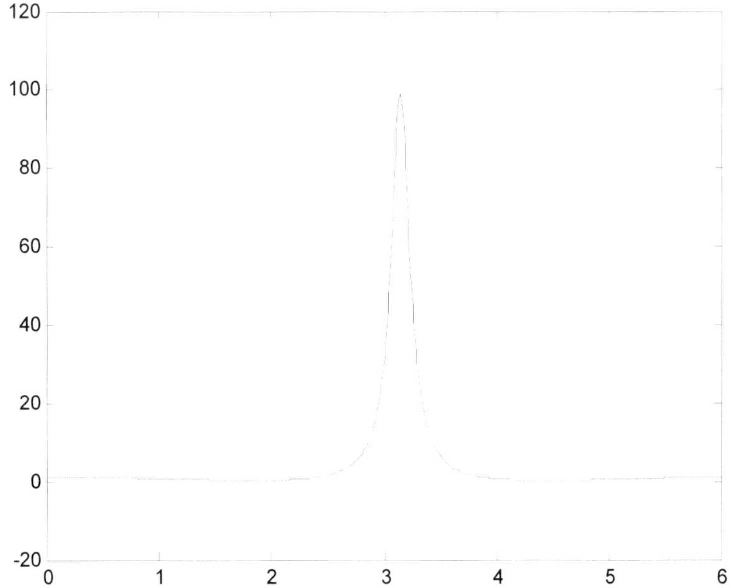

그림 5.15 수직 척도를 $20 \le y \le 120$으로 한 $f(x) = \cos x + \dfrac{1}{(x-\pi)^2 + 0.01}$의 그래프.

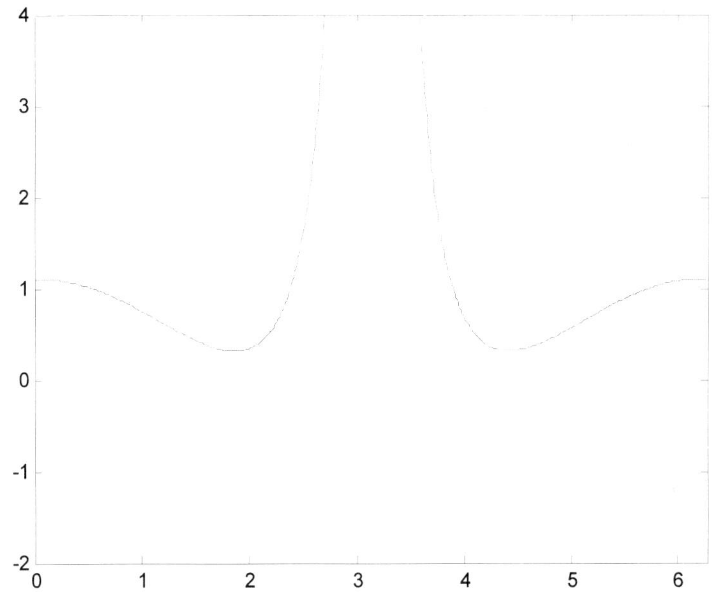

그림 5.16 수직 척도를 $-2 \le y \le 4$로 한 $f(x) = \cos x + \dfrac{1}{(x-\pi)^2 + 0.01}$의 그래프.

이제 명령어 axis([0 2*pi -2 4])를 이용하여 그래프를 절단하여 보기로 한다. 결과는 그림 5.16에 나타나 있다.

3차원에서 그래프를 절단하는 것은 유사하게 axis 명령어를 사용하여 수행할 수 있지만 결과는 그렇게 만족스럽지 못하다. 특히 컬러맵은 여전히 함수의 최대 및 최소값을 사용하므로 절단된 그래프는 모두 같은 색으로 나타날 수도 있다.

더 나은 결과를 제공하여 주는 다른 방법도 가능하다. 이 방법은 절반 구간의 특성함수를 이용한다. (z < 2)의 표현으로 나타나는 함수는 부등식이 참이면 1, 거짓이면 0의 값을 가짐을 상기하자.

보기 5.13

$f(x,y) = \cos(\sqrt{x^2+y^2}) + \dfrac{1}{x^2+y^2+0.01} = \cos(r) + \dfrac{1}{r^2+0.01}$이라고 하자. 다음 명령어에 따라 정사각형 $[-2\pi, 2\pi] \times [-2\pi, 2\pi]$에서 f의 그래프를 얻을 수 있다. 결과는 그림 5.17에 나타나 있다.

```
clear all
f = inline('cos(sqrt(x.^2+y.^2))+(x.^2+y.^2+ ...
      0.01).^(-1)','x','y');
[X,Y] = meshgrid(-2*pi:0.1:2*pi);
Z = f(X,Y);
surf(X,Y,Z);
axis([-6 6 -6 6 -20 120])
colormap(jet)
```

이제 이 그래프를 높이 z=4에서 절단하여 보기로 한다:

```
W = (Z-4 < 0) .* (Z-4) + 4;
surf(X,Y,W)
axis([-6 6 -6 6 -2 4])
```

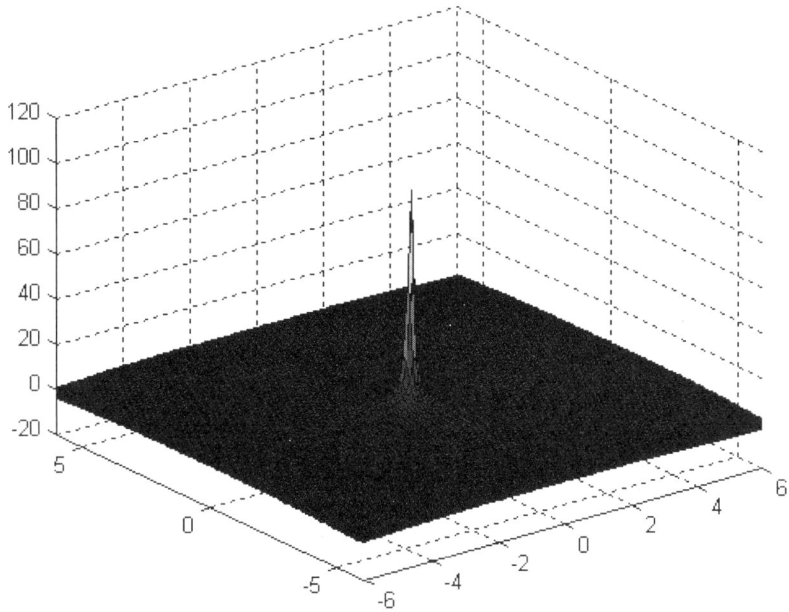

그림 5.17 (0,0)에서 날카로운 피크가 나타나며 세부내용이 보이지 않는 그래프

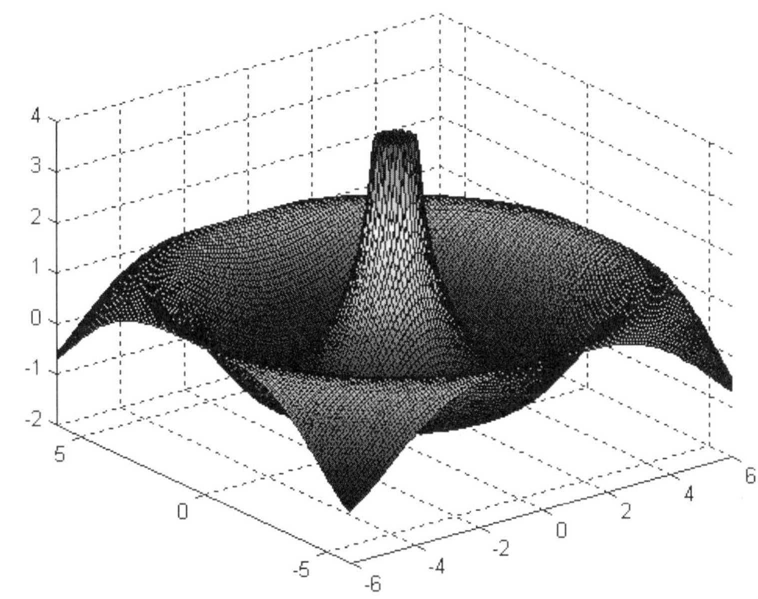

그림 5.18 그림 5.17과 같은 그래프이나 세부내용을 보이기 위해 절단함.

행렬 W는 $Z \to Z-4$에 따라 수준 z=4를 z=0으로 전이시킴으로써 Z로부터 얻어진다. 다음에 특성함수와 곱함으로써 Z-4의 각 양의 원소들을 0으로 설정한다. 마지막으로 각 원소에 4를 더하여 원래 수준으로 돌아간다. 이러한 일련의 연산의 결과 4 이상의 Z의 모든 원소들은 4와 같도록 정해진다. 이로써 그래프의 상부가 평평하게 된다. 그림 5.18을 참조하자.

5.10 subplot 명령어

우리는 흔히 몇 개의 그래프를 하나의 그림 안에 나타내기를 원한다. 이렇게 하면 프린트 비용도 절약할 수 있다. MATLAB에서는 subplot 명령어를 이용하여 이를 수행할 수 있다. 그림 사각형은 수직 및 수평선들에 따라 나누어진 더 작은 사각형들의 집합으로 간주할 수 있다. 같은 그림 안에 하나의 열에 세 개의 그래프를 배열하는 방식으로 두 열로 이루어지는 6개의 그래프를 구성한다고 하자. 이는 3×2 배열로 생각할 수 있으며 각각의 작은 사각형들은 첫 번째 행을 따라 1, 2, 두 번째 행을 따라 3, 4, 그리고 세 번째 행을 따라 5, 6으로 번호를 붙인다. 명령어 subplot은 세 개의 인수를 갖는다. 처음 두 인수는 배열의 차원으로서 이 경우에는 3×2 배열이다. 세 번째 인수는 작은 사각형들의 번호이다. 따라서 두 번째 행의 첫 번째 작은 사각형 안에 그래프를 그리려면 명령어 subplot(3,2,3)을 사용한다.

보기 5.14

$f(x,y) = ce^{-(x-1)^2-2y^2} + (1-c)e^{-(x+1)^2-y^2}$라고 하자. 6가지의 각기 다른 c에 대하여 f의 그래프를 나타내고자 한다. 결과는 그림 5.19에 제시되어 있다.

```
clear all
f = inline('c*exp(-(x-1).^2-2*y.^2) +
     (1-c)*exp(-(1+x).^2-y.^2)','x','y','c');
[X,Y] = meshgrid(-2:0.2:2);
subplot(3,2,1)
   surf(X,Y,f(X,Y,1))
   title('c = 1')
subplot(3,2,2)
   surf(X,Y,f(X,Y,0.4))
   title('c = 0.4')
subplot(3,2,3)
```

```
    surf(X,Y,f(X,Y,0.8))
    title('c = 0.8')
subplot(3,2,4)
    surf(X,Y,f(X,Y,0.2))
    title('c = 0.2')
subplot(3,2,5)
    surf(X,Y,f(X,Y,0.6))
    title('c = 0.6')
subplot(3,2,6)
    surf(X,Y,f(X,Y,0))
    title('c = 0')
colormap(cool)
```

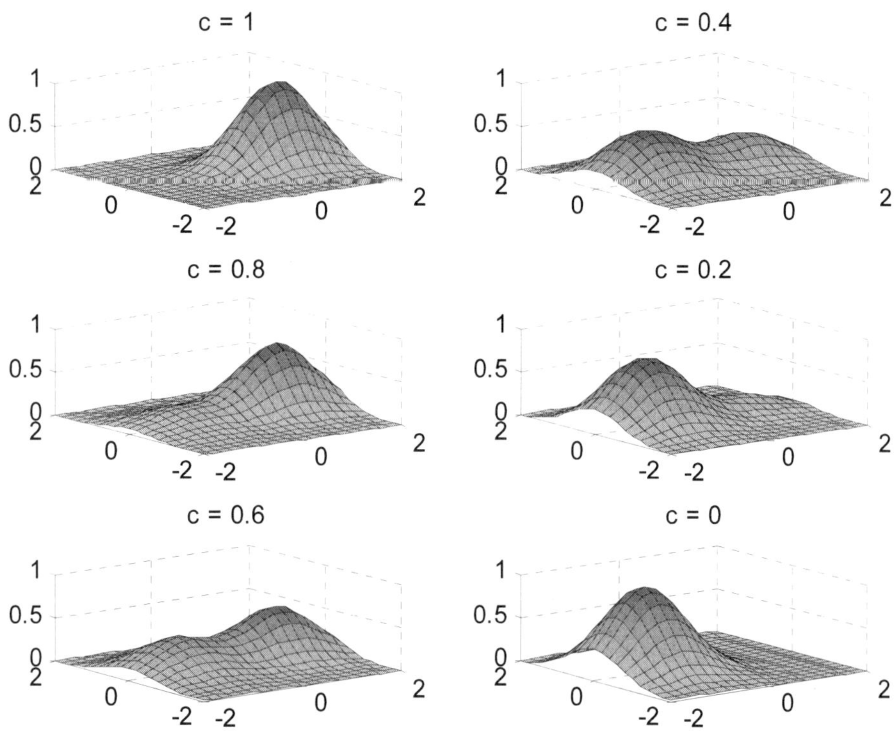

그림 5.19 subplot 명령어의 사용 예.

연습문제

1. 보기 5.2를 따라 $\Delta x = \Delta y = 0.1$로 하여 정사각형 $\{-2 \le x,y \le 2\}$상에 격자를 구성하여 보자. 이 정사각형에 다음과 같은 함수들의 그래프를 각각 그려라. 각 함수에 대하여 함수를 인라인 함수로 정의하는 간단한 스크립트 m-파일을 작성하고 격자를 구성하여 그래프를 그린다. 축에 라벨을 붙여라. 다음에 이들 가운데 어느 하나에 격자 파라미터 n의 값을 바꾸어 가면서 qsurf 명령어를 적용하여 보라.

(1) $f(x,y) = x^2 - y^2$

(2) $f(x,y) = \sin(x+y)$

(3) $f(x,y) = \cos(x^2 + y^2)$

2. 원 $\{x^2 + y^2 \le 4\}$상에 함수 $f(r,\theta) = r\sin(2\theta)$의 그래프를 그려라. 보기 5.4를 따른다.

3. 다음 함수에 대한 m-파일 g.m을 작성하여라:

$$g(x,y) = 2e^{-(x-1)^2-(y-1)^2} + 1.8e^{-5(x+1)^2-3y^2} - e^{-2(x-1)^2-3(y+0.5)^2}$$

(1) 연습문제 1에서 만든 정사각형 $\{-2 \le x,y \le 2\}$에 대한 격자를 구성하고 g의 그래프를 만들어라. 그림으로부터 g의 그래프는 두 개의 언덕과 하나의 골짜기를 가짐을 알게 될 것이다. 수준곡선들이 어떻게 나타날 것인가를 알아보기 위하여 hold on을 입력한 다음 surf(X,Y,0*X+1)을 적용하여라. 높이가 1인 평면이 g의 그래프와 교차함을 보게 될 것이다. hold off를 입력하고 축에 라벨을 붙여 보라.

(2) x,y 평면상에서 등고선들을 보기 위하여 20개의 등고선들에 대하여 보기 5.5에서와 같이 contour 명령어를 사용한다. contour 맵을 이용하여 두 피크들과 골짜기 바닥의 좌표들을 추정하여라.

4. 다음 함수를 정의하는 m-파일, 혹은 인라인 함수를 작성하여라:

$$h(x,y) = \frac{x^2 - y^2}{x^2 + y^2}$$

(1) 연습문제 1에서와 동일한 정사각형 안에 h의 그래프를 그려라. 그래프로부터 다음 극한들을 구하여라:

$$\lim_{x \to 0} h(x,0), \qquad \lim_{y \to 0} h(0,y)$$

(2) 이제 contour 명령어를 사용하여 보라. h의 수준곡선들은 어떻게 나타나는가? 각각의 $a \in R$에 대하여 선 y=ax는 h의 수준곡선임을 보여라. $(x,y) \to (0,0)$에 따라 이 선에서의 h의 극한값은 얼마인가? h는 (0,0)에서 연속인가?

5. $f(x,y) = \dfrac{x}{2} + e^{-4(x-1)^2-(y-1)^2}$라고 하자. f에 대한 m-파일 f.m을 작성하여라. 전향차분 근사(4.6절 참조)를 이용하여 f의 편미분에 대한 수치적 근사를 계산하고자 한다.

$$f_x(a,b) \approx \frac{f(a+\Delta x, b) - f(a,b)}{\Delta x}$$
$$f_y(a,b) \approx \frac{f(a, b+\Delta y) - f(a,b)}{\Delta y}$$

위에서 $\Delta x = \Delta y = 0.01$ 이다. 따라서 (a,b)=(1,1)에서의 편미분에 대한 근사값은 다음으로부터 계산될 수 있다:

```
>> fx = (f(1.01,1) - f(1,1))/0.01
>> fy = (f(1,1.01) - f(1,1))/0.01
```

f_x 및 f_y에 대한 이들 근사값들을 직접 계산한 실제값들과 비교하여라. Δx와 Δy가 작아짐에 따라 이 근사에서의 오차는 어떻게 감소하는가? Δx를 $\Delta x/10$으로 대체한다면 오차는 10배로 작아지는가?

6. 연습문제 5의 f(x,y)를 계속 고려하여 보자. 다음 명령어를 이용하여 $\{0 \le x,y \le 2\}$ 상에서 f의 그래프를 그려라:

```
qsurf(f, [0 2 0 2])
colormap(gray); shading interp
```

(1) m-파일 xslice를 이용하여 f의 그래프를 y=1에 따라 x 축에 평행한 수직평면으로 나누어라. 필요하다면 그림을 회전시켜서 곡선의 교차면이 잘 보이도록 한다. 어떤 x에 대하여 $f_x(x,1) > 0$인가? 어떤 x에 대하여 $f_x(x,1) < 0$인가? 이 곡선의 오목한 상태로부터 어느 부분에서 $f_{xx}(x,1) > 0$이고 어느 부분에서 $f_{xx}(x,1) < 0$ 인지를 결정하여라.

(2) 이제 m-파일 yslice를 이용하여 f의 그래프를 평면 x=1에 따라 나누어라. 교차선으로부터 f(1,y)가 증가하거나 감소하는 영역을 결정하여라. 이 곡선의 오목

한 상태로부터 어느 부분에서 $f_{yy}(y,1) > 0$이고 어느 부분에서 $f_{yy}(y,1) < 0$인지를 결정하여라.

7. $f(x,y) = x|y|$ 라 하자.

(1) 정사각형 $[-1,1] \times [-1,1]$ 상에 이 함수의 그래프를 그려라.

(2) y=-0.5, 0, 0.5에서 m-파일 xslice를 사용하여라. $f_x(x,y)$가 존재함을 보여라. $f_x(x,y)$를 직접 계산하여 보라.

(3) x=-0.5, 0, 0.5에서 m-파일 yslice를 사용하여라. 그래프와 절단면의 교차선의 기울기를 보고 y>0일 때 $f_y(x,y) = x$이며 y<0일 때 $f_y(x,y) = -x$임을 유추하여라.

(4) y 절단면들을 이용하여 $x \neq 0$일 때 $f_y(x,0)$가 존재하지 않는 이유를 설명하여라. $f_y(0,0)$에 대해서는 어떠한가? (0,0)을 지나는 y 절단면을 조사하고 차분들로부터 $f_y(0,0)$을 계산하여라.

8. $f(x,y) = \sin(y - x^2)$라 하자. 보기 5.7에서와 같이 점 P=(1,1)에서 m-파일 mslice를 이 함수에 적용하여라.

(1) 어느 방향의 u에서 $D_u f(1,1)$이 가장 커지는가? 이는 $\nabla f(1,1)$의 방향과 일치하는가?

(2) 어느 방향의 u에서 $D_u f(1,1)$=0이 되는가? 이는 그 점에서의 수준곡선에 대한 방향 기울기인가?

★9. 다음 함수에 대한 m-파일 u.m을 작성하여라:

$$u(x,y) = (-4x^3 + 3x^2 + 1)(y - y^2)$$

u(x,y)는 단위 정사각형 $Q = \{0 \le x, y \le 1\}$에서 점 (x,y)의 온도이다. 각 점에서의 열속은 *음의* 기울기 벡터이다. 즉 $-\nabla u(x,y) = -\{u_x(x,y),\ u_y(x,y)\}$.

(1) $u_x(0,y) = 0$이며 Q의 다른 모서리들에서는 u=0임을 직접 보여라. 이는 왼쪽 모서리가 단열되어 있으며 다른 세 모서리에서는 온도가 0으로 유지됨을 의미한다.

(2) $\Delta x = \Delta y = 0.05$로 하여 Q에 격자를 구성하여라. 명령어 surf(X,Y,u(X,Y))를 이용하여 Q 상에 u를 나타내어라. 어디에서 가장 높은 온도가 나타나는지, 그리고 모서리 x=0에서 곡면의 모양은 어떠한지를 주목하여라.

(3) u의 기울기를 기호적으로, 혹은 직접 계산하여라. u_x와 u_y에 대한 m-파일을 작성하거나 이들을 인라인 함수들로 정의하여라. 다음에 아래의 명령어들을 입력하여라:

```
>> U = u(X,Y);
>> Ux = ux(X,Y);
>> Uy = uy(X,Y);
>> contour(X,Y,U,20);
>> hold on
>> quiver(X,Y,-Ux,-Uy)
```

마지막 명령어는 열속의 벡터 필드 $(x,y)\rightarrow(-u_x(x,y),\ -u_y(x,y))$를 나타내기 위하여 격자의 각 점에 화살표를 부여한다.

수준 곡선들에 대한 열속의 방향은 무엇인가? 뜨거운 지점은 어디이며 열은 어느 곳으로 흐르고 있는가?

수준곡선들이 모서리 x=0을 만나는 각도는 얼마인가? 정사각형의 그 모서리에서 열속의 방향은 무엇인가? 이를 물리적으로 어떻게 설명할 것인가?

열속 벡터들이 다른 모서리들에 대하여 수직인 이유는 무엇인가?

★10. 액상 매체 내에서 소금과 같은 용질의 확산은 Fick의 확산법칙으로 지배된다. 점 (x,y)에서 시간 t일 때의 용질의 농도를 c(x,y,t)라 하면 흐름벡터는 $-k\nabla c=-k[c_x, c_y]$이다. 여기에서 k는 확산계수이다. 열 흐름에서와 마찬가지로 흐름벡터는 기울기와 방향이 반대이며 용질은 고농도에서 저농도 부분으로 흐른다. 농도 c(x,y,t)는 다음의 확산방정식을 만족함을 보일 수 있다:

$$c_t - k(c_{xx} + c_{yy}) = 0$$

이제

$$\begin{aligned} c_1(x,y,t) &= e^{-(5/4)t}\sin(x)\sin(y/2) \\ c_2(x,y,t) &= e^{-(25/4)t}\sin(2x)\sin(3y/2) \\ c(x,y,t) &= 0.2c_1(x,y,t) + c_2(x,y,t) \end{aligned}$$

라 하자. c(x,y,t)는 k=1일 때의 확산방정식의 해이다. 정사각형 $Q=[0,\pi]\times[0,\pi]$ 상에서 확산과정을 살펴보고자 한다. 용질의 농도는 사각형 바깥에서는 0인 것으로 가정한다.

(1) c는 k=1일 때 확산방정식의 해임을 직접 보여라.

(2) c에 대한 m-파일 c.m을 세 변수 x, y, t의 함수로 작성하여라.

(3) 다음 명령어들에 의하여 시간 t에서의 농도를 볼 수 있다:

```
[X,Y] = meshgrid(0:0.1:pi);
C = c(X,Y,t);
pcolor(X,Y,C); shading flat; colorbar
hold on
contour(X,Y,C, 20,'k')
hold off
```

subplot 명령어를 사용하여 시간 t = 0, 0.1, 0.2, 0.3, 0.4, 0.5 일 때 농도를 2 열로 나타내어라.

(4) 정사각형의 어느 측면을 통하여 용질이 흐르는 것으로 보이는가? 매 시점에서 농도값이 가장 큰 위치는 어디인가?

11. $f(x,y)=x^2+3y^2$라고 하자.

(1) qsurf를 이용하여 정사각형 $\{-2 \le x,y \le 2\}$ 상에서 f의 그래프를 그려라.

(2) 점 $(x_1,y_1)=(-1,1)$에서 f에 대한 기울기 평면 근사를 직접 계산하여라. 이러한 선형 근사를 $l_1(x,y)$라 부르기로 한다. 점 $(x_2,y_2)=(1.5,0.5)$에서도 같은 작업을 수행하고 얻어진 근사를 $l_2(x,y)$라고 하자.

(3) 보기 5.10에서와 같이 qsurf를 이용하여 점 (x_1,y_1)과 (x_2,y_2) 위에서 f의 그래프에 대한 기울기 평면을 부착시켜라. 변의 길이가 0.6인 정사각형 위에 기울기 평면들의 그래프를 그려라.

★12. $f(x,y)=e^x\cos(x+y)$ 라고 하자.

(1) 점 $(-1,1)$에서 f에 대한 기울기 평면 근사를 직접 계산하여라. 이를 선형근사 $l(x,y)$라 부르기로 한다.

(2) qsurf를 사용하여 정사각형 $\{-2 \le x \le 0,\ 0 \le y \le 2\}$상에 f와 l의 그래프를 모두 그려라. 두 그래프들 사이의 높이를 조사하여 정사각형 상에서 $\max|E| = \max|f(x,y)-l(x,y)|$의 값을 추정하여 보라.

(3) 보기 5.10의 오차추정 과정을 반복하는 m-파일을 작성하여라. h = 0.5, 0.25, 0.125, $(x_0,y_0)=(-1,1)$일 때 정사각형 $Q_h=\{|x-x_0|,|y-y_0| \le h\}$ 상에서 최대오차 $f(x,y)-l(x,y)$를 추정하여라. h를 절반으로 할 때 오차는 얼마나 줄어드는가?

6

3변수 함수와 파라미터 표면

이 장에서 사용되는 미리 작성된 m-파일들

```
arrow3    plane    impl
```

3변수 함수 f(x,y,z)는 단일변수나 2변수 함수에서와 같이 인라인 함수, m-파일, 그리고 기호식으로 정의될 수 있다. 3변수 함수의 그래프는 4차원 공간에서의 3차원 표면으로서 이를 가시화시킬 수는 없다. 3변수 함수를 나타내는 한 가지 방법은 이들의 수준면을 이용하는 것이다. 한편 3차원 공간의 많은 표면들은 수준면들로 지정된다. 아울러 파라미터로 주어지는 표면들을 나타내는 방법을 논의한다.

6.1 수준 집합과 표면

f가 3변수 함수 f(x,y,z)라면 수준집합

$$S_c = \{(x,y,z):\ f(x,y,z) = c\}$$

는 대개 수준표면으로 불리는 하나, 혹은 그 이상의 2차원 표면들로 이루어진다. 함수의 수준집합을 그래프로 나타낼 수 있다면 그 성질에 대한 중요한 정보를 얻을 수 있을 것이다.

x, y, z의 2차함수의 수준표면들은 *2차표면*이라고 불린다. 다음은 이에 대한 4가지 중요한 보기들이다.

- *포물면*(paraboloid)은 함수 $f(x,y,z)=z-x^2-y^2$ 의 수준표면이다. f의 수준표면은 $S_c=\{(x,y,z):\ z-x^2-y^2=c\}$로 주어지며 이는 함수 $z=g(x,y)=x^2+y^2+c$의 그래프이다.
- *쌍곡 포물면*(hyperbolic paraboloid)은 $f(x,y,z)=z-x^2+y^2$ 의 수준집합이다. 여기에서 수준표면은 $g(x,y)=x^2-y^2+c$ 의 그래프이다(몇 가지가 그림 6.1에 나타나 있다[4]).
- *쌍곡면*(hyperboloid)은 $f(x,y,z)=x^2+y^2-z^2$ 의 수준표면이다. $c\geq 0$에 대하여 $S_c=\{f(x,y,z)=c\}$는 1 시트 쌍곡면, c<0에 대해서는 2 시트 쌍곡면이 된다. 그림 6.2를 참조하라.

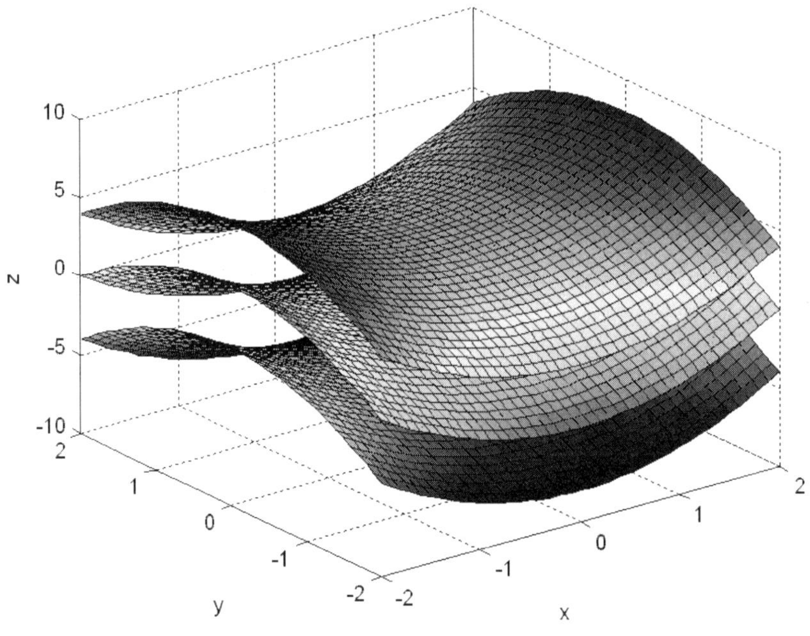

그림 6.1 c = −4, 0, 4에 대한 쌍곡 포물면 $z-x^2+y^2=c$의 그래프.

---

4) 역자 주: 그림 6.1은 다음 코드로부터 얻을 수 있다.

```
f = inline('x.^2 - y.^2 + c','x','y','c'); [X,Y] = meshgrid(-2:0.1:2);
surf(X,Y,f(X,Y,-4)); hold on; surf(X,Y,f(X,Y,0)); surf(X,Y,f(X,Y,4));
hold off; xlabel('x'), ylabel('y'), zlabel('z'); colormap(jet)
```

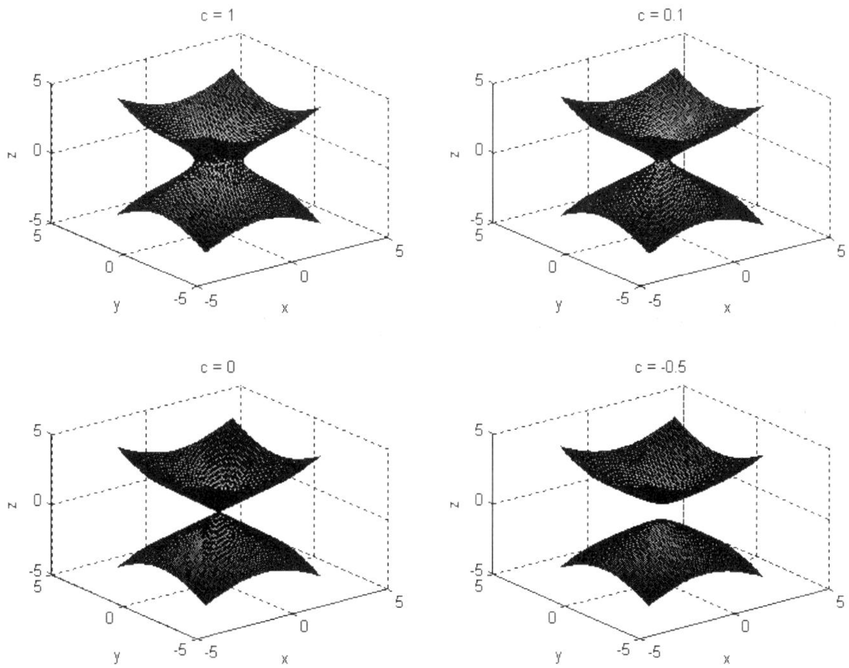

그림 6.2 쌍곡면: $f(x,y,z) = x^2 + y^2 - z^2$의 수준표면들.

- *타원면*(ellipsoid)은 $f(x,y,z) = \frac{x^2}{a^2} + \frac{y^2}{b^2} + \frac{z^2}{c^2}$의 수준표면이다. 이에 대한 특별한 경우로서 a=b=c이면 구면이 된다.

이 함수들의 수준표면들은 이들을 z에 대하여 푼 다음 함수 $z = g(x,y)$의 그래프를 그리는 통상적인 명령어들을 이용하여 도시할 수 있다. 쌍곡면 및 타원면과 같은 어떤 경우들에서는 표면들이 단일함수의 그래프로 나타나지 않는다. 예를 들면 반경 a>0인 구는 원판 $\{x^2 + y^2 \le a^2\}$ 상에서 다음과 같은 두 함수들의 그래프들의 조합으로 나타낼 수 있다:

$$g_+(x,y) = \sqrt{a^2 - x^2 - y^2}$$
$$g_-(x,y) = -\sqrt{a^2 - x^2 - y^2}$$

일반적으로 수준집합 $f(x,y,z) = c$에 대한 식에서 하나의 변수를 다른 두 변수들의 함수로 나타낼 수 없는 경우가 있다. 뒤의 m-파일은 $z = z_0$로 고정시키고 수준집합을 구성하며

contour 명령어를 사용하여 평면 $z = z_0$에서 $f(x,y,z_0) = c$의 수준곡선들을 구한다. 이 수준곡선들은 어떤 범위의 z_0 값들에 대하여 함께 그래프로 표시되어 x, y 평면과 평행한 일련의 곡선들로 수준집합을 생성한다.

m-파일 impl.m impl은 implicit를 줄인 명칭인데 이는 수준집합이 식 $f(x,y,z) = c$에 의하여 함축적으로 주어지기 때문이다. 이 m-파일은 메릴랜드 대학교의 수학과 교수인 Jonathan Rosenberg가 작성한 것이다.

이 m-파일의 사용을 위한 요소로서 m-파일이나 인라인 함수로 주어지는 함수 $f(x,y,z)$, 사각모양의 3차원 영역을 정의하는 좌표들의 집합, 그리고 c 값이 필요하다. 영역은 6-벡터 corners로 정의되는데 이는 $[x_{\min},\ x_{\max},\ y_{\min},\ y_{\max},\ z_{\min},\ z_{\max}]$와 같다. f가 인라인 함수로 주어지는 경우 impl(f,corners,c), f가 m-파일로 주어지는 경우 impl('f',corners,c)와 같이 호출한다.

보기 6.1

$f(x,y,z) = x^2 + y^2 - z^2$을 고려하여 보자. 이 함수의 수준집합은 그림 6.2에 보인 쌍곡면이다. 동일한 표면들이 impl을 이용하여 어떻게 얻어지는가를 보이기로 한다. 결과는 그림 6.3에 나타나 있다.

```
f = inline('x.^2 + y.^2 - z.^2','x','y','z');
corners = [-2 2 -2 2 -2 2];
subplot(2,2,1)
   impl(f, corners, 1)
   title('c = 1')
   xlabel('x'), ylabel('y'), zlabel('z')
subplot(2,2,2)
   impl(f, corners, 0.1)
   title('c = 0.1')
   xlabel('x'), ylabel('y'), zlabel('z')
subplot(2,2,3)
   impl(f, corners, 0)
   title('c = 0')
   xlabel('x'), ylabel('y'), zlabel('z')
subplot(2,2,4)
   impl(f, corners, -0.5)
   title('c = -0.5')
   xlabel('x'), ylabel('y'), zlabel('z')
```

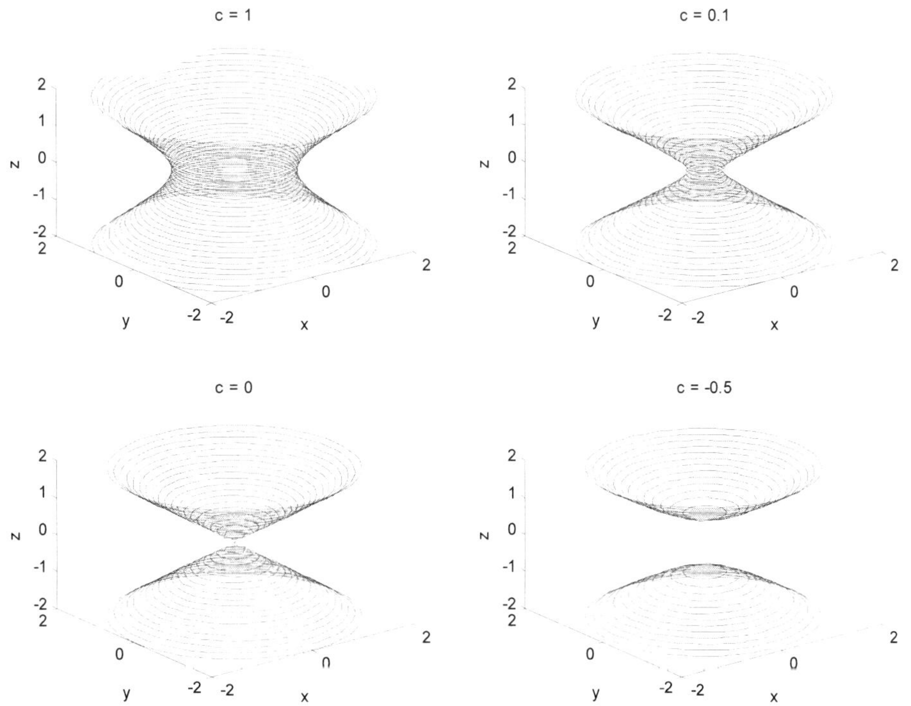

그림 6.3 $f(x,y,z) = x^2 + y^2 - z^2$의 수준집합.

보기 6.2

$f(x,y,z) = x^2 + y^2 + y^3 + z^2$라 하고 수준집합 $f(x,y,z) = 1$ 및 $f(x,y,z) = 0.1$을 나타내어 보자. 결과는 그림 6.4에 주어져 있다.

```
f = inline('x.^2 + y.^2 + y.^3 + z.^2','x','y','z');
corners = [-2 2 -2 2 -2 2];
subplot(1,2,1)
    impl(f, corners, 1)
    title('c = 1')
    xlabel('x'), ylabel('y'), zlabel('z')
subplot(1,2,2)
    impl(f, corners, 0.1)
    title('c = 0.1')
    xlabel('x'), ylabel('y'), zlabel('z')
```

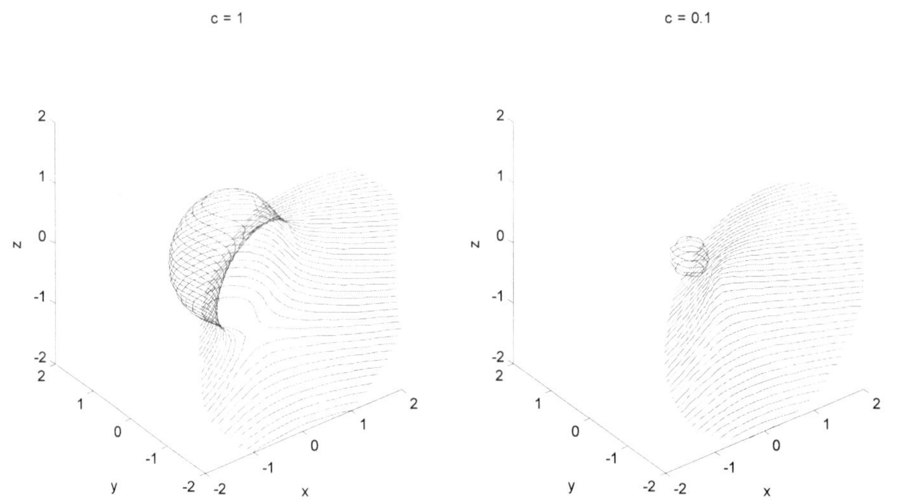

그림 6.4 $f(x,y,z)=x^2+y^2+y^3+z^2$의 수준집합.

그림 6.3과 6.4 모두에서 어떤 c 값에 대해서는 수준집합들이 하나 이상의 성분을 가질 수 있음을 주목하자. 제 8장에서 수준집합들은 함수의 최대와 최소를 결정하는 데에 유용할 수 있음을 알게 될 것이다.

6.2 고체의 색 분할

수준집합의 그래프 작성에 수반되는 것으로서 함수 $f(x,y,z)$에 대한 정보를 얻는 두 번째 방법은 그 영역을 좌표축과 평행한 평면들로 가르고 이 면들에서 f 값들을 색을 입혀 보이게 하는 것이다. 수준집합에 대하여 풀기가 어려운 경우 이는 매우 도움이 된다. 이 기법은 국부적 극대 및 극소점을 찾기 위한 개략적인 추정에 사용될 수도 있다.

이 개념을 예시하기 위해서 위치에 따라 달라지는 온도로 가열된 고체물질을 상상하여 보자. 온도는 함수 $f(x,y,z)$가 된다. 다음에 주어진 척도에 따라 물체의 색을 관찰함으로써 주어진 위치에서 물체의 온도를 알 수 있다고 가정하자:

온도	색
0°	검정색
20°	갈색
40°	붉은색
60°	오렌지색
80°	노란색
100°	흰색

다음에 물체 내에서의 온도분포에 대한 정보를 얻기 위하여 다양한 방향에서 물체의 단면을 취하고 색을 관찰한다. 온도함수의 수준집합은 일정한 색의 표면에 해당될 것이다.

MATLAB® 명령어 slice는 이러한 방안을 실현시켜 준다. 여기에서는 3변수 함수를 다루고 있으므로 3차원 배열의 좌표를 이용하여야 한다.

보기 6.3

R을 3차원 영역

$$R=\{(x,y,z):\ -2\le x,y\le 2,\ 0\le z\le 4\}$$

라 하고 $f(x,y,z)=20(z+e^{-x^2-y^2})$ 라고 하자. R에서 다음과 같이 격자점들의 3차원 배열을 구성한다. x 좌표값 $x_i=-2,-1.8,\cdots,1.8,2$, y 좌표값 $y_j=-2,-1.8,\cdots,1.8,2$, z 좌표값 $z_k=0,0.2,0.4,\cdots,3.8,4$ 를 선택한다. 그러면 좌표 격자는 $(x_i,\ y_j,\ z_k)$들의 3차원 배열로 구성된다. 이 격자점들에서의 함수값들은 또 다른 3차원 배열 $w_{i,j,k}=f(x_i,\ y_j,\ z_k)$을 구성한다. 이 배열들은 다음과 같은 MATLAB 명령어들로부터 만들어 진다:

```
f = inline('20*(z + exp(-x.^2 - y.^2))','x','y','z');
x = -2:0.2:2; y = x;
z = 0:0.2:4;
[X,Y,Z] = meshgrid(x,y,z);
W = f(X,Y,Z);
```

각각의 배열 X, Y, Z, W는 차원이 21×21×21이다. 이제 고체 영역 R을 좌표 평면들과 평행한 면들로 가르고 이들 각 평면들 상의 함수의 색들을 관찰하여 볼 수 있다. 예를 들면

x=0, y=0, 그리고 z=2인 면을 선택할 수 있다. 이 평면들을 생성하고 보여주는 명령어는 다음과 같다:

```
slice(X,Y,Z,W,0,0,2)
colormap(hot); colorbar
```

결과는 그림 6.5에 나타나 있다.

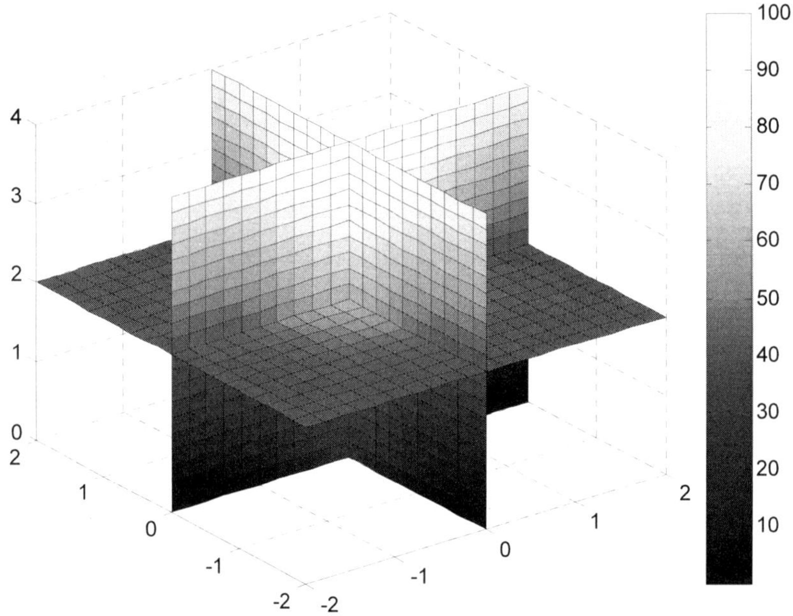

그림 6.5 함수 $f(x,y,z)=20(z+e^{-x^2-y^2})$로 결정되는 색으로 나타낸 고체영역 R을 지나는 단면들.

z가 증가함에 따라 온도가 상승하며 점 (0, 0, 4)에서 최대값인 100에 도달하는 것을 알 수 있다. 이는 그림 6.5에서 색과 수치값 $0 \le z \le 100$ 사이의 관계를 나타내는 컬러맵으로 제시된다.

6.3 기울기 벡터 필드

3변수 함수의 기울기 벡터는

$$\nabla f(x,y,z) = [f_x(x,y,z),\ f_y(x,y,z),\ f_z(x,y,z)]$$

로 주어진다. 2변수 함수에서와 마찬가지로 점 $P_0 = (x_0, y_0, z_0)$에서의 기울기 벡터는 P_0를 지나는 f의 수준표면 S에 수직이다. 이것이 의미하는 바는 만일 r(t)가 표면 S 상에서 임의의 매끄러운 곡선이며 $r(0) = P_0$라면 t=0에서의 곡선에 대한 기울기 벡터 r'(0)는 $\nabla f(x_0, y_0, z_0)$에 수직이라는 사실이다.

기울기 벡터 필드는 MATLAB 명령어 quiver3를 이용하여 나타낼 수 있다. 이 명령어는 제 5장에서 사용한 quiver의 3차원 버전이다. 호출은 quiver3(X,Y,Z,U,V,W)와 같이 한다. 여기에서 X, Y, Z는 3차원 공간에서 어떤 표면을 나타내는 행렬들이다. 예를 들면 어떤 함수 g에 대하여 Z=g(X,Y)로 할 수 있다. U, V, W는 표면상에 위치하는 각각의 점 (x,y,z)에 부착되는 벡터들의 성분들의 행렬들이다.

보기 6.4

$f(x,y,z) = z + \dfrac{y^2 - x^2}{4}$라고 하자. f의 수준표면들은 쌍곡 포물면들이다. 기울기 벡터 필드는 $\nabla f(x,y,z) = \left[-\dfrac{x}{2},\ \dfrac{y}{2},\ 1\right]$이다. 기울기 벡터 필드를 두 가지 방법으로 나타내어 보자. 먼저 정사각형 $0 \le x, y \le 2$ 위에서 높이가 z = −1, 0, 1 일 때 x, y 평면에 평행한 일련의 면들 내의 점들에 기울기 벡터들을 부착시킨다. 이 결과는 그림 6.6의 왼쪽에 나타나 있다.

```
[X,Y] = meshgrid(0:0.4:2);
U = -X/2;
V = Y/2;
W = 1+0*X;
subplot(1,2,1)
for z = [-1,0,1]
    Z = z + 0*X;
    quiver3(X,Y,Z,U,V,W)
    hold on
end
hold off
axis image
```

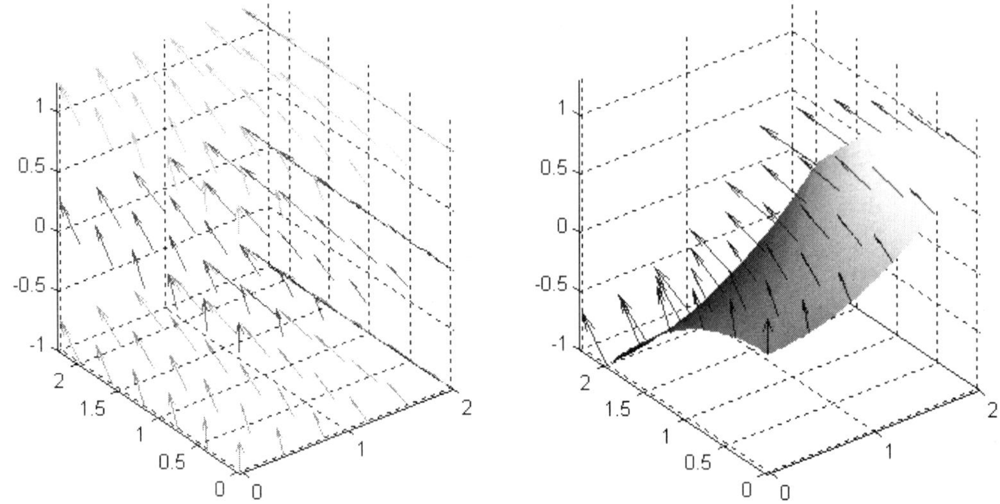

그림 6.6 왼쪽: $f(x,y,z)=z+\dfrac{y^2-x^2}{4}$의 기울기 벡터필드.

오른쪽: 수준표면 $f(x,y,z)=0$ 과 기울기 벡터 필드.

단지 3 개의 z 수준들만을 선택하였다; 수준들이 너무 많으면 아주 혼란스러운 그림이 된다. MATLAB 버전 5.3 이상에서는 quiver3는 3차원 배열도 인수로 취할 수 있다. 11.1 절을 참조한다.

이들 기울기 벡터들의 두 번째 표시에서는 동일한 정사각형 $0 \le x,y \le 2$ 위에 위치하는 수준표면 $f(x,y,z)=0$의 부분위에 있는 점들에 벡터들을 부착시키고 있다. 수준표면 f=0은 식 $z=\dfrac{x^2-y^2}{4}$로 나타난다. 앞의 명령어들에 다음 스크립트를 추가한다:

```
% 먼저 좀 더 미세한 격자로 표면의 그래프를 작성한다.
[XX,YY] = meshgrid(0:0.05:2);
ZZ = 0.25*(XX.^2 - YY.^2);
subplot(1,2,2)
surf(XX,YY,ZZ); shading interp
hold on

% 이제 기울기 벡터 필드를 부착한다.
Z = 0.25*(X.^2 - Y.^2);
quiver3(X,Y,Z,U,V,W)
```

```
axis image
hold off
```

두 번째 방법의 결과는 그림 6.6의 오른쪽에 나타나 있다.

점 $P_0 \in S$에서 표면 S에 대한 기울기 평면은 P_0에 부착되어 있으며 P_0에서 S에 접선이 되는 모든 벡터들의 집합이다. 달리 말하면 기울기 평면은 P_0에서 S에 대한 수직벡터와 직교이며 P_0에 부착된 모든 벡터들의 집합이다. 수준곡선

$$S = \{(x, y, z):\ f(x, y, z) = c\}$$

의 경우 이 표면에 대한 수직 방향은

$$\nabla f = [f_x(P_0),\ f_y(P_0),\ f_z(P_0)]$$

로 주어진다. 따라서 기울기 평면의 식은

$$f_x(P_0)(x - x_0) + f_y(P_0)(y - y_0) + f_Z(P_0)(z - z_0) = 0 \qquad (6.1)$$

로 주어진다. 물론 이 식은 $\nabla f(P_0)$의 성분들 가운데 적어도 하나가 0이 아닐 때에만 평면을 정의한다. 그림 6.2에 보인 쌍곡면 $f(x, y, z) = x^2 + y^2 - z^2 = 0$ 의 경우 점 $P_0 = (0,0,0)$은 이중 원뿔의 꼭짓점에 위치하며 $\nabla f(P_0)$=0이다. 이 점에서는 표면은 특이하며 아무런 기울기 평면도 정의되지 않는다.

6.4 표면의 파라미터 표현

표면들을 함수 $z = g(x, y)$의 그래프로 나타낼 수 없는 경우 종종 *파라미터 표현*이 이용된다. 평면에서 보통 사각형이나 원판모양의 평평한 표면조각으로 시작하여 이를 공간에서 구부려 원하는 표면을 만드는 것을 생각하여 보자. 좌표 (u,v)를 사용하여 표면 D의 초기표면 내의 점들을 나타내기로 한다. 공간에서의 굽힘은 세 공간좌표 $x(u, v)$, $y(u, v)$, $z(u, v)$에 대하여 D 상에서 3개의 함수를 정의하는 것과 동일하다. 사상

$$(u,v) \to (x(u,v), y(u,v), z(u,v)): \quad D \to R^3$$

은 이 사상의 이미지인 표면 S의 파라미터 표현이다.

제 3장에서 이용한 평면의 파라미터 표현을 상기하자. 여기에서 우리는 D를 모든 R^2들로 취한다. 평면이 점 $P_0 = (x_0, y_0, z_0)$를 지나며 수직벡터 N을 갖는다고 가정하자. v와 w를 N과 직교인 두 벡터라고 하자. 그러면 평면상의 모든 점들은 $P = P_0 + sv + tw$로 나타낼 수 있다. 여기에서 파라미터로서 u, v 대신 s와 t를 사용하였다. 좌표함수들은

$$x(s,t) = x_0 + sv_1 + tw_1, \quad y(s,t) = y_0 + sv_2 + tw_2, \quad z(s,t) = z_0 + sv_3 + tw_3$$

와 같다. P_0를 포함하는 평면의 일부분을 나타내고자 한다면 파라미터들을 한정된 집합 D, 즉 $D = \{-1 \le s, t \le 1\}$에 존재하도록 제한시킨다.

보기 6.5

반경 a>0이며 중심이 z 축 상에 위치하고 $z = -\pi/2$에서 $z = \pi/2$에 이르는 실린더의 파라미터 표현을 구하여 보자. 사각형 영역 $D = \{0 \le u \le 2\pi, \ -\pi/2 \le v \le \pi/2\}$으로 시작한다. 이러한 평평한 평면조각을 말아서 실린더를 구성하고자 한다. 이는 u 축과 평행한 선분들을 반경이 a인 원으로 만들고 v 축과 평행한 선분들을 실린더 표면상의 수직선들로 만듦으로써 수행할 수 있다. 이를 위한 좌표함수 집합은

$$x(u,v) = a\cos(u), \quad y(u,v) = a\sin(u), \quad z(u,v) = v$$

와 같다. a=1일 때 MATLAB을 이용하여 이 표면을 그래프로 나타내기 위해서는 다음과 같이 수행한다:

```
% u, v 공간에서 좌표를 정의
u = linspace(0, 2*pi, 21);
v = linspace(-pi/2, pi/2, 21);
[U,V] = meshgrid(u,v);
a = 1;

% 좌표함수를 정의
X = a*cos(U);
```

```
Y = a*sin(U);
Z = V;
surf(X,Y,Z)
xlabel('x'), ylabel('y'), zlabel('z')
```

결과는 그림 6.7에 나타나 있다.

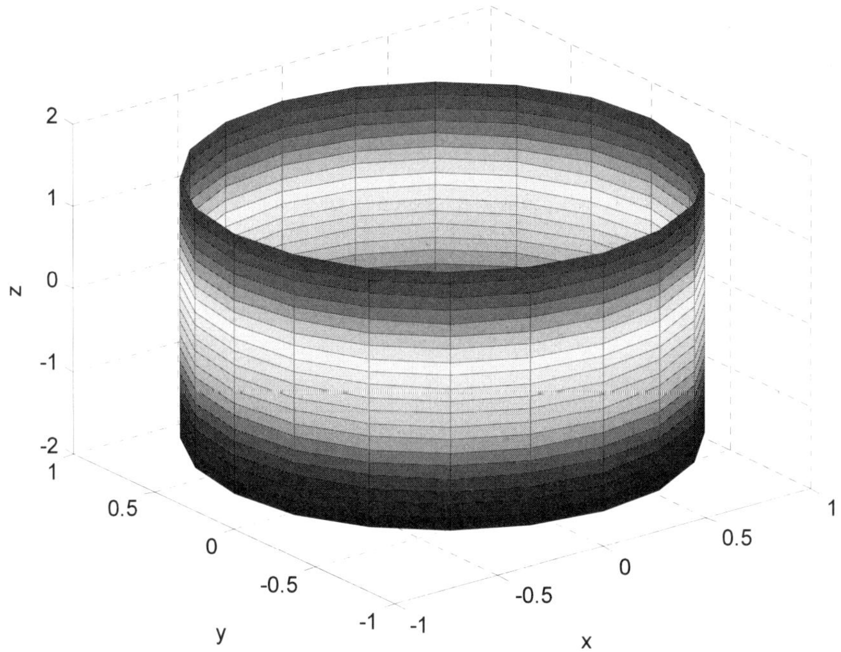

그림 6.7 u, v 평면의 평평한 조각 D를 말아서 구성한 x, y, z 공간의 실린더.

보기 6.6

다음에 반경 a인 구를 파라미터화시키는 문제를 살펴보기로 한다. 실린더를 파라미터화시킨 앞의 보기의 과정을 계속한다. 구를 만들기 위해 실린더의 꼭대기와 바닥을 오므리고자 한다. 실린더의 측면의 수직선들은 구의 경선이 될 것이며 x, y 평면의 원은 구의 적도가 될 것이다. 그림 6.8을 고려하면 다음의 좌표 함수로서 이것이 가능함을 알 수 있다:

$$x(u,v) = a\cos(v)\cos(u), \quad y(u,v) = a\cos(v)\sin(u), \quad z(u,v) = a\sin(v)$$

$$0 \le u \le 2\pi, \quad -\pi/2 \le v \le \pi/2$$

u는 구의 경선이며 v는 구의 위선이다. 이 파라미터화에서 북극은 $v = \pi/2$에 해당되며 남극은 $v = -\pi/2$에 해당된다. 그림 6.9에서 우리는 다음의 명령어에 따라 생성된 구를 볼 수 있다.

```
a = 2;
u = linspace(0, 2*pi, 41);
v = linspace(-pi/2, pi/2, 31);
[U,V] = meshgrid(u,v);
X = a*cos(V).*cos(U);
Y = a*cos(V).*sin(U);
Z = a*sin(V);
surf(X,Y,Z); colormap(gray); shading flat axis equal
xlabel('x'), ylabel('y'), zlabel('z')
```

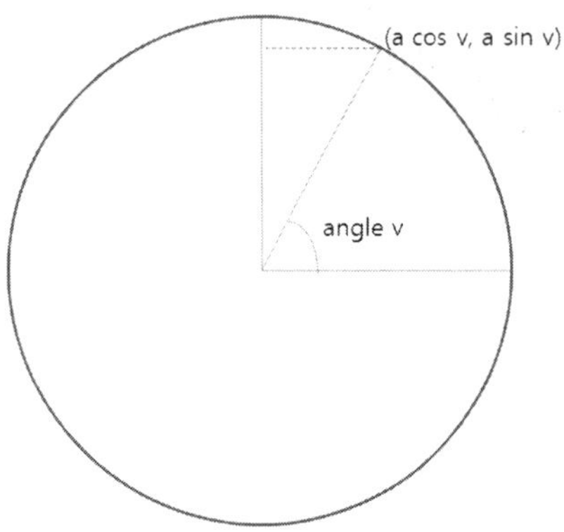

그림 6.8 반경 a인 구의 부분.

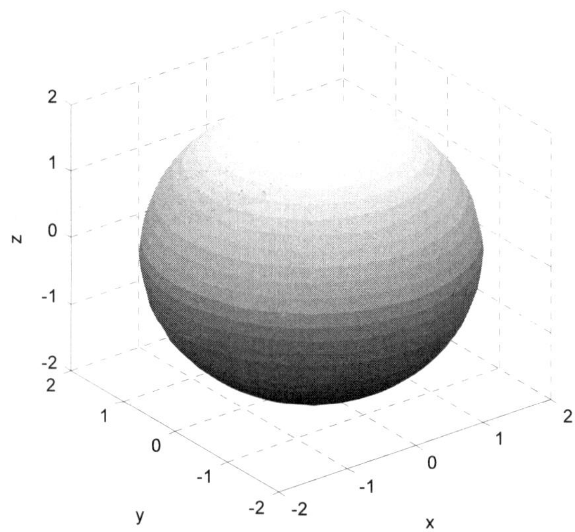

그림 6.9 반경 a=2인 구.

위에 보인 구의 파라미터화가 유일한 방법은 아니다. 구좌표에서 이용되는 반경 r인 구의 파라미터화는 다음과 같다:

$$x(r,\theta,\phi) = r\sin(\phi)\cos(\theta), \quad y(r,\theta,\phi) = r\sin(\phi)\sin(\theta), \quad z(r,\theta,\phi) = r\cos(\phi)$$

위에서 방위각은 θ, $0 \le \theta \le 2\pi$이며 ϕ는 극각으로서 $0 \le \phi \le \pi$이다. 구좌표에서 북극은 $\phi = 0$에 해당되며 남극은 $\phi = \pi$에 해당된다.

마지막으로 단위구를 빠르게 그리려면 MATLAB 명령어 sphere를 이용한다. 이에 대하여 더 알고 싶다면 help sphere를 입력한다.

회전표면

구와 실린더는 모두 *회전표면*으로 불리는 표면 부류에 속한다. 이들은 파라미터로 쉽게 나타낼 수 있다. x, z 평면상의 곡선 C를 z 축 주위로 회전시켜 얻어지는 회전표면들을 다루어 보기로 한다.

x, z 평면상의 곡선 C가 $v \to (x_0(v), z_0(v))$에 의하여 파라미터화 된다고 하자. y 좌표는 $y_0(v) \equiv 0$이다. 이 곡선을 z 좌표는 변하지 않게 하고 z 축 주위로 회전시켜 보자.

제 4장에서 x, y 평면상의 점들을 각도 u 만큼 회전시키는 회전행렬 R은

$$R = \begin{bmatrix} \cos(u) & -\sin(u) \\ \sin(u) & \cos(u) \end{bmatrix}$$

로 주어졌음을 상기하자. 회전된 곡선의 x, y 좌표는

$$\begin{bmatrix} x(u,v) \\ y(u,v) \end{bmatrix} = \begin{bmatrix} \cos(u) & -\sin(u) \\ \sin(u) & \cos(u) \end{bmatrix} \begin{bmatrix} x_0(v) \\ y_0(v) \end{bmatrix}$$

로 주어질 것이다. $y_0(v) = 0$이므로

$$\begin{aligned} x(u,v) &= \cos(u) x_0(v) \\ y(u,v) &= \sin(u) x_0(v) \\ z(u,v) &= z_0(v) \end{aligned} \tag{6.2}$$

가 된다.

보기 6.7

토러스는 도우넛의 표면이다. u, v 평면에서 사각형의 평평한 영역 D를 회전하고 굽히는 것을 통하여 표면을 나타내는 방법을 계속 살펴보기로 한다. 이 경우에는 영역 D를 튜브로 회

전시킨 다음 튜브를 굽혀 도우넛이 되도록 하는 것으로 생각할 수 있다.

대신 우리는 토러스를 회전 표면으로 살펴볼 것이다. x, z 평면에서 중심이 (r, 0, 0) 이고 반경이 a인 원(r>a)을 고려하여 보자. 토러스는 원 평면이 z 축 둘레로 회전할 때 원이 지나는 표면이다. 그림 6.10을 참조하자.

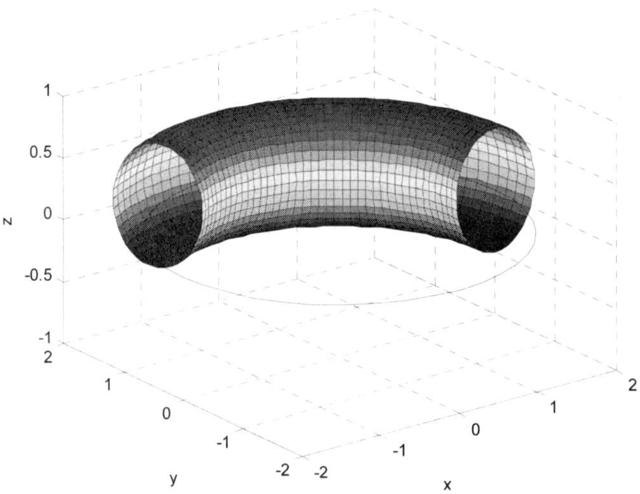

그림 6.10 원을 z 축 주위로 회전시킴으로써 생성되는 토러스.

이제 x, z 평면의 원은

$$x_0(v) = r + a\cos(v), \quad y_0(v) = 0, \quad z_0(v) = a\sin(v) \qquad 0 \le v \le 2\pi$$

와 같이 파라미터화된다. 식 (6.2)의 파라미터화는 다음과 같이 된다:

$$\begin{aligned} x(u,v) &= \cos(u)x_0(v) = \cos(u)(r + a\cos(v)) \\ y(u,v) &= \sin(u)x_0(v) = \sin(u)(r + a\cos(v)) \\ z(u,v) &= a\sin(v) \end{aligned}$$

토러스는 다음 명령어를 사용하여 그래프로 나타낼 수 있다. 그림 6.11을 참조하자.

```
a = 0.5; r = 2;
u = linspace(0, 2*pi, 41); v = u;
```

```
[U,V] = meshgrid(u,v);
X = cos(U).*(r + a*cos(V));
Y = sin(U).*(r + a*cos(V));
Z = a*sin(V);
surf(X,Y,Z);
axis([-2 2 -2 2 -2 2])
```

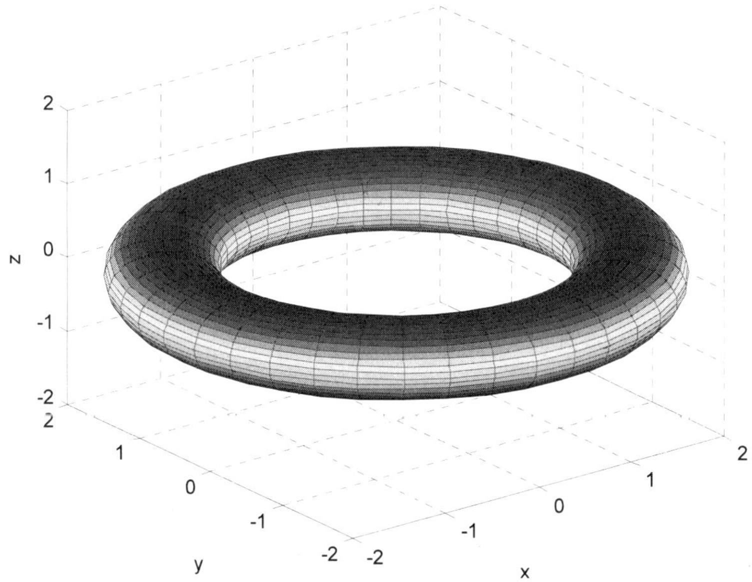

그림 6.11 r=2이고 a=0.5인 토러스.

MATLAB®은 하나의 명령어로 x, z 평면상의 곡선 C가 함수 $x=f(z)$, $0 \le z \le 1$로 주어졌을 때 회전표면의 그래프를 그려준다. 예를 들어 $x=f(z)=3(z-1/3)^2$라면 이로부터 얻어지는 회전표면은

```
z = linspace(0,1,41);
cylinder(3*(z-1/3).^2)
```

로부터 얻어진다. 그림 6.12를 참조하자.

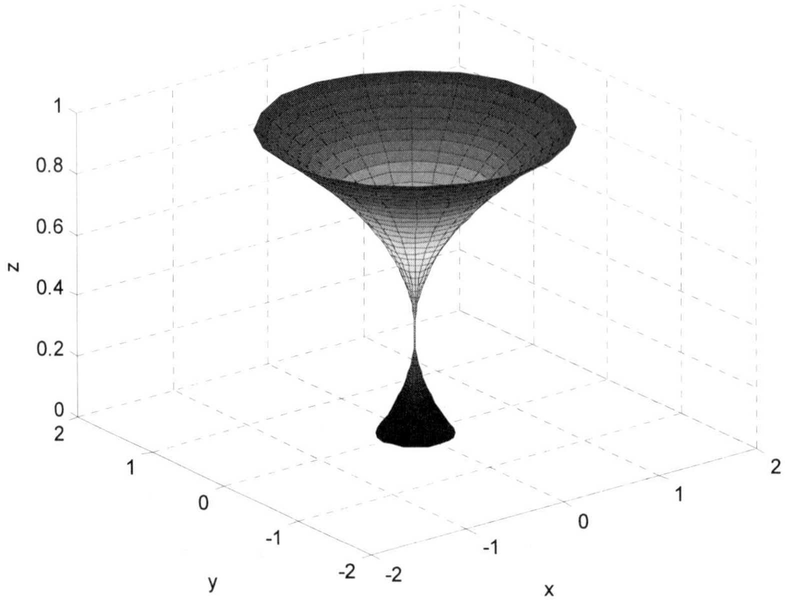

그림 6.12 곡선 $x = f(z) = 3(z - 1/3)^2$의 회전표면.

물론 좀 더 복잡한 객체를 얻기 위해서 그래프들을 결합시키는 것도 가능하다. 보기 6.8은 교차되는 두 실린더를 어떻게 나타낼 수 있는지를 보여주고 있다. 그림 6.13을 참조한다.

보기 6.8

```
u = linspace(0, 2*pi, 41);
v = linspace(-2,2,41);
[U,V] = meshgrid(u,v);

% 반경 1인 수직 실린더
surf(cos(U), sin(U), V);
hold on

% 반경 0.5인 수평 실린더
surf(0.5*cos(U), V, 0.5*sin(U))
hold off
axis([-2 2 -2 2 -2 2])
xlabel('x'), ylabel('y'), zlabel('z')
```

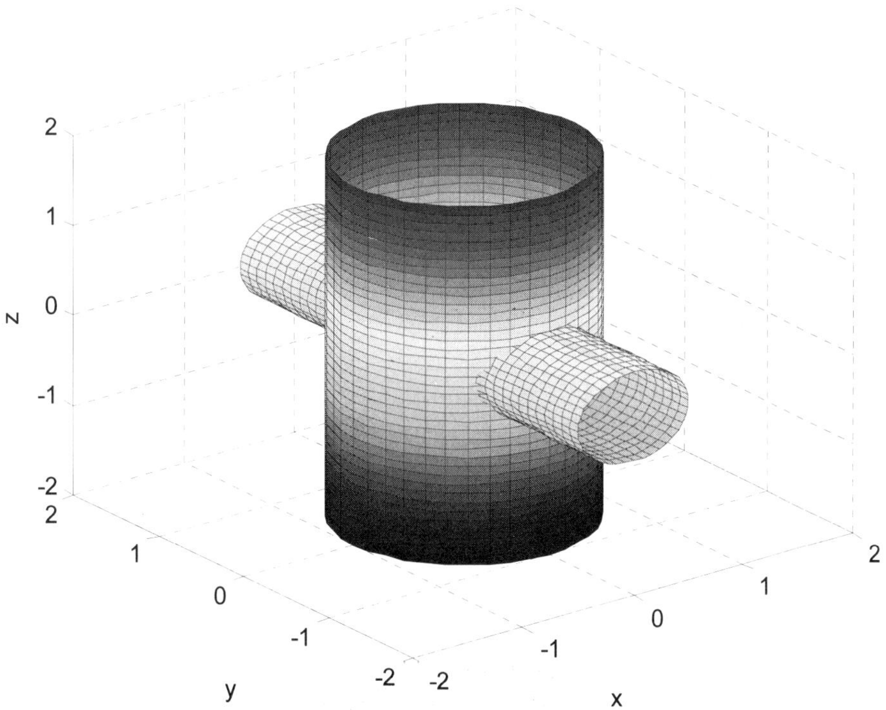

그림 6.13 반경 1인 수직 실린더와 반경 0.5인 수평 실린더.

ezsurf 명령어

명령어 ezsurf 역시 기호식을 이용하여 파라미터로 주어지는 표면들의 그래프 작성에 사용될 수 있다. 구문은 ezsurf(x,y,z,[a b c d])와 같다. 파라미터는 s와 t로서 $a \le s \le b$ 및 $c \le t \le d$이다. x, y, z들은 s와 t로 주어지는 기호 표현들이다.

보기 6.9

이 보기는 두 표면들을 서로 붙이는 또 다른 예로서 여기에서는 커피잔(혹은 맥주잔)을 생성하고 있다. 그림 6.14를 참조하자.

```
syms s t
% 반경 1인 수직 실린더
x = cos(s);
```

```
y = sin(s);
z = t;
ezsurf(x,y,z, [0 2*pi -2 2])
hold on

% r=1, a=0.25이며 중심이 (1,0.5)인 토러스의 절반으로 이루어지는 손잡이
xhandle = 1 + cos(s)*(1+0.25*cos(t));
yhandle = 0.25*sin(t);
zhandle = 0.5 + sin(s)*(1+0.25*cos(t));
ezsurf(xhandle, yhandle, zhandle, [-pi/2 pi/2 0 2*pi])
hold off
axis([-2 3 -2 2 -2 2])
xlabel('x'), ylabel('y'), zlabel('z')
```

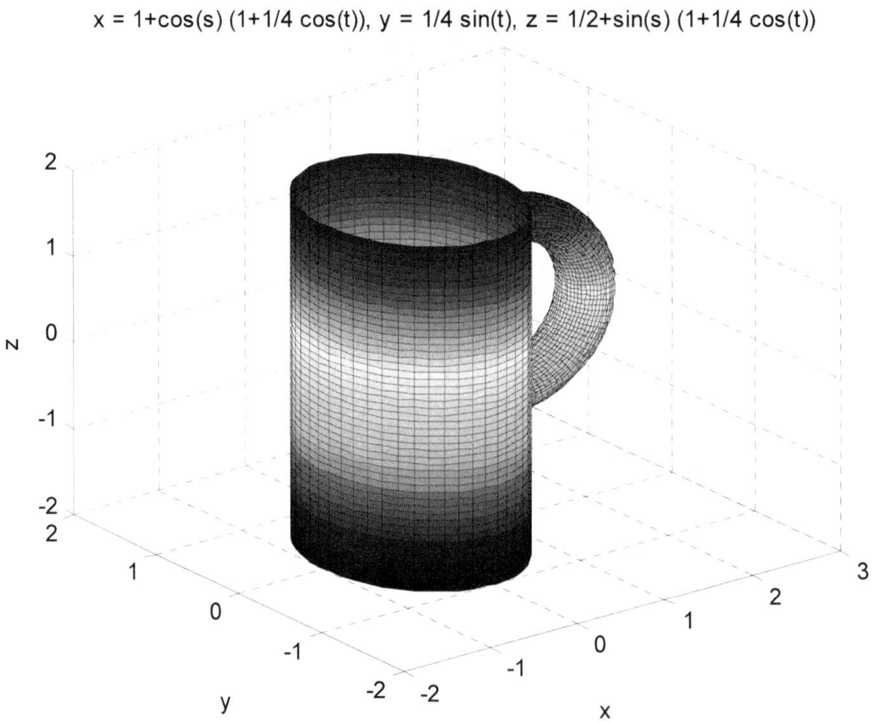

그림 6.14 ezsurf와 기호 표현으로 생성된 커피잔.

6.5 파라미터 형태의 수직벡터와 기울기 평면

그림 6.7 및 6.9~13에서 각 표면의 곡선들은 u, v 평면의 격자의 이미지들이다. 예를 들면 그림 6.9에서 v가 일정한 곡선들은 일정한 위도의 원들이며 u가 일정한 곡선들은 일정한 경도의 경선들이다.

보다 일반적으로 S가

$$(u,v)\rightarrow x(u,v),\ y(u,v),\ z(u,v))$$

에 의하여 파라미터로 주어지면 곡선 $u\rightarrow(x(u,v_0),\ y(u,v_0),\ z(u,v_0))$에 대한 기울기 벡터는

$$v=[x_u(u,v_0),\ y_u(u,v_0),\ z_u(u,v_0)]$$

이다. 곡선 $v\rightarrow(x(u_0,v),\ y(u_0,v),\ z(u_0,v))$에 대한 기울기 벡터는

$$w=[x_v(u_0,v),\ y_v(u_0,v),\ z_v(u_0,v)]$$

이다. 이들 두 벡터들은 점 $(x_0,y_0,z_0)=(x(u_0,v_0),y(u_0,v_0),z(u_0,v_0))$에서의 기울기 평면을 스팬한다. 따라서 이 점에서 기울기 평면에 대한 수직방향은

$$n=v\times w$$

이다. 점 (x_0,y_0,z_0)에서 *표면에 대한 수직방향*은 위의 벡터 n으로 정의된다. 이 수직벡터를 좌표 함수로 나타내면 다음과 같다:

$$n(u,v)=[y_uz_v-y_vz_u,\ x_vz_u-x_uz_v,\ x_uy_v-x_vy_u] \qquad (6.3)$$

n의 임의의 배수 역시 수직방향이 되지만 우리는 대개 용어를 줄여서 식 (6.3)이 표면에 수직이라고 간단히 말한다.

회전표면의 경우 식 (6.2)와 (6.3)을 이용하여 다음을 얻는다:

$$n(u,v)=[\cos u x_0(v)z_0{}'(v),\ \sin u x_0(v)z_0{}'(v),\ -x_0(v)x_0{}'(v)] \qquad (6.4)$$

예를 들면 반경이 a인 구는 회전표면으로서 $0 \le u \le 2\pi$, $-\pi/2 \le v \le \pi/2$에서 파라미터화를 상기하면

$$x(u,v) = a\cos(u)\cos(v), \quad y(u,v) = a\sin(u)\cos(v), \quad z(u,v) = a\sin(v)$$

와 같다. 따라서 이를 식 (6.4)에 대입하면 구에 대한 수직은

$$\begin{aligned} n(u,v) &= a^2[\cos u\cos^2(v),\ \sin u\cos^2(v),\ \cos v\sin v] \\ &= a\cos v[x(u,v),\ y(u,v),\ z(u,v)] \end{aligned}$$

로 주어진다.

연습문제

1. $f(x,y,z) = x^2 + y^2 + z^2 + xy^2$라고 하자.

(1) 영역 $\{-4 \le x,y \le 1,\ -2 \le z \le 2\}$에서 m-파일 impl을 수행하여라. c = 1.2, 1, 0.8, 0.5, 0.3, 0.2에 대하여 수준집합 $S_c = \{f = c\}$를 나타내어라. 보기 6.1에서와 같이 명령어 subplot을 사용하여 이 그래프들을 동일한 그림창에 나타내어라. 표면 S_c 바깥에서 함수 f는 c와 같지 않다. 각 그래프상에 S_c의 어느 쪽에서 f < c 및 f > c인지를 표시하여라.

(2) c가 어떤 값일 때 수준집합 S_c는 두 성분들로 갈라지는가?

(3) c가 작아짐에 따라 원점을 포함하는 S_c의 성분은 구와 비슷하다. f에 대한 공식을 보고 이를 설명할 수 있는가?

2. $f(x,y,z) = e^{-(x-1)^2 - y^2 - z^2} + e^{-(x+1)^2 - y^2 - z^2}$라고 하자.

(1) 영역 $-2 \le x,y,z \le 2$에서 impl을 수행하여라. c = 0.2, 0.5, 0.7, 0.8에 대하여 수준집합 S_c를 나타내어라. 보기 6.1에서와 같이 이들을 동일한 그림상에 나타내어라.

(2) 다양한 c 값들을 조사하여 수준집합 S_c는 $c < c_*$에서 하나의 성분만을 가지며 $c > c_*$일 때 두 성분들을 가지게 되는 c_* 값을 구하여라.

(3) 수준집합 S_{c_*}는 (0,0,0)에서 첨점을 갖는다. 이 점에서는 표면에 대한 기울기 평면이 정의되지 않는다. $\nabla f(0,0,0) = 0$임을 보여라.

3. 지진 데이터에 따르면 어떤 지역에서 암석의 밀도는 다음과 같이 주어진다고 한다:

$$\rho(x,y,z) = (1-z)e^{-0.2x - 0.3y^2} + 101$$

영역 $R = \{0 \le x,y,z, \le 2\}$에서 밀도함수를 조사하고자 한다. 각 방향을 40등분하여 R 위에 3차원 격자를 구성하여라. 명령어 slice를 사용하여 (0,0,0)을 지나는 절단면들의 집합을 구하여라. rotate3d를 이용하여 그림을 회전시켜 이 구역을 점 (2,2,2)에서 볼 수 있도록 하여라. 컬러바를 추가시켜라.

(1) 어디에서 암석의 밀도가 가장 큰가?

(2) 선 x=2, z=0을 따라 암석의 밀도는 거의 일정하다. 컬러바를 이용하여 이 선에 따른 일전한 밀도를 추정하여라.

(3) 함수 $y \to \rho(2,y,0)$의 그래프를 그리고 slice 단면으로부터의 추정값과 비교하여라.

4. 영역 $R = \{0 \le x,y,z \le \pi\}$라 하고 온도는 $u(x,y,z) = \cos x \sin(2y) \sin(3z/2)$로 주어진다고 하자.

(1) 각 방향을 40등분하여 R 위에 3차원 격자를 구성하여라. 다양한 평면집합들과 colormap(hot) 컬러바에 따라 slice를 수행하여라. 주어진 영역에서 가장 뜨거운 부분과 가장 찬 부분을 구하여라.

(2) 열속은 $F(x,y,z) = -\nabla u(x,y,z)$이다. 명령어 quiver3를 이용하여 세 평면 $z = 0$, $z = \pi/2$, $z = \pi$ 상에 열속 벡터를 나타내어라. 세 미분 $-u_x$, $-u_y$, $-u_z$에 대하여 세 개의 m-파일이나 인라인 함수들을 작성할 필요가 있을 것이다. 열속 벡터 기울기는 어느 측면들을 향하고 있는가? 이 측면들은 열이 흐르지 않는 단열측면이다. 열속벡터는 어느 측면에 대하여 수직인가?

5. 그림 6.2의 쌍곡면은 회전표면이다. x, z 평면의 쌍곡면 부분은 $x^2 - z^2 = c$를 만족한다.

(1) c > 0 및 x > 0 에 대하여 이 곡선을 $x_0(v) = \sqrt{c}\, cosh(v)$, $z(v) = \sqrt{c}\, sinh(v)$에 의하여 파라미터로 나타낼 수 있음을 직접 보여라.

(2) 보기 6.7을 따라 c >0 의 몇 가지 값들에 대하여 쌍곡면의 그래프를 그리는 스크립트 m-파일을 작성하여라.

(3) c < 0에 대한 파라미터화를 구하고 몇 가지 값의 c < 0에 대한 쌍곡면의 그래프를 그려라. 이 경우 시트가 두 개 존재하며 z(v)에 대한 두 개의 서로 다른 식이 필요할 것이다.

6. $x_0(v) > 0$와 z(v)는 x, z 평면에서 어떤 곡선을 파라미터화한다고 하자.

(1) 이 곡선을 z 축 주위로 회전시켜 얻어지는 회전표면의 파라미터화를 구하여라.

(2) 연습문제 5의 스크립트 파일을 수정하여 다음과 같은 $x_0(v)$ 및 z(v)에 대한 회전표면의 그래프를 그려라:

(i) $x_0(v) = e^{-v^2/2}$, $z(v) = v$, $-2 \le v \le 2$

(ii) $x_0(v) = e^{-v^2/10}\cos^2(v) + 1$, $z(v) = v$, $-2\pi \le v \le 2\pi$

(iii) $x_0(v) = |\sin(v)| + 1$, $z(v) = v$, $-3\pi \le v \le 3\pi$

7. (1) 타원면 $x^2+y^2+\frac{z^2}{9}=1$의 x, z 평면 부분을 파라미터로 나타내어라.

(2) 이를 회전표면(z 축 주위로 회전)의 그래프로 나타내어라.

★8. $f(u)=\cos(u), 0 \le u \le \pi$라 하자. 아울러

$$g_{top}(u)=0.05\sin(u)e^{-2\cos(u)},\ g_{bottom}(u)=-\frac{g_{top}(u)}{2},\ 0 \le u \le \pi$$

라고 하자.

(1) 같은 그래프 상에 두 곡선 $u \to (f(u), g_{top}(u))$ 및 $u \to (f(u), g_{bottom}(u))$의 그래프를 그리고 axis equal을 적용하여라. 얻어지는 그래프는 날개의 단면이다.

(2) 이 단면을 갖는 날개의 3차원 그래프를 만들어 보자. 날개는 y 축 상에 위치해야 하며 $0 \le y \le 4$에 걸쳐 있어야 한다. 그래프를 상부와 하부의 두 조각으로 만들 필요가 있을 것이다.

(3) MATLAB® 수치적분기 quadl을 이용하여 단면을 감싸는 곡선의 호의 길이를 구하여라. 다음에 날개의 총 표면석을 구하여라.

★9. 반경이 d이고 원점을 지나는 임의의 축이 대칭축이 되는 막대의 그래프를 그리는 함수 m-파일 bar.m을 작성하여라. L=[a, b, c]를 대칭선에 대한 단위 기울기 벡터라고 하자. 함수 m-파일은 bar(a,b,c,d)와 같이 호출되도록 해야 한다.

(1) 먼저 $u \cdot v = u \cdot L = v \cdot L = 0$이 되도록 한 쌍의 단위벡터 u와 v에 대한 식을 구하여라.

(2) 다음에 막대의 원통형 표면을 s와 t를 이용하여 다음과 같이 파라미터로 나타내어라:

$$(x,y,z)=tL+(d\cos s)u+(d\sin s)v$$

파라미터 s의 범위는 무엇인가? 어떤 범위의 파라미터 t를 선택하여도 좋은 그래프를 얻을 것이다.

(3) 반경 d가 t에 따라 좌우될 수 있도록 얻은 식을 좀 더 유연하게 하여라.

★10. $x(t)=r\cos(t),\ y(t)=r\sin(t), z(t)=at$가 반경 r > 0이고 상승계수 $a \ge 0$인 원형 나선을 파라미터화한다고 하자.

(1) 파라미터 s와 t를 이용하여 나선을 따르는 반경 b의 튜브의 표면을 파라미터로

나타내어라. 튜브의 원형 단면은 프레넷 프레임의 벡터 $-N=[\cos t,\ \sin t,\ 0]$ 및 $B=\dfrac{[a\sin t,\ -a\cos t,\ r]}{\sqrt{r^2+a^2}}$로 스팬되는 평면에 존재해야 한다.

(2) $0 \le t \le 4\pi$에서 튜브의 그래프를 그리며 tube(r,a,b)로 호출되는 함수 m-파일 tube.m을 작성하여라.

★11. 연습문제 10의 방법을 확장하여 나선을 따르며 다음과 같은 다른 단면을 갖는 튜브를 파라미터로 나타내어라.

(1) 타원형 단면

(2) t에 따라 좌우되는 반경 b인 원형 단면

★12. 보기 6.9에서와 같이 명령어 ezsurf와 기호표현을 사용하여 (−1,−1,−1)에서 (1,1,1)에 이르는 반경 1/4인 원통형 막대의 그래프를 그려라. 다음에 반경 1인 두 개의 구를 이 막대의 양 끝에 각각 하나씩 부착시켜라.

13. 다음과 같은 토러스의 파라미터 표현을 상기하자:

$$
\begin{aligned}
x(u,v) &= \cos(u)(r+a\cos(v)) \\
y(u,v) &= \sin(u)(r+a\cos(v)) \\
z(u,v) &= a\sin(v), \quad 0 \le u,v \le 2\pi
\end{aligned}
$$

(1) 표면에 대한 수직 N(u,v)를 나타내는 식을 구하여라.

(2) 토러스의 그래프를 그리고 몇 개의 점에 기울기 평면을 부착시켜라. m-파일 plane을 사용한다.

14. *지배되는 표면*은 곡선을 따라 움직이는 직선이 지나는 표면이다. 곡선을 $r=[x_0(t),\ y_0(t),\ z_0(t)]$와 같이 파라미터로 나타내기로 한다. 각 t에서 선에 대한 기울기 벡터를 $L(t)=[a(t),\ b(t),\ c(t)]$라고 하자. 그러면 지배되는 표면은 다음과 같이 파라미터로 나타낼 수 있다:

$$r(t)+sL(t)=[x_0(t)+sa(t),\ y_0(t)+sb(t),\ z_0(t)+sc(t)]$$

(1) $r(t)=(x_0(t),y_0(t),z_0(t))=(2\cos(t),2\sin(t),0)$이 x, y 평면에서 반경 2인 원의 파라미터화라고 하자. 아울러 $L(t)=[\cos(t/2),\sin(t/2),\sin(t/2)]$라고 하자. $0 \le t \le 2\pi$ 및 $-0.2 \le s \le 0.2$에 대하여 표면의 그래프를 그려라. 얻어지는 표면은 *뫼비우스의 띠*라고 불린다.

(2) 점 $t=0, \frac{\pi}{6}, \frac{\pi}{3}, \cdots, \frac{5\pi}{6}$ 과 s=0에서 표면에 대한 수직벡터 N을 구하여라. arrow3를 이용하여 이 점들에서 표면의 그래프에 수직벡터를 부착하여라. t가 2π로 접근함에 따라 수직의 극한위치는 무엇인가? 전체적으로 연속인 표면에 수직벡터들을 구성하는 것이 가능한가?

★★**15.** 원점 및 6면체 $-1 \leq x, y, z \leq 1$의 8개 꼭지점에 작은 반경의 구를 가지는 결정구조의 그래프를 그려라. 각 구들을 결합을 나타내는 가느다란 선들로 연결하여라.

★★**16.** 손잡이가 달린 문을 그래프로 나타내어라.

★★**17.** 볼트의 그래프를 그려라. 볼트의 나사산은 몇 개의 나선형으로 그릴 수 있다. 나사산의 안쪽 볼트의 작은 반경부분은 r=1이어야 하며 큰 반경은 r=1.1이어야 한다. 나사산의 피치는 나선형이 수평과 이루는 각도이다. 이 피치를 10도로 하여라.

7
방정식의 풀이

이 장에서 사용되는 미리 작성된 m-파일들

```
newton2
```

이 장에서는 다음과 같이 미지수가 두 개인 두 방정식 시스템의 풀이를 주로 다루고 있다:

$$\begin{aligned} f(x,y) &= 0 \\ g(x,y) &= 0 \end{aligned} \qquad (7.1)$$

첫 번째 절에서는 1.6 절에서 보았던 기호 solve 명령어를 이용하여 위와 같은 형태의 시스템을 푸는 방법을 보이고 있다. 다음에 하나의 방정식 $f(x,y)=0$과 시스템 (7.1)을 풀기 위한 수치적 방법을 다루고 있다. 수치적 방법은 함수의 기울기 평면 근사와 접선의 매우 중요한 응용을 제공하여 준다.

7.1 기호적 풀이

보기를 들어 기호 풀이기의 사용방법을 예시해 보기로 한다.

보기 7.1

$f(x,y) = y - 4x^2 + 3$ 및 $g(x,y) = \dfrac{x^2}{4} + y^2 - 1$이라고 하자. 수준곡선 $f(x,y) = 0$ 및 $g(x,y) = 0$의 그래프는 그림 7.1에 나타나 있다. 수준곡선 $f(x,y) = 0$가 수준곡선 $g(x,y) = 0$와 교차하는 점 A, B, C, D에서 시스템 (7.1)은 4개의 해를 가짐을 알 수 있다.

x와 y의 기호함수 f와 g를 정의한 다음 두 인수를 갖는 solve 명령어를 적용한다. 명령어는 우리가 식 (7.1)을 풀고자 하는 것으로 간주한다.

```
syms x y
f = y - 4*x^2 + 3;
g = 0.25*x^2 + y^2 - 1;
[a b] = solve(f,g);
[a b]
```

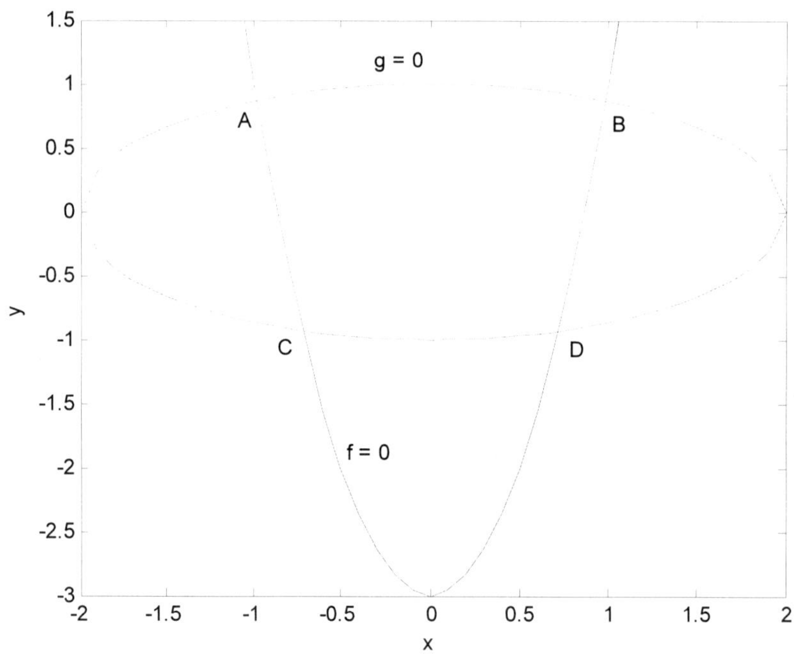

그림 7.1 $f(x,y) = y - 4x^2 + 3$ 및 $g(x,y) = \dfrac{x^2}{4} + y^2 - 1$의 0 수준곡선.

```
ans =
[ -1/16*(190+14*17^(1/2))^(1/2),    -1/32+7/32*17^(1/2)]
[  1/16*(190+14*17^(1/2))^(1/2),    -1/32+7/32*17^(1/2)]
[ -1/16*(190-14*17^(1/2))^(1/2),    -1/32-7/32*17^(1/2)]
[  1/16*(190-14*17^(1/2))^(1/2),    -1/32-7/32*17^(1/2)]

double([a b])
ans =
   -0.9837    0.8707
    0.9837    0.8707
   -0.7188   -0.9332
    0.7188   -0.9332
```

기호 풀이기가 "막힌다면" 적어도 하나의 해를 수치적으로 찾으려고 시도한다.

보기 7.2

$f(x,y)=y-\sin(x)$ 및 $g(x,y)=y-x^2+1$을 고려하여 보자. 0 수준곡선들은 그림 7.2에 보인 바와 같다. (x,y)=(−0.5,−0.5) 및 (x,y)=(1.5,1) 근처에 해가 존재함을 알 수 있다.

```
syms x y
f = y - sin(x);
g = y - x^2 + 1;
[a b] = solve(f,g);
[a b]

ans =
[ 1.4096240040025962492355939705895,
        .98703983266031148648572656479133]
```

방정식 풀이기는 하나의 해만을 수치적으로 찾고 있다. 어느 근이 발견될 것인지에 대해서는 마음대로 할 수가 없다. 따라서 식 (7.1)과 같은 시스템을 풀기 위해 어떻게 수치적 방법들을 이용할 것인가에 대하여 이해하는 것이 중요하다.

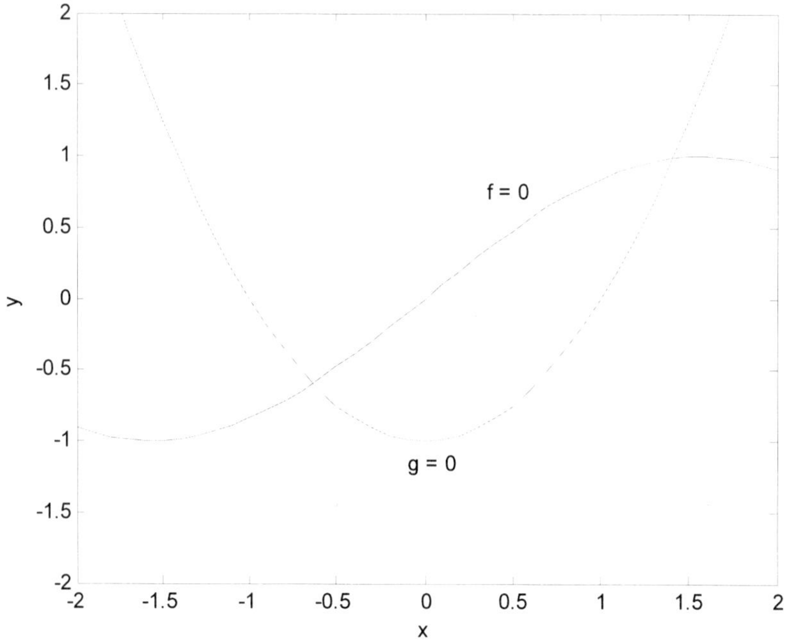

그림 7.2 $f(x,y)=y-\sin(x)$ 및 $g(x,y)=y-x^2+1$의 0 수준곡선.

7.2 1차원에서의 수치적 풀이

방정식

$$f(x)=0 \tag{7.2}$$

의 풀이에 가장 잘 알려진 알고리듬은 Newton 방법으로서 모든 미적분학 책에서 다루어지고 있다. 반복과정의 공식은 다음과 같음을 상기하자:

$$x_{n+1}=x_n-\frac{f(x_n)}{f'(x_n)} \tag{7.3}$$

만일 근 x_*가 *단순근*($f'(x_*)\neq 0$)이면 좋은 초기값 x_1이 주어지는 경우 Newton 방법은 빠르게 수렴한다. 초기값이 좋지 않다면 이 방법은 엉뚱한 값으로 수렴하거나 수렴이 안되기도

한다.

Newton 방법은 $f'(x_*)=0$일 때의 $f(x)=0$의 근 x_*를 구하는 데에도 이용될 수 있지만 수렴은 매우 느리다.

다음은 Newton 방법을 실행하는 간단한 스크립트 m-파일이다. 여기엔 추가로 함수와 미분을 정의하는 m-파일 f.m 및 df.m을 작성할 필요가 있을 것이다. 이를 실행할 때 입력은 초기값 x_1과 반복계산 횟수이다.

```
xstart = input('시작값: ');
N = input('원하는 반복계산 횟수: ');
x = zeros(N,1);
x(1) = xstart;
for n = 1:N-1
   x(n+1) = x(n) - f(x(n))/df(x(n));
end
[x, f(x)]
```

이 코드는 모든 반복항 x_n과 함수값 $f(x_n)$을 보여준다.

근사값 x_n이 실제 근에 얼마나 근접하는지를 아는 것이 매우 중요하다. 정확한 근 x_*를 모르기 때문에 (이를 안다면 근 구하는 도구가 필요없을 것이다) 계산된 값들만을 이용하여 오차 $x_n - x_*$를 추정할 수 있어야 한다. x_*가 $f(x)=0$의 단순근이면 다음과 같은 실제적인 추정(오차 한계는 아니다)이 가능함을 보일 수 있다:

$$|x_n - x_*| \approx |x_n - x_{n-1}|$$

따라서 근사해가 실제 근의 10^{-4} 이내에 존재하기를 바란다면 $|x_N - x_{N-1}| \le 10^{-4}$가 되도록 N을 충분히 크게 선택해야 하며 x_N을 근의 추정값으로 한다. 후에 제 13장에서 while 문을 이용하여 이러한 반복횟수의 선택을 어떻게 코드에 조합시키는지를 알게 될 것이다.

보기 7.3

$f(x)=\sin(x)-\dfrac{x}{2}$라고 하자. 그림 7.3으로부터 근 x=0 이외에 $x=\pm 2$ 근처에도 근들이 있음을 알 수 있다. 초기값을 $x_1 = 1.2$로 하면 Newton 방법은 x=2 근처의 근으로 빠르게 수렴한다.

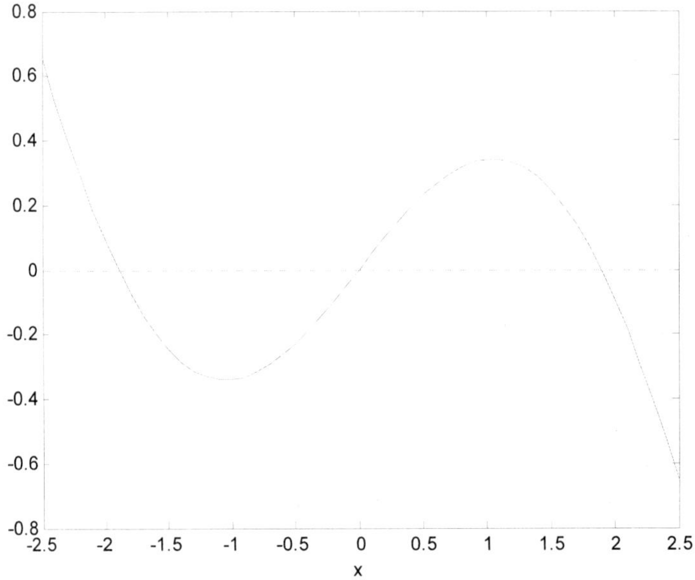

그림 7.3 $f(x) = \sin(x) - \frac{x}{2}$의 그래프.

iterates	x	f(x)
1	1.20000000000000	0.33203908596723
2	3.61233412536092	-2.25971429622269
3	1.98808029480705	-0.07984708586772
4	1.89987865948990	-0.00360002090311
5	1.89550532205812	-0.00000905437169
6	1.89549426710469	-0.00000000005791

그러나 $x_1 = 1.1$의 초기값으로 시작한다면 Newton 방법은 수렴하지 않는다. 처음 10번째 반복과정은 다음과 같다.

iterates	x	f(x)
1	1.100000000000000e+000	3.412073600614354e-001
2	8.452992261502580e+000	-3.400602278156211e+000
3	5.256413636974667e+000	-3.483839338116880e+000
4	2.033841837189821e+002	-1.009613972985520e+002
5	1.180193307234053e+002	-5.998777828922854e+001
6	-8.747086925902863e+001	4.420934397140371e+001
7	-2.036358878287388e+002	1.012803047599611e+002

```
         8       -1.282322344545775e+002    6.357390784318901e+001
         9       -8.079763601602076e+001    4.117195535215303e+001
        10       -3.875048303996056e+002    1.946385486049185e+002
```

근의 첫 번째 추정값 $x_1 = 1.1$은 함수의 최대값에 너무 근접해 있다. $x_1 = 1.1$에서 그래프에 대한 접선은 수평에 매우 가까우며 근의 오른쪽 멀리에서 x 축과 교차할 것이다.

근 탐색기 fzero

MATLAB®의 수치근 탐색기 fzero는 2.3 절에서 언급된 바 있다. 이는 Newton 방법만큼 아주 빠르지는 않지만 매우 신뢰할 수 있는 방법들의 조합으로 구성된다. fzero는 f의 부호가 변하는 f(x)=0의 근을 구하는 데에만 사용할 수 있다. fzero는 두 가지 방법으로 사용할 수 있다. 첫 번째 방법은 원하는 근에 매우 가깝다고 생각되는 하나의 시작값 x_0를 이용한다. 원하는 근이 함수의 특이점에 매우 가까이 위치한다면 수렴에 이르지 못할 수도 있다. 호출은 fzero(f,x0)와 같이 한다.

fzero를 이용하는 보다 나은 두 번째 방법에서는 f의 부호가 변하는 곳을 대괄호로 묶는다. 보기 7.3의 f의 그래프를 보면 x=2 근처의 근을 구하기 위해서는 [1, 3]을 선택할 수 있음을 알 수 있다.

```
>> f = inline('sin(x) - 0.5*x');
>> root = fzero(f,[1 3])
root =
   1.89549426703398
```

fzero는 $|x_n - x_*| \le 2 \times 10^{-16}$을 만족하는 추정이 이루어질 때까지 반복계산을 계속한다. 이 값은 기본적인 오차 허용한계이다. 사용하는 MATLAB의 버전에 따라 다른 인수를 추가함으로써 다른 허용한계를 요구할 수 있다. fzero에 대한 온라인 도움말을 참조한다.

7.3 2변수 단일 방정식의 풀이

하나의 방정식 $f(x,y) = 0$은 기호 풀이기를 이용하여 때로는 y에 대하여 x의 함수로 풀 수 있다. 예를 들면

```
>> syms x y
>> f = x - exp(x*y);
>> solve(f,y)
ans =
log(x)/x
```

방정식을 기호적으로 풀 수 없다면 수치근사를 수행할 수 있다. $f(x_0,y_0)=0$인 점 (x_0,y_0)가 주어져 있으며 $f_y(x_0,y_0)\neq 0$이라고 하자. 그러면 함축적 함수이론에 따라 x_0와 가까운 x에 대하여 우리는 $f(x,y)=0$의 유일한 해 y가 존재함을 알고 있다. 이는 x_0와 가까운 x에서 $f(x,y)=0$의 수준곡선은 함수 $y=g(x)$의 그래프임을 의미한다. y 값을 x의 함수로 수치적으로 구하기 위해서는 각 x에 대하여 $y\rightarrow f(x,y)=0$의 근을 수치적으로 근사하여야 한다. 이는 Newton 방법이나 fzero와 같은 풀이기 및 for 루프를 이용하여 수행할 수 있다.

보기 7.4

$f(x,y)=\sin(x)+ye^{xy}$라고 하자. $f(0,1)=1$ 및 $f_y(0,1)=1$임을 알 수 있다. (0,1)을 지나는 수준곡선이 어떤지에 대한 개념을 얻기 위하여 contour 명령어를 사용할 수 있다. 사각형 $[-1,1]\times[0,4]$에 격자를 구성한다. 그림 7.4를 참조하자.

$x\geq -0.2$에서 y를 x로 풀 수 있어야 함을 알 수 있다. (x,y) = (0,1)에서 시작할 수 있지만 x=−0.2에서 시작하도록 프로그램하는 것이 더 쉬울 것이다. 그래프 및 약간의 실험을 해 보면 $f(-0.2,1.8)=0.0571$이므로 점 $(x_1,y_1)=(-0.2,1.8)$은 거의 곡선상에 있음을 알 수 있다. f는 m−파일 f.m으로 정의된다. 이 스크립트는 fzero를 사용하며 스텝을 0.01로 하여 $-0.2\leq x\leq 1$에서 곡선의 y 값들을 수치적으로 근사한다.

```
function z = f(y,x)
z = sin(x) + y.*exp(x.*y) - 1;
.....................................
% y를 수치적으로 추정할 x 값들을 선택
x = -0.2:0.01:1;

% y 값들을 위한 저장공간을 부여
y = zeros(size(x));

% 추측값을 이용하여 첫 번째 y값을 계산
x1 = -0.2;
y(1) = fzero(@(y) f(y,x1), 1.8);
```

```
% 나머지 y 값들의 계산을 위한 loop
for n = 2:121
    y(n) = fzero(@(y) f(y,x(n)), y(n-1));
end
plot(x,y)
```

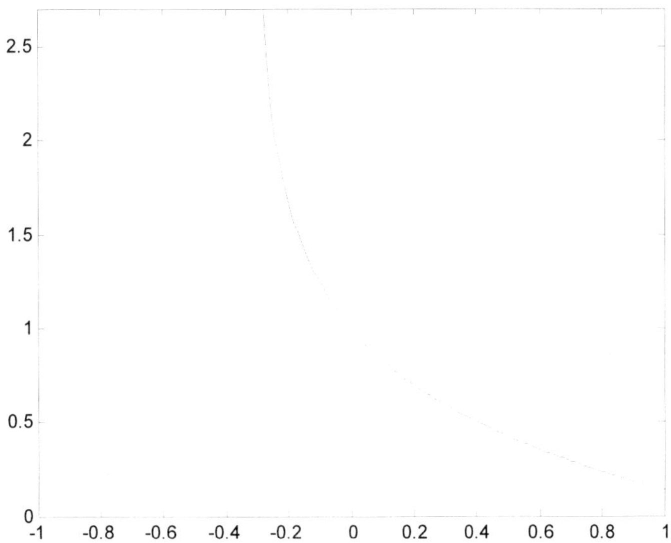

그림 7.4 $f(x,y) = \sin(x) + ye^{xy} - 1 = 0$의 수준곡선.

함수 fzero는 단일변수 함수에만 작용한다. 다른 변수들이 파라미터로 취급된다면 두 변수 이상의 함수에도 작용할 수 있다. 따라서 $f = f(x,p_1,p_2)$이 m-파일 z = f(x,p1,p2)로 주어진다면 여러분이 사용하고 있는 MATLAB의 버전에 따라 fzero에 대한 확장된 호출에서 파라미터 p_1, p_2의 값들이 f에 전달된다.

버전 5.3 이전에서는 호출은 fzero('f', y0, [], [], p1, p2)와 같다. 호출에서 빈 대괄호 [], []는 fzero에 제공될 수 있는 추가의 정보를 위한 공간을 나타낸다.

버전 5.3에서는 fzero가 "향상"되었으며 호출은 fzero('f', y0, [], p1, p2)이다. 공간표시 괄호가 한 개 뿐임을 주목하자.

두 경우 모두에서 fzero는 f의 첫 번째 인수를 "활성"인 것으로 간주하며 이후의 인수들을 파라미터로 간주한다. 이 때문에 우리의 함수 m-파일 f.m에서 변수의 순서를 반대로 하여 z = f(y,x)로 쓴 것이다.

마지막으로 대괄호 대신 하나의 시작값만을 필요로 하는 fzero 옵션을 이용한 것을 주목하자. 첫 번째 y_1 값을 구한 후에는 루프로 들어가서 이전에 구한 y 값을 다음 y에 대한 첫 번째 추측값으로 사용하였다.

7.4 2차원 Newton 방법

2차원에서의 Newton 방법은 1차원에서와 동일한 방식으로 유도된다. 1차원에서는 점 x_1으로 시작하여 접선 $l(x) \equiv f(x_1) + f'(x_1)(x - x_1)$을 이용하여 함수 f를 근사한다. 다음에 식 $l(x) = 0$의 근 x_2를 해에 대한 보다 나은 근사로 취한다. 식 $l(x_2) = 0$은 다음과 같이 쓸 수 있다:

$$f'(x_1)x_2 = f'(x_1)x_1 - f(x_1) \tag{7.4}$$

대개 이 식을 $f'(x_1)$으로 나누어 식 (7.3)을 얻는다.

이제 한 쌍의 식 (7.1)을 가지고 있는 경우 유사한 선형 근사를 수행한다. 근에 대한 첫 번째 근사 $p_1 = (x_1, y_1)$로 시작한다. 다음에 $(p_1, f(p_1))$에서 f의 그래프에 접하는 평면에 의하여 f를 근사한다. 식 (5.8)에서 본 바와 같이 이 근사는 다음과 같이 주어진다:

$$l_f(x,y) \equiv f(p_1) + f_x(p_1)(x - x_1) + f_y(p_1)(y - y_1)$$

마찬가지로 $(p_1, g(p_1))$에서 g의 그래프에 대한 기울기 평면 근사는

$$l_g(x,y) \equiv g(p_1) + g_x(p_1)(x - x_1) + g_y(p_1)(y - y_1)$$

로 주어진다. 시스템 (7.1)을 선형화된 시스템

$$\begin{aligned} l_f(x,y) &= 0 \\ l_g(x,y) &= 0 \end{aligned} \tag{7.5}$$

로 대체한다.

이 식들의 항들은 식 (7.4)를 얻을 때와 동일한 방법으로 약간 재배열시킬 수 있다:

$$\begin{aligned} f_x(p_1)x + f_y(p_1)y &= f_x(p_1)x + f_y(p_1)y_1 - f(p_1) \\ g_x(p_1)x + g_y(p_1)y &= g_x(p_1)x + g_y(p_1)y_1 - g(p_1) \end{aligned} \tag{7.6}$$

위의 선형 시스템을 $p_2 = (x_2, y_2)$에 대하여 풀어야 한다. 이 시스템은 (x,y) 평면에서 두 직선의 식으로 생각할 수 있으며 이들 두 직선의 교점 p_2를 찾는 셈이 된다.

시스템 (7.6)은 식 (7.4)와 더욱 비슷한 좀 더 간명한 형태로 쓸 수 있다. F(x,y)가 한 쌍의 함수 f, g를 나타낸다고 하면

$$F(x,y) = (f(x,y), g(x,y))$$

나아가 $J(p_1)$이 다음과 같이 편미분의 2×2 행렬이라고 하자:

$$J(p_1) = \begin{bmatrix} f_x(p_1) & f_y(p_1) \\ g_x(p_1) & g_y(p_1) \end{bmatrix}$$

J는 점 p_1에서 F의 Jacobian 행렬이라고 불린다. J의 첫 번째 행은 기울기 벡터 $\nabla f(p_1)$이며 두 번째 행은 $\nabla g(p_1)$이다. $p = (x,y)$와 $F(p) = (f(p), g(p))$를 열벡터로 쓰면 시스템 (7.6)을 다음과 같이 나타낼 수 있다:

$$J(p_1)p = J(p_1)p_1 - F(p_1)$$

이는 식 (7.4)와 유사하다. 이 시스템의 해는 $p_2 = (x_2, y_2)$이다. 아마도 이는 원래 시스템 (7.1)의 해에 대한 보다 나은 근사가 될 것이다. 따라서 2차원에서 Newton 방법에 대한 반복법은

$$J(p_n)p_{n+1} = J(p_n)p_n - F(p_n) \tag{7.7}$$

이 된다. 계산에 있어서는 이를 다음과 같이 구분한다:

1) 방정식들의 선형 시스템 $J(p_n)s = -F(p_n)$을 푼다. s는 Newton 스텝이라고 불린다.

2) 다음 반복항 $p_{n+1} = p_n + s$를 계산한다.

1차원에서의 Newton 방법에서는 좋은 시작값을 선택하는 것이 매우 중요하였음을 상기하자. 이는 2차원에서는 더욱 그러하다. 언제나 f와 g의 0 곡선들의 수준 맵을 작성하여 근들의 근사적인 위치를 얻어야 한다.

보기 7.5

보기 7.2에서 고려하였던 시스템 $f(x,y) = y - \sin(x)$ 및 $g(x,y) = y - x^2 + 1$로 되돌아가기로 한다. 이 한 쌍의 함수에 대한 Jacobian 행렬은

$$J(x,y) = \begin{bmatrix} f_x & f_y \\ g_x & g_y \end{bmatrix} = \begin{bmatrix} -\cos(x) & 1 \\ -2x & 1 \end{bmatrix}$$

과 같다.

다음은 이 함수들에 대하여 Newton 방법을 수행하는 스크립트이다. 이 스크립트는 7.2절에서 논의한 Newton 방법의 스크립트와 거의 동일하다. 먼저 f(x,y), g(x,y) 및 J(x,y)들에 대한 m-파일들을 작성해야 한다. 함수 m-파일 bigj.m은 2×2 행렬을 출력으로 생성한다.

```
function z = f(y,x)
z = y - sin(x);

function z = g(y,x)
z = y - x.^2 + 1;

function z = bigj(y,x)
z = [-cos(x) 1; -2*x 1];
..............................................
p = input('시작값 p1 = [x1; y1]을 입력: ');
N = input('최대 반복계산 횟수: ');
x = p(1); y = p(2);
disp('  iterate    x    y    f(x,y)     g(x,y)')
[1, x, y, f(x,y), g(x,y)]
for n = 2:N
    s = -bigj(x,y)\[f(x,y); g(x,y)];
    p = p + s;
```

```
        x = p(1); y = p(2);
        [n, x, y, f(x,y), g(x,y) ]
    end
```

p에 대한 입력은 원소들이 세미콜론으로 구분된다. 이는 p를 2×1 열벡터로 만들어 준다. 마찬가지로 로프의 첫 번째 줄에서 세미콜론을 이용하여 [f(x,y); g(x,y)]로 씀으로써 이를 열벡터로 만들고 있다.

이 프로그램은 반복항들의 값을 저장하지 않는다. 입력문은 시작값 $p_1 = (x_1, y_1)$을 저장공간 p에 넣는다. 처음으로 루프에 들어가면 p = [x1;y1]들이 루프의 첫 번째 줄의 우변에서 사용된다. 이 계산의 결과는 두 번째 반복항 $p_2 = (x_2, y_2)$가 되며 동일한 메모리 공간 p에 저장되어 이전에 있던 값들을 덮어쓴다. 결과들이 프린트되고 루프는 계속된다. 매번 가장 최근의 반복항 p_n이 공간 p에 저장되어 이전의 반복항 p_{n-1}을 덮어쓴다.

s = −bigj(x,y)\[f(x,y);g(x,y)]는 1.4 절의 선형 풀이 명령어 x = A\b를 이용하여 시스템 $J(p_n)s = -F(p_n)$을 푼다. 정확성과 안정성으로 인하여 대개 선형 시스템을 A\b로 푸는 것이 더 좋다.

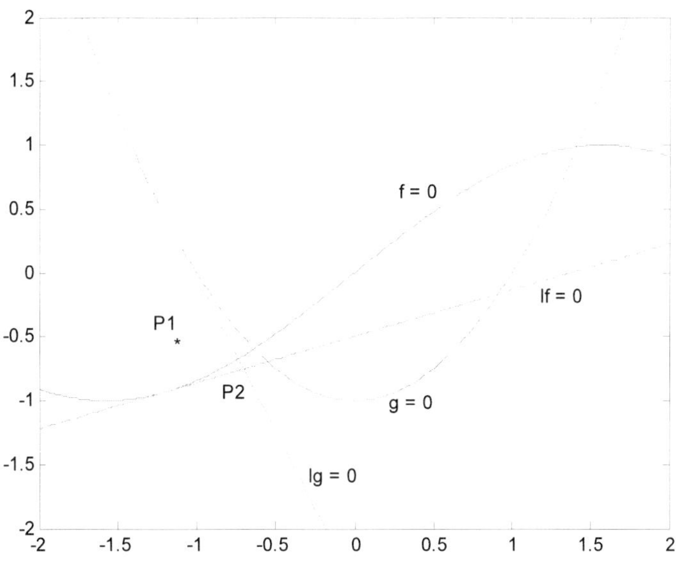

그림 7.5 $f(x,y) = y - \sin(x)$ 및 $g(x,y) = y - x^2 + 1$의 0 수준곡선. $p_1 = (-1.2, -0.5)$에 대한 $l_f(x,y)$ 및 $l_g(x,y)$의 0 수준곡선. p_2에서의 교점은 다음 Newton 반복항이다.

m-파일 newton2

스크립트 m-파일 newton2는 사실상 앞 절에서 쓰여진 스크립트이다. 사용자는 m-파일 f.m, g.m, 그리고 bigj.m을 제공하여야 한다. 이 스크립트는 각 반복과정의 위치를 도시하고 멈춘 다음 사용자가 ENTER 키를 누를 때까지 기다린다. 이는 5회의 반복과정까지 수행할 수 있다. 물론 이 스크립트는 제 13장에서 보인 바와 같이 루프 및 요구되는 허용한계를 이용하여 수정될 수 있다.

1차원의 경우와 마찬가지로 근사해가 실제 근에 얼마나 가까운지 아는 것이 중요하다. 만일 $p_* = (x_*, y_*)$가 실제 근이고 $p_n = (x_n, y_n)$이라면 다음과 같은 추정치를 얻는다:

$$|x_n - x_*| + |y_n - y_*| \approx |x_n - x_{n-1}| + |y_n - y_{n-1}|$$

연습문제

1. $f(x,y) = y - 3x(x-1)(x+1)$ 및 $g(x,y) = \frac{x^2}{4} + y^2 - 1$ 이라고 하자.

(1) f에 대한 m−파일 f.m과 g에 대한 m−파일 g.m을 작성하여라.

(2) 정사각형 $[-2,2] \times [-2,2]$ 상에 격자 [X,Y]를 구성하여라. 다음 명령어를 이용하여 f와 g의 0 수준곡선을 그려라:

```
contour(X,Y,f(X,Y),[0 0])
hold on
contour(X,Y,g(X,Y),[0 0],'r')
```

근의 수를 구하고 그래프로부터 근들의 위치를 추정하여라.

(3) 기호 표현 ff = y − 3*x*(x−1)*(x+1) 및 gg = 0.25*x^2 + y^2 − 1을 정의하고 보기 7.1에서와 같이 기호 풀이기를 적용하여라. 기호 풀이기로부터 모든 근을 얻을 수 있는가? 이들은 기호로 표시되는 답인가, 혹은 수치값들인가?

2. $f(x,y) = y - 2\sin(2x)$라고 하자. 연습문제 1에서와 동일한 g를 사용하여 연습문제 1의 (1), (2), (3)을 반복하여라.

3. $f(x,y) = \arctan(x+y) - xy$라고 하자. arctan에 대한 MATLAB 함수는 atan(x)이다. f(0,0) = 0 임을 보여라.

(1) 정사각형 $[-1,1] \times [-1,1]$상에 격자를 구성하여라. 명령어 contour(X,T,f(X,Y),[0 0])을 이용하여 이 정사각형에서 0 수준곡선을 그려라. 이 곡선은 함수 y = g(x)의 그래프인가? $f_y(0,0)$은 얼마인가?

(2) 보기 7.4를 따라 $-1 \le x \le 0.5$에서 g(x) 값을 계산하고 얻은 값들의 그래프를 그려라.

★4. 다음과 같은 시스템을 고려하여 보자:

$$f(x,y) = \arctan(x+y) - xy = 0, \quad g(x,y) = y^2 - x = 0$$

(1) f와 g에 대한 m−파일 f.m과 g.m을 작성하여라.

(2) 이 한 쌍의 식은 3개의 근을 갖는다. 영역 $-2 \le x, y \le 2$에서 f와 g의 0 수준곡

선들을 그려서 근들의 위치를 추정하여라.

(3) 보기 7.5에서와 같이 Jacobian 행렬 J에 대한 m-파일 bigj.m을 작성한 다음 newton2.m을 이용하여 각 근들에 대한 보다 나은 결과들을 얻도록 하여라.

★5. 다음과 같은 시스템의 근을 구하고자 한다:

$$f(x,y) = x^2 + 4xy - 4y^2 - 0.1 = 0$$
$$g(x,y) = 4\cos x + 2\sin y - 5y = 0$$

(1) 정사각형 $-3 \le x,y \le 3$에서 f와 g의 0 수준곡선들을 그려라. 근들의 위치에 대한 첫 번째 추정값을 구하여라.

(2) m-파일 newton2를 이용하여 근을 구하여라.

★★6. 연속교반탱크 반응기는 화학물질들의 혼합물이 흐르는 용기이다. 용기 내에서는 반응이 일어난다. 용기의 부피를 V, 유량을 Q라고 하자. 세 가지 물질 A, B, C 사이의 다음과 같은 반응을 고려하기로 한다:

$$A \to 2B, \text{ 반응속도 } r_1$$
$$B \to A + C, \text{ 반응속도 } r_2$$
$$C \to A, \text{ 반응속도 } r_3$$

화학물질 A의 유입농도를 A_0라고 하자. A를 물질 A의 농도(gmol/liter)라 하고 B와 C 역시 각 해당물질의 농도라고 하자. 반응공정에 대한 미분방정식들은 다음과 같다:

$$V\frac{dA}{dt} = Q(A_0 - A) - r_1 + r_2$$
$$V\frac{dB}{dt} = -QB + 2r_1 - r_2$$
$$V\frac{dC}{dt} = -QC + r_2 - r_3$$

이 반응에 대한 정상상태 해가 존재한다면 농도 A, B, C는 다음을 만족해야 한다:

$$f_1(A,B,C) = Q(A_0 - A) - r_1 + r_2 = 0$$
$$f_2(A,B,C) = -QB + 2r_1 - r_2 = 0$$
$$f_3(A,B,C) = -QC + r_2 - r_3 = 0$$

반응속도는 농도에 따라 비선형적으로 좌우된다. 이제

$$r_1 = 0.1A^2, \quad r_2 = 0.04B^{3/2}, \quad r_3 = 0.06C$$

라고 가정하자. 그러면 정상상태 반응은 다음과 같은 비선형 시스템의 해에 해당될 것이다:

$$f_1(A,B,C) = Q(A_0 - A) - 0.1A^2 + 0.04B^{3/2} = 0$$
$$f_2(A,B,C) = -QB + 0.2A^2 - 0.04B^{3/2} = 0$$
$$f_3(A,B,C) = -QC + 0.04B^{3/2} - 0.06C = 0$$

Q = 50 liter/sec 및 A_0=5 gmol/liter에 대하여 이 시스템을 풀어라.

(1) 미지수가 3개인 3개 방정식 시스템을 풀도록 파일 newton2.m을 수정하고 이를 newton3.m으로 이름붙여라.

(2) B=C=0으로 가정하고 해에 대한 첫 번째 추정을 수행하여 첫 번째 방정식을 푸는 A 값을 구하여라. 다음에 newton3.m을 이용하여 이 시스템을 풀어라.

★★7. 시스템 (7.1)과 같은 방정식 시스템에 파라미터가 존재한다면 해의 성질은 파라미터의 값에 따라 좌우될 수 있다. 다음 시스템을 고려하여 보자:

$$f(x,y) = \frac{(y-x)^2}{4} - \frac{x+y}{2} + 1 = 0$$
$$g(x,y) = y + \lambda(x-2)^3 = 0$$

(1) 명령어 contour를 사용하여 사각형 $\{0 \le x \le 3,\ -0.5 \le y \le 2\}$에서 여러 가지 λ값들에 대한 수준곡선 f=0과 g=0을 나타내어라. $\lambda < \lambda_*$이면 해가 없고 $\lambda = \lambda_*$이면 하나의 해가 존재하며 $\lambda > \lambda_*$이면 두 개의 해가 존재하는 λ의 임계값 λ_*가 존재함을 보여라.

(2) λ=2이면 시스템은 두 개의 근을 갖는다. newton2를 이용하거나 기호 풀이기를 사용하여 이들 각각을 구하여라.

(3) $\lambda = \lambda_*$에 해당하는 시스템의 단일근과 임계값 λ_*를 구하여라. 다음 데이터를 이용한다. (1)의 그래프로부터 $\lambda = \lambda_*$이면 수준곡선 $C_1 = \{(x,y):\ f(x,y) = 0\}$과 $C_2 = \{(x.y):\ g(x,y,\lambda_*) = 0\}$는 근 (x_*, y_*)에 접함을 알 수 있다. C_1을 $y_1(x)$의 그래프라고 하고 C_2를 $y_2(x)$의 그래프라고 하자. 함축적 미분으로부터

$$-\frac{f_x(x_*,y_*)}{f_y(x_*,y_*)} = \frac{dy_1}{dx}(x_*) = \frac{dy_2}{dx}(x_*) = -\frac{g_x(x_*,y_*,\lambda_*)}{g_y(x_*,y_*,\lambda_*)}$$

을 얻는다. 위에서

$$f_x(x,y)g_y(x,y,\lambda) - f_y(x,y)g_x(x,y,\lambda)|_{(x_*,y_*,\lambda_*)} = 0$$

따라서 (x_*, y_*, λ_*)는 다음 3개 방정식들의 해이다:

$$f = 0, \quad g = 0, \quad f_x g_y - f_y g_x = 0$$

3차원 Newton 코드나 기호 풀이기를 이용하여 이 시스템을 풀어라.

★★8. 질량 m인 추가 점 (−1,0)과 (1,0)에 부착된 두 개의 스프링에 매달려 있다고 가정하자. 이 질량의 위치의 (x,y) 좌표는 무엇인가? 이에 대한 상황은 그림 7.6에 보인 바와 같다.

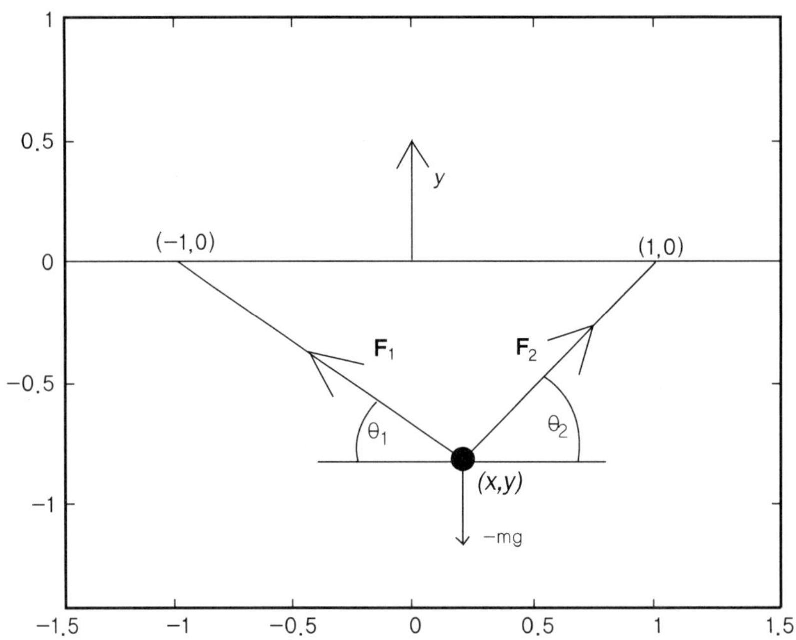

그림 7.6 중력과 스프링의 복원력에 의하여 스프링에 매달려있는 질량 m인 추.

선형 스프링 법칙을 가정한다. 이에 따르면 복원력의 크기는 늘여진 스프링의 양에 비례한다. 좀 더 정확히 하자면 왼쪽 스프링은 늘어나지 않았을 때 길이가 l_1이며 스프링 상수는 k_1이고 오른쪽 스프링은 늘어나지 않았을 때의 길이가 l_2이며 스프링

상수는 k_2이다. 이러한 가정 하에서 왼쪽 스프링에 의하여 가해진 힘의 크기는 길이가 $d_1 > l_1$만큼 늘어난 경우

$$\| F_1 \| = k_1(d_1 - l_1)$$

이다. 마찬가지로

$$\| F_2 \| = k_2(d_2 - l_2)$$

힘 F_1, F_2는 각각

$$F_1 = \| F_1 \| (-\cos(\theta_1),\ \sin(\theta_1))$$

및

$$F_2 = \| F_2 \| (\cos(\theta_2),\ \sin(\theta_2))$$

로 주어진다. 위에서

$$\cos(\theta_1) = \frac{x+1}{d_1}, \quad \sin(\theta_1) = -\frac{y}{d_1}, \quad d_1 = \sqrt{(x+1)^2 + y^2}$$

그리고

$$\cos(\theta_2) = \frac{1-x}{d_2}, \quad \sin(\theta_2) = -\frac{y}{d_2}, \quad d_2 = \sqrt{(x-1)^2 + y^2}$$

이다.

평형에서 추에 작용하는 힘의 합은 0이다:

$$F_1 + F_2 - mg\mathrm{j} = 0$$

x, y 성분들을 따로 쓰면 다음과 같다:

$$\begin{aligned} 0 &= F_{1,x} + F_{2,x} = -k_1(1+x)(1-l_1/d_1) + k_2(1-x)(1-l_2/d_2) \\ mg &= F_{1,y} + F_{2,y} = -k_1 y(1-l_1/d_1) - k_2 y(1-l_2/d_2) \end{aligned}$$

(1) $l_1 = l_2 = l$, $k_1 = k_2 = k$이면 x = 0 이며 따라서 $d_1 = d_2 = \sqrt{1+y^2}$ 임을 보여라. 이 경우 시스템은 두 번째 식으로 줄어들며 따라서 y만의 식이 된다. $k = l = 1$, $g = 9.8$로 둔다. 질량 m을 입력으로 취하고 y를 수치적으로 계산하는 m-파일을

작성하여라. 이 좌표 시스템에서 y<0임을 유의해야 한다.

(2) (1)의 m-파일을 다시 수정하여 각각의 $m=1,2,3,\cdots,50$에 대하여 근 y를 구하고 m에 대한 y 값의 그래프를 그리도록 하여라. 이 그래프는 선형함수 $y=c_1m+c_2$에 의하여 잘 근사될 수 있다. c_1과 c_2를 어떻게 정하면 최선의 선형 근사가 얻어지는가? y에 대한 식을 조사하여 c_1에 대한 최선의 선택을 설명하여라.

(3) 간단히 하기 위해 $k_1=l_1=1$, $m=1$, $g=9.8$로 둔다. k_2와 l_2에 대한 값을 취하는 입력문과 수치 풀이기 newton2를 이용하여 시스템을 푸는 m-파일을 작성하여라. 이 m-파일은 그림 7.6에 보인 바와 같이 추의 위치를 그래프로 나타내 주어야 한다.

8

최적화

이 장에서 사용되는 미리 작성된 m-파일들

```
findcrit   lagrange   impl
```

8.1 임계점과 2차미분 테스트

함수 $f(x,y)$에 대한 임계점은 f가 미분 가능한 영역 내의 $f_x(x_0,y_0)=0$ 및 $f_y(x_0,y_0)=0$인 점이다. 이는 기하학적으로 점 $(x_0,y_0,f(x_0,y_0))$에서 f의 그래프에 대한 접선평면이 x, y 평면("수평")과 평행함을 의미한다. f에 대한 임계점은 국부적 최대, 국부적 최소, 혹은 그 어느 것도 아닐 수도 있다. 그림 8.1은 두 임계점들과 여기에 부착된 접선평면들을 갖는 함수의 그래프를 보인 것이다.

f의 임계접들을 구하려면 다음 시스템을 풀어야 한다:

$$
\begin{aligned}
f_x(x,y) &= 0 \\
f_y(x,y) &= 0
\end{aligned}
\tag{8.1}
$$

이 식들의 해는 (해가 많을 수 있다) 때로는 기호 풀이기를 이용하여, 때로는 수치 풀이기를 이용하여 구할 수 있다. 이 장의 후반부에서 이 주제를 다룰 것이다.

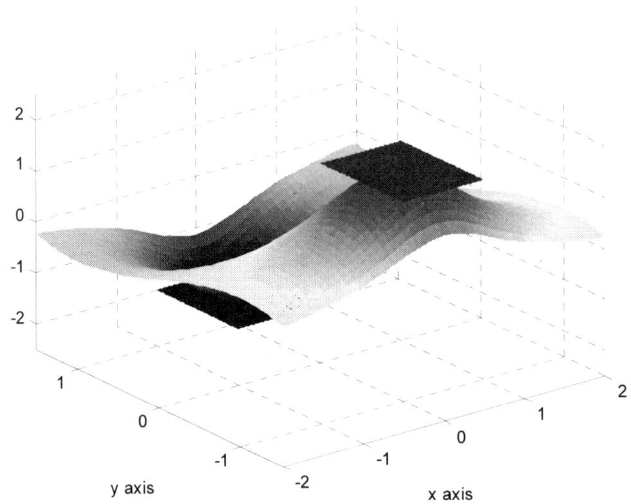

그림 8.1 임계점 (0,−1)과 (0,1)에서 수평 접선평면들을 갖는 $f(x,y)=\dfrac{y^3-3y}{1+x^2}$의 그래프.

f의 1차 미분들은 (x_0,y_0)에서 0이므로 임계점 부근에서 f의 거동을 보려면 보다 고차의 미분을 살펴보아야 한다. 수준곡선들 역시 유용한 정보를 제공하여 줄 수 있다.

단일변수 함수의 2차미분 테스트에 따르면 $f'(x_0)=0$이고 $f''(x_0)>0$이면 x_0는 f에 대한 국부적 최소점이 됨을 상기하자. 만일 $f''(x_0)<0$이라면 x_0는 f에 대한 국부적 최대점이 된다.

이 개념을 어떻게 고차의 차원으로 확장할 수 있을 것인가? 직관적으로 만일 $f(x,y)$가 점 (x_0,y_0)에서 국부적 최소값을 갖는다면 f의 그래프와 임의의 수직 평면

$$a(x-x_0)+b(y-y_0)=0$$

과의 교차는 점 (x_0,y_0) 부근에서 위로 오목한 곡선이어야 한다. 그림 8.2를 참조하자. 만일 (x_0,y_0)가 최대점이라면 교차곡선이 (x_0,y_0) 근처에서 아래로 오목해야 할 것으로 기대할 것이다.

2변수 함수에 대한 2차미분 테스트는 이러한 종류의 거동에 대한 충분조건이다. 이는 아울러 국부적 최대나 최소점 근처에서의 함수의 수준곡선들에 대한 정보를 제공하여 준다. *판별자* D를

$$D(x,y)=f_{xx}(x,y)f_{yy}(x,y)-f_{xy}^2(x,y) \tag{8.2}$$

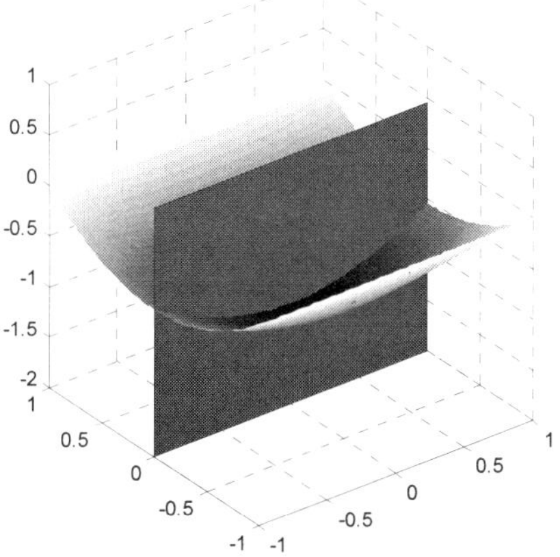

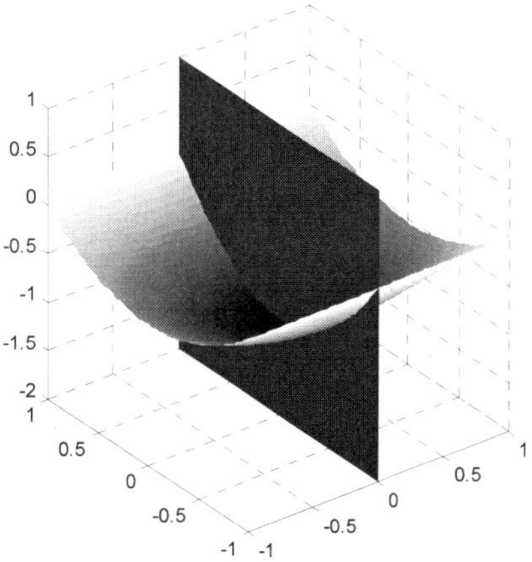

그림 8.2 임계점 $(x_0, y_0) = (0,\ 0)$에서 $f(x,y) = (y^2 - 1)\cos(x)$의 그래프를 통하는 몇 가지 단면들.

라고 정의하자. D는 다음과 같은 2차 편미분의 2×2 행렬의 행렬값이다:

$$H(x,y) = \begin{bmatrix} f_{xx}(x,y) & f_{xy}(x,y) \\ f_{yx}(x,y) & f_{yy}(x,y) \end{bmatrix} \tag{8.3}$$

H는 f의 *Hessian 행렬*로 알려져 있으며 단일변수 함수의 2차미분에 대응하는 것으로 생각할 수 있다.

2차미분 테스트

- 만일 $D(x_0, y_0) > 0$이고 $f_{xx}(x_0, y_0) > 0$이면 (x_0, y_0)는 국부적 최소점이다.
- 만일 $D(x_0, y_0) > 0$이고 $f_{xx}(x_0, y_0) < 0$이면 (x_0, y_0)는 국부적 최대점이다.
- 만일 $D(x_0, y_0) < 0$이면 (x_0, y_0)는 *등마루점*(saddle point)이다.
- 만일 $D(x_0, y_0) = 0$이면 어떤 결론을 내릴 수 없다.

2차미분 테스트가 어떻게 작용하는지를 이해하기 위하여 이를 $(x_0, y_0) = (0,\ 0)$에서 임계점을 갖는 다음과 같은 2차함수에 적용하여 보자:

$$f(x,y) = ax^2 + 2bxy + cy^2 \tag{8.4}$$

이 f에 대하여 $D(x,y) \equiv 4(ac-b^2)$이다. 이제 $D>0$이고 $2a = f_{xx}(x_0,y_0) > 0$이라고 가정하자. 그러면 해석기하로부터 f의 그래프는 (0,0)에서 최소값을 갖는 위로 열린 그릇모양임을 알 수 있다. D>0이고 a<0이면 이 그래프는 아래로 열린 그릇모양이다. 두 경우 모두 f의 수준곡선들은 중심이 (0,0)인 타원들이다.

예로서 D<0인 경우를 예시하여 보기로 한다. a=1, b=2, c=−2로 두면 D=−24이다. f의 그래프는 그림 8.3에 나타나 있으며 x, z 평면과 y, z 평면에 평행한 면들로 나뉘어져 있다. f의 수준곡선들은 그림 8.4에 보인 쌍곡선들이다.

식 (8.4)보다 더욱 일반적인 함수 f의 경우 임계점에서 f를 2차 함수로 근사한다. 점 (x_0,y_0)에서 2차원 Taylor 팽창을 이용하면

$$f(x,y) = f(x_0,y_0) + f_x(x_0,y_0)(x-x_0) + f_y(x_0,y_0)(y-y_0) + q(x,y) + E \tag{8.5}$$

위에서 $q(x,y)$는 다음과 같은 2차함수이다:

$$q(x,y) = \frac{1}{2}[f_{xx}(x_0,y_0)(x-x_0)^2 + f_{yy}(x_0,y_0)(y-y_0)^2] + 2f_{xy}(x_0,y_0)(x-x_0)(y-y_0) \tag{8.6}$$

f가 연속의 3차 편미분을 갖는다면 오차 E는

$$|E| \leq C \max|x-x_0|^3,\ |y-y_o|^3 \tag{8.7}$$

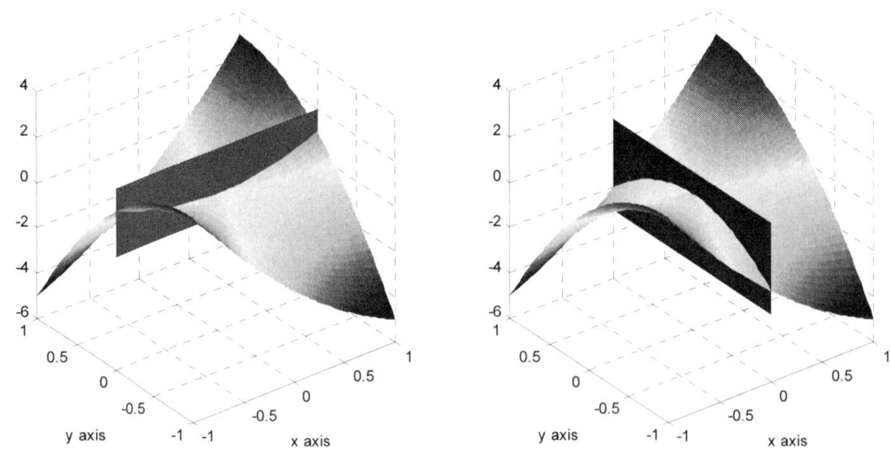

그림 8.3 등마루점 $(x_0,y_0)=(0,0)$ 부근의 $f(x,y)=x^2+4xy-2y^2$의 그래프.

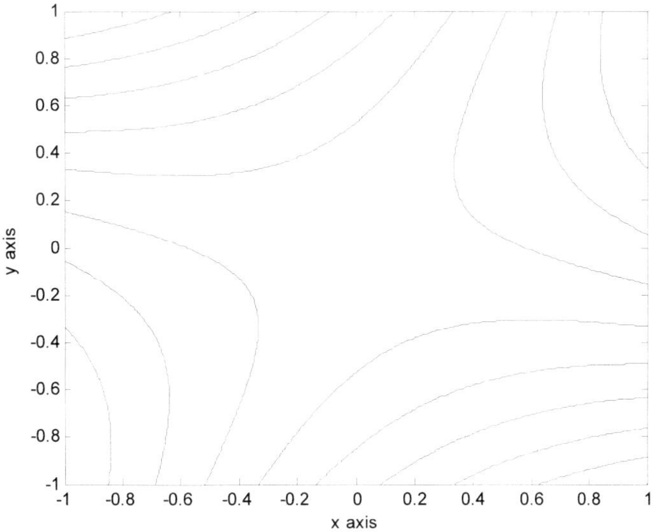

그림 8.4 등마루점 부근에서의 $f(x,y)=x^2+4xy-2y^2$의 수준곡선들.

와 같이 추정할 수 있다. 상수 C는 (x_0,y_0) 근처에서 3차미분의 거동에 따라 결정된다. 식 (8.5)의 처음 세 항들은 (x_0,y_0)에서 f에 대한 접선평면 근사가 된다. 임계점에서 $f_x(x_0,y_0)=f_y(x_0,y_0)=0$ 이므로 Taylor 팽창 (8.5)는

$$f(x,y)=f(x_0,y_0)+q(x,y)+E \tag{8.8}$$

로 된다.

$(x,y)\to(x_0,y_0)$에 따라 오차 $E\to0$ 이므로 f는 임계점 근처에서 q처럼 거동한다. 이는 (x_0,y_0)에 근접한 (x,y)에 대하여 f의 수준곡선들은 q의 수준곡선들로 근사될 수 있음을 의미한다. q는 (8.4)에서

$$2a=f_{xx}(x_0,y_0),\quad 2b=f_{xy}(x_0,y_0),\quad 2c=f_{yy}(x_0,y_0)$$

이며 x는 $x-x_0$로, y는 $y-y_0$로 대체된 형태이다. 2차미분 테스트의 처음 두 경우에서 $D(x_0,y_0)>0$이면 q의 수준곡선들은 중심이 (x_0,y_0)인 타원들이다. 이에 대한 보기들이 그림 8.5와 8.6에 나타나 있다.

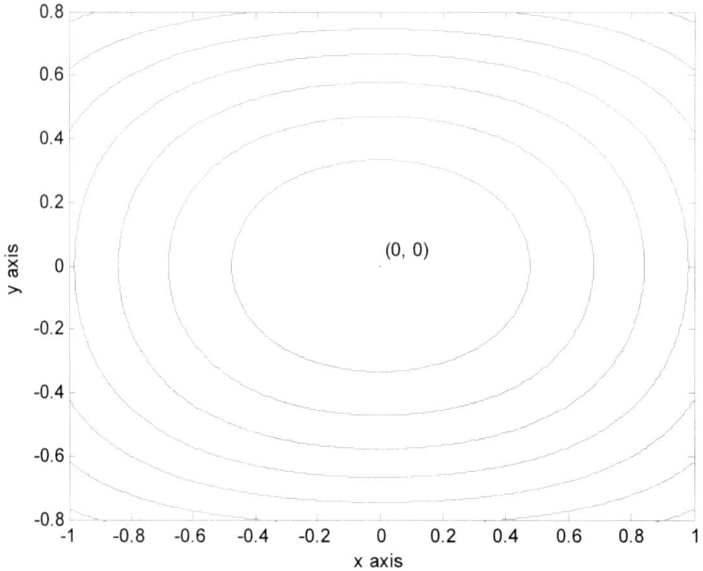

그림 8.5 최소점 $(x_0, y_0) = (0,0)$ 근처에서의 $f(x,y) = (y^2 - 1)\cos(x)$의 수준곡선들.

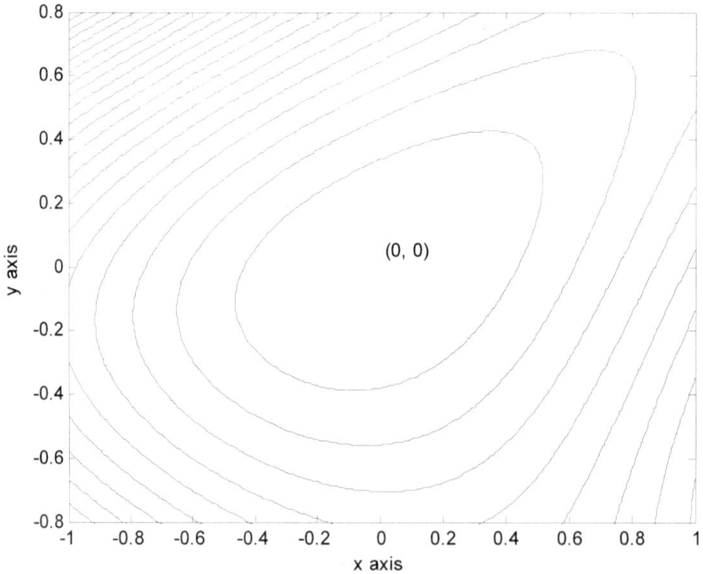

그림 8.6 최대점 $(x_0, y_0) = (0,0)$ 근처에서의 $g(x,y) = -2x^2 - 3y^2 + 2xy + 3xy^2 - y^3$의 수준곡선들.

1차원에는 해당되는 경우가 없는 세 번째 경우는 D<0인 경우이다. 이는 두 편미분 f_{xx}와 f_{yy}가 모두 0이 아니면서 부호가 서로 다르거나 혹은 (x_0, y_0)에서 $f_{xx} = f_{yy} = 0$이면서 $f_{xy} \neq 0$인 경우이다. 이 경우 임계점 근처에서의 f의 그래프는 *등마루 표면*이라고 부른다. 그림 8.3을 참조하자.

물론 D=0이어서 2차미분 테스트가 적용되지 않는 임계점이 있을 수 있다. f의 그래프와 수준곡선들은 그러한 임계점 근처에서는 다음의 보기에서 알 수 있는 바와 같이 매우 복잡하다.

보기 8.1

$f(x,y) = x^3 - 3xy^2$이라고 하자. 원점은 f에 대한 임계점이며 D(0,0)=0이다. 그림 8.7에 이 함수의 그래프와 (0,0) 근처에서의 수준곡선들을 나타내었다. 수준곡선의 경우에는 좀 더 미세한 격자를 이용하여 원점 근처에서의 수준곡선의 불규칙한 튀어오름을 피하고자 하였다.

```
f = inline('x.^3 - 3.*x.*y.^2','x','y');
% f의 그래프를 작싱
[X,Y] = meshgrid(-1:0.1:1);
subplot(1,2,1)
surf(X,Y,f(X,Y))
xlabel('x axis'), ylabel('y label'), zlabel('z axis')
% 수준곡선의 그래프를 작성
```

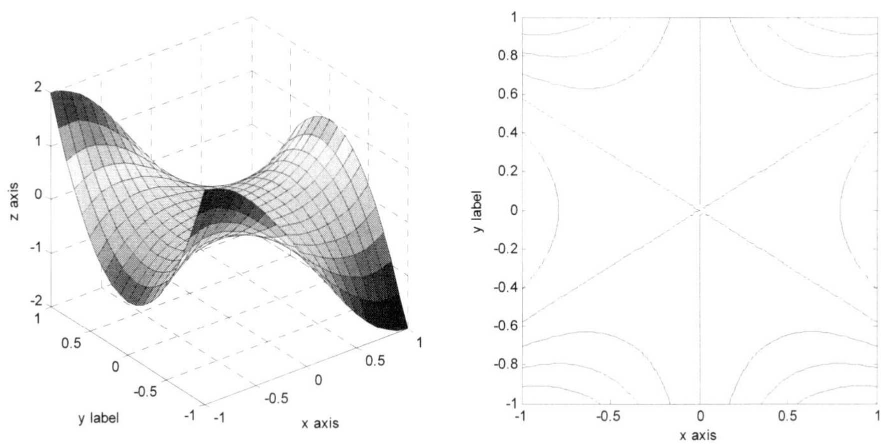

그림 8.7 (0,0) 부근에서의 $f(x,y) = x^3 - 3xy^2$의 그래프.

```
[XX,YY] = meshgrid(-1:0.025:1);
subplot(1,2,2)
contour(XX,YY,f(XX,YY),'k')
xlabel('x axis'), ylabel('y label')
```

8.2 최대값과 최소값의 계산

MATLAB®은 격자상에서 최대값과 최소값을 계산할 수 있는 매우 편리한 툴을 지니고 있다. $v=[v_1, \cdots, v_n]$이 열, 혹은 행벡터라면 max(v)는 $\max v_i$를 반환하며 min(v)는 $\min v_i$를 반환한다. 조금 더 복잡한 명령어 [V,i] = max(v)는 $\max v_i$와 최대값이 도달되는 첫 번째 지수 i를 반환한다.

보기 8.2

```
>> v = [1 2 -1 3 0 3];
>> V = max(v);
V =
     3
>> [V,i] = max(v)
V =
     3
i =
     4
```

이 툴을 이용하여 격자상에서 단일변수 함수의 최대나 최소값을 구할 수 있다. 구간 [−1,1]에서 $f(x)=x^2(1-x^2)$의 최대값을 추정해 보기로 한다:

```
>> f = inline('x.^2.*(1-x.^2)');
>> x = -1:0.02:1;
>> [M,i] = max(f(x))
M =
    0.2499
i =
    16
>> x0 = x(i)
x0 =
```

```
    -0.7000
```

위의 명령어들에 의하여 구간 [−1,1]이 아닌 격자 상에서 f의 최대값이 구해졌음을 염두에 두는 것이 중요하다. [−1,1]에서 f의 실제 최대값은 0.25로서 $x=\pm\frac{1}{\sqrt{2}}=\pm 0.707161$에서 최대가 된다.

두 변수 함수를 처리하려면 행렬들에 대하여 명령어들을 사용한다. A가 원소가 $a_{i,j}$인 행렬이라면 명령어 max(A)는 각 열에서의 최대값을 구하여 결과를 행벡터에 기록한다. 명령어를 max(max(A))와 같이 반복 사용하면 행벡터 max(A)의 최대값을 구하는 것이 된다. 따라서 max(max(A))는 원소 $a_{i,j}$ 가운데에서의 최대값이 된다. 같은 방법으로 min(min(A))는 원소 $a_{i,j}$ 가운데에서의 최소값이다. 명령어 [row, I] = max(A)는 각 열에서 가장 큰 원소와 각 열에서 최대값이 달성되는 최초의 지수 i를 반환한다. 다음에 max를 한번 더 적용하면 모든 $a_{i,j}$ 가운데에서의 최대값과 그 최대값이 달성되는 지수쌍을 구할 수 있다.

보기 8.3

```
>> A = [1 0 3; 2 1 3; -1 4 0; 0 2 1]
A =
     1     0     3
     2     1     3
    -1     4     0
     0     2     1
>> [row, I] = max(A)
row =
     2     4     3
I =
     2     3     1
>> [maxA, j] = max(row)
maxA =
     4
j =
     2
>> i = I(j)
i =
     3
```

따라서 A의 가장 큰 원소는 A(3,2)=4이다.

만일 f가 2변수 함수라면 max 명령어를 사용하여 집합 G에서 f의 최대값을 추정할 수 있다. $f(x,y)=\frac{x}{2}+e^{-x^2-y^2}$ 및 $G=\{0\leq x\leq 1\}\times\{-1/2\leq y\leq 1/2\}$라고 하자.

```
>> f = inline('0.5*x+exp(-x.^2-y.^2)','x','y');
>> x = 0:0.02:1;
>> y = -0.5:0.02:0.5;
>> [X,Y] = meshgrid(x,y);
>> [row, I] = max(f(X,Y));
>> [maxf, j] = max(row)
maxf =
    1.0646
j =
    14
>> x0 = x(j)
x0 =
    0.2600
>> y0 = y(I(j))
y0 =
     0
```

그러면 격자상의 모든 점들에 대하여 $f(x_j,x_i)\leq f(0.26,0)=1.0646$이다.

명령어 min과 max는 또한 역시 3차원 배열에도 사용될 수 있다. help min이나 help max를 참조한다.

m-파일 findcrit

m-파일 findcrit는 수준 맵과 명령어 max 및 min을 이용하여 사각형 내에서 함수의 최대값과 최소값을 추정한다. 호출은 f가 인라인 함수로 주어지는 경우 findcrit(f, corners), 그리고 f가 m-파일로 주어지는 경우 findcrit('f', corners)와 같다. corners는 벡터로서 [a b c d]와 같은 형태이다. 사각형의 모서리들은 (a,c), (b,c), (b,d), 그리고 (a,d)이다. 호출이 이루어지면 사각형의 수준 맵이 나타난다. 스크립트는 사용자가 임계점이 존재할 것으로 생각하는 작은 사각형의 왼쪽 하부와 오른쪽 상부 구석을 마우스로 두 번 클릭할 때까지 기다린다. 그러면 작은 청색 사각형이 나타날 것이다. 다음에 어느 곳에서건 세 번째로 클릭한

다. 청색 사각형은 커져서 그림을 채우며 부풀어진 수준 맵을 포함하게 될 것이다. 청색 사각형에서의 f의 최대 및 최소가 계산되어 이 값들이 위치하는 격자상의 좌표들과 함께 스크린에 나타날 것이다. 이 과정은 4번에 걸쳐 반복될 수 있다.

이제 이 기법들 가운데 몇 가지가 조합된 보기를 다루어 보기로 한다.

보기 8.4

$f(x,y)=\sin(x+y)+1-\frac{x^2}{40}+e^{-y^2}$라 하자. 사각형 $R=\{-6 \le x \le 9,\ -4 \le y \le 4\}$에서 이 함수의 임계점을 구하고자 한다. 먼저 R 상에서 f의 그래프를 그린다:

```
f = inline('sin(x+y)+1- (x.^2) /40 + exp(-y.^2)','x','y');
[X,Y] = meshgrid(-6:0.2:9,-4:0.2:4);
surf(X,Y,f(X,Y))
xlabel('x'), ylabel('y')
axis([-6 10 -4 4 -3 3])
```

그래프는 그림 8.8에 보인 바와 같다. R에는 많은 언덕과 계곡이 있는 것처럼 보인다.

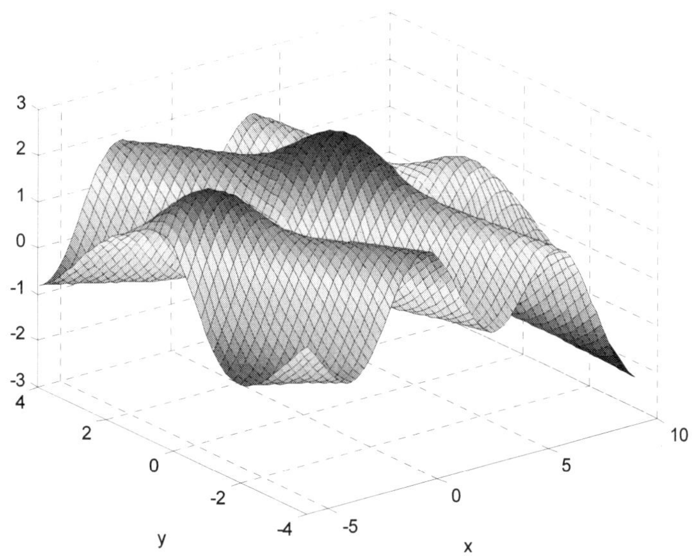

그림 8.8 $f(x,y)=\sin(x+y)+1-\frac{x^2}{40}+e^{-y^2}$의 그래프.

다음에 R에 수준 맵을 이용하여 R에서 임계점의 개략적인 위치를 얻는다:

```
contour(X,Y,f(X,Y),20)
xlabel('x'), ylabel('y')
```

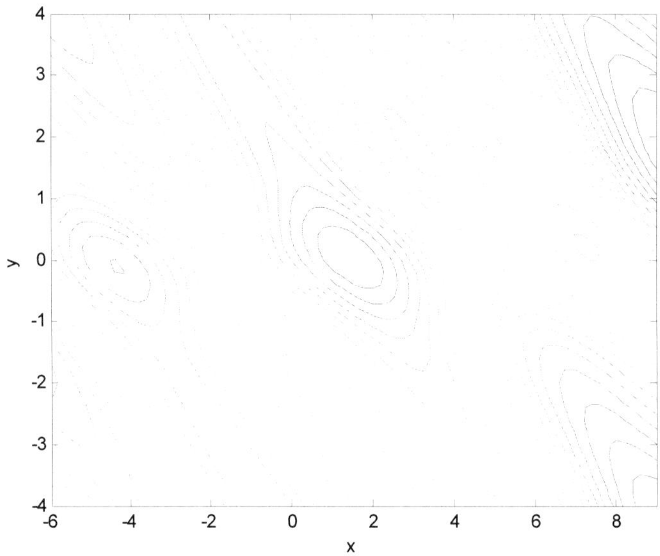

그림 8.9 $f(x,y)=\sin(x+y)+1-\frac{x^2}{40}+e^{-y^2}$의 수준곡선.

그림 8.9에서 국부적 최대점이 등마루점과 번갈아 위치함을 알 수 있다. 이들 임계점들의 좌표를 구하려면 식 (8.1)을 풀거나 그래프 기법을 이용한다. 먼저 식 (8.1)에 대하여 기호식 풀이기를 시도하여 본다.

```
syms x y
fx = cos(x+y) - x/20;
fy = cos(x+y) - 2*y*exp(-y^2);
[a,b] = solve(fx,fy);
double([a,b])
ans =
   1.46109980190872   0.03657639542810
```

기호 풀이기는 하나의 임계점만을 수치적으로 구하였음을 알 수 있다. 이제 2차미분 테스트

를 적용하기 위하여 행렬값을 기호적으로 계산하고 임계점에서 그 값을 구하여 본다:

```
fxx = diff(fx,x); fyy = diff(fy,y);
fxy = diff(fx,y);
D = fxx*fyy - fxy^2;
subs(D, [x,y],[a,b])
ans =
2.1361246935553050846054264650197

subs(fxx, [x,y], [a,b])
ans =
-1.0473279141897893178644240175064
```

임계점에서 D>0, $f_{xx} < 0$이므로 이 점은 국부적 최대점인 것으로 결론지을 수 있는데 이는 그림 8.8 및 8.9에서 나타난 결과와 일치한다.

R에서 다른 임계점을 구하기 위하여 m-파일 findcrit를 이용하기로 한다. 그림 8.9를 보면 (−1,0) 근처에 등마루점이 있는 것으로 보인다. 이 등마루점에 접근하기 위해서 corners를 [−2,0,−1,1]로 선택하여 findcrit를 이용한다. 다음에 몇 차례 클릭하여 그림 8.10을 얻는다. 등마루점은 (a,b)=(−1.61,−0.040)에 위치하는 것으로 보인다. 이러한 그래프적 접근방법을 확인하기 위하여 이 점에서 f_x, f_y 및 D를 구하여 본다:

```
a = -1.61; b = -0.040;
double(subs(fx, [x,y], [a,b]))
ans =
   0.0014
double(subs(fy, [x,y], [a,b]))
ans =
  7.5121e-004
double(subs(D, [x,y], [a,b]))
ans =
   -1.9345
```

물론 이 결과들은 상당히 근사적인 것이다. findcrit에서 더욱 작은 사각형을 이용하여 과정을 반복하여 보다 정확한 임계점의 위치를 얻을 수 있다. 또한 Newton 방법을 이용하여 시스템 (8.1)의 해를 구할 수도 있다. 이에는 f_x, f_y 및 f의 Hessian 행렬 H가 되는 시스템 (8.1)의 Jacobian 행렬이 필요할 것이다. 시작점으로서는 findcrit를 이용하여 구한 임계점의 근사적인 위치를 사용할 수 있다.

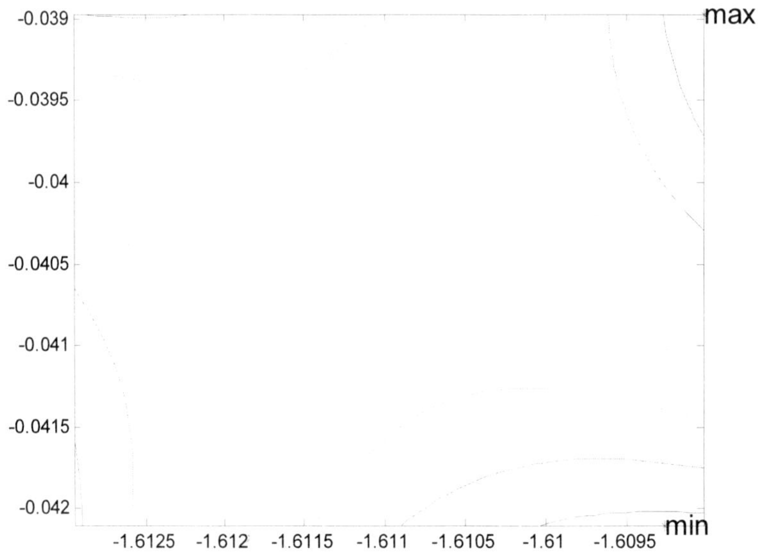

그림 8.10 등마루점 부근에서의 $f(x,y)=\sin(x+y)+1-\dfrac{x^2}{40}+e^{-y^2}$의 수준곡선.

8.3 제약조건이 있는 최대 및 최소문제

R^2나 R^3 내의 닫히고 한정된 집합에서 연속인 함수는 최대와 최소를 갖는다는 사실은 해석학의 중요한 정리이다. 극점이 집합의 내부에 존재한다면 임계점들을 찾음으로써 극점의 위치를 구할 수 있다. 최대나 최소가 경계상에 존재한다면 그곳에서 1차미분이 소멸되지 않는 경우도 있다.

집합이 다음과 같다고 가정하자:

$$K=\{(x,y):\ g(x,y)\le 0\}$$

아울러 집합 K의 경계는 수준곡선 $\{(x,y):\ g(x,y)=0\}$이라고 하자. 제약이 있는 최대-최소 문제는 집합 K 상에서 함수 $f(x,y)$의 최대나 최소점을 구하는 것이다. 이는 종종 다음과 같이 서술된다:

제약조건 $g(x,y)\le 0$에 따른 $\max f$나 $\min f$를 구하여라.

최대나 최소는 K의 내부나 K의 경계상에 존재할 수 있다.

Lagrange 승수(乘數) 방법은 집합의 경계곡선 상에서 함수의 극값들을 찾는 데에 이용된다. K의 경계상에서 $f(x,y)$의 최소 및 최대값을 구하려면 f의 수준곡선이 K의 경계와 접하는 경계상의 점들을 찾아야 한다. 기울기 벡터는 언제나 수준곡선들과 수직이므로 그러한 점에서 f와 g의 접선들은 같은 방향이나 반대 방향을 가리킨다는 것을 알 수 있다. 그림 8.11을 참조하자.

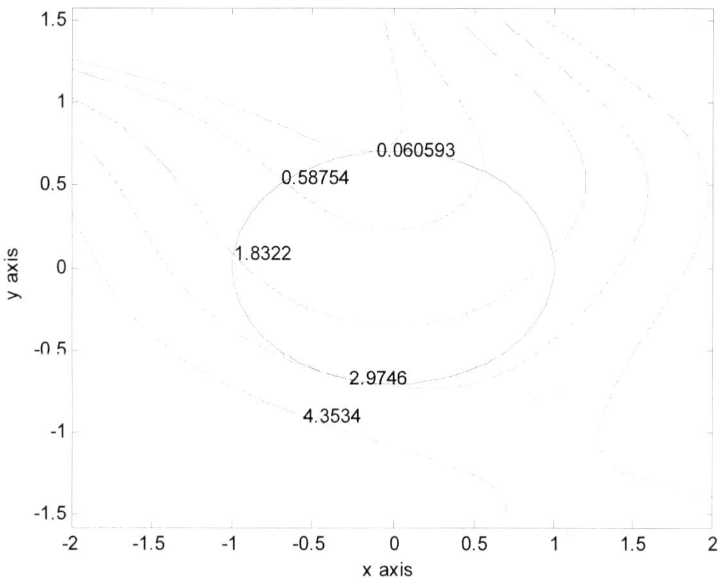

그림 8.11 $f(x,y)=x^2+(y-1)^2+xy^3$의 수준곡선과 경계곡선 $g(x,y)=x^2+2y^2-1=0$.

이를 나타내는 간명한 방법은 이 점들에서 어떤 스칼라 λ에 대하여

$$\nabla f(x_0,y_0)=\lambda\nabla g(x_0,y_0)$$

라고 말하는 것이다. λ는 제 3의 변수로서 *Lagrange 승수*라고 불린다. 벡터 방정식의 성분들을 쓰고 (x_0,y_0)가 경계곡선 $g(x,y)=0$ 상에 위치해야 한다는 제약조건을 추가하면 다음과 같이 세 변수 x, y, λ의 세 방정식 시스템을 얻는다:

$$f_x(x,y)=\lambda g_x(x,y) \tag{8.9}$$

$$f_y(x,y) = \lambda g_y(x,y) \tag{8.10}$$

$$g(x,y) = 0 \tag{8.11}$$

이 시스템의 해는 곡선 $g(x,y)=0$ 상에서 f의 최대 및 최소점의 위치에 대한 후보들이다. 이 시스템은 시스템 (8.1)과 마찬가지로 때로는 기호적으로, 때로는 수치적으로 풀 수 있다. 이 시스템들의 해는 다음 절에서 논의된다.

다음의 m-파일 lagrange를 이용하면 수준곡선들에 대한 보다 나은 기하학적 형태를 얻을 수 있으며 식 (8.9)~(8.11)의 해에 대한 우수한 추정치를 얻을 수 있다. 예를 들면 m-파일 lagrange.m으로 생성된 그림 8.11에서 곡선 g=0 상에서의 f의 최대값은 대략 3.04이며 최소값은 약 0.05이다. 내부 임계점들이 없으므로 이들은 집합 $K=\{g(x,y) \le 0\}$ 상에서 f의 절대적인 최대 및 최소값이 된다.

m-파일 lagrange

m-파일 lagrange.m은 함수 f와 g가 인라인 함수로 주어지는 경우 lagrange(f,g,corners)로, 함수 f와 g가 m-파일 f.m과 g.m으로 주어지는 경우 lagrange('f','g',corners)로 호출한다. m-파일 findcrit에서와 마찬가지로 벡터 corners는 [a b c d]로서 (a,c), (b,c), (b,d), 그리고 (a,d)는 사각형의 모서리들이다. 호출 후에는 수준곡선 $g(x,y)=0$가 나타난다. 스크립트는 사용자가 사각형 내의 임의의 점을 클릭할 때까지 기다린다. 마우스가 클릭되면 그 점을 지나는 f의 수준곡선이 f의 값과 함께 도시된다. 이는 5회 이루어질 수 있다. 곡선 주위를 이동하면서 경계곡선 상의 최대나 최소가 도달되는 위치에 근접할 수 있다.

보기 8.5

$f(x,y)=x^3+x^2+\dfrac{y^2}{3}$이라 하고 K를 원점이 중심인 반경 6의 원판이라고 하자.

$K=\{x^2+y^2 \le 36\}$이므로 $g(x,y)=x^2+y^2-36$으로 취한다. 시스템 (8.9)~(8.11)은 다음과 같이 된다:

$$\begin{aligned} &3x^2+2x=2\lambda x \\ &\frac{2y}{3}=2\lambda y \\ &x^2+y^2=36 \end{aligned}$$

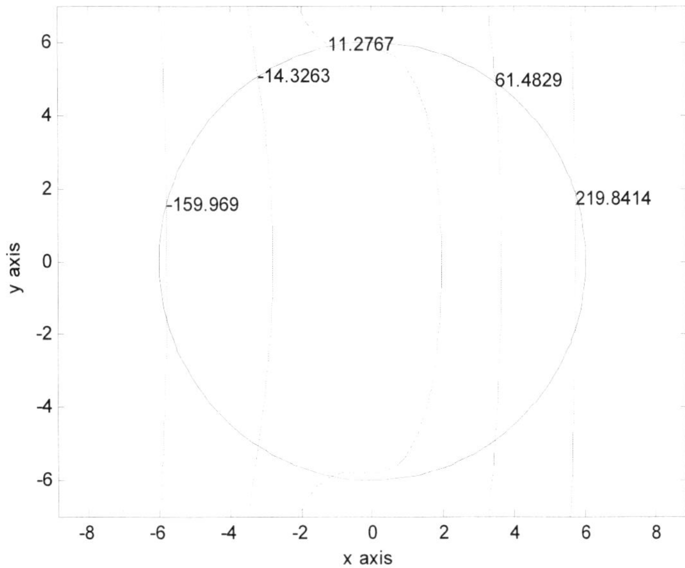

그림 8.12 원판 $\{x^2+y^2 \le 36\}$ 부근에서의 $f(x,y)=x^3+x^2+\dfrac{y^2}{3}$의 수준곡선들.

먼저 m-파일 lagrange.m을 이용하여 f의 수준곡선들 몇 개의 그래프를 작성한다. 다음에 이 시스템을 기호적으로 푼다:

```
f = inline('x.^3 + x.^2 + (y.^2)/3','x','y');
g = inline('x.^2 + y.^2 - 36','x','y');
corners = [-8,9.5,-7,7];
lagrange(f,g,corners)

% 근의 계산
syms x y lambda
eq1 = 3*x^2 + 2*x - 2*lambda*x;
eq2 = (2/3)*y - 2*lambda*y;
g = x^2 + y^2 - 36;
[lambda x y] = solve(eq1,eq2,g);
[lambda x y]

ans =
[          1/3,             0,            6]
[          1/3,             0,           -6]
```

```
[          10,            6,           0]
[          -8,           -6,           0]
[         1/3,         -4/9,  10/9*29^(1/2)]
[         1/3,         -4/9, -10/9*29^(1/2)]
```

그림 8.12에 보인 수준곡선들의 그래프에서와 마찬가지로 (x,y) = (6,0)에서 최대점에, 그리고 (x,y) = (−6,0)에서 최소점에 도달함을 알 수 있다. 나머지 4개 점들은 곡선 g=0 상에서 f의 국부적 극점들이다. 그림 8.12로부터 f의 수준곡선들은 이 점들에서 곡선 g=0에 접함을 알 수 있다.

종종 3×3 시스템 (8.9)~(8.11)은 기호적으로 풀 수 없는 경우가 있다. 해를 구하려면 수치적 방법을 사용해야 하는 경우도 있다. Newton 방법은 이들 대규모 시스템으로 쉽게 확장시킬 수 있다. 그러나 이제는 우수한 시작값을 찾는 것이 더 어려워질 것이다.

8.4 3변수 함수

함수 f(x,y,z)의 임계점은 모든 1차 편미분들이 소거되는 점이다. 이 조건으로부터 미지수가 3개인 세 방정식들이 얻어진다:

$$\begin{aligned} f_x(x,y,z) &= 0 \\ f_y(x,y,z) &= 0 \\ f_z(x,y,z) &= 0 \end{aligned} \tag{8.12}$$

이 시스템의 해들은 f의 국부적 최대나 최소점들에 대한 후보들이다. 이 시스템은 기호적 방법으로 풀 수 있지만 수치적 방법이 보다 빈번하게 요구되는데 이에는 시작값으로서 우수한 첫 번째 추정값이 필요하다. 함수의 그래프를 그릴 수 없다면 임계점들을 근사적으로라도 구하는 것은 쉽지 않다. 어떤 직관을 얻기 위하여 문제의 설정으로부터 얻을 수 있는 가능한 모든 정보를 이용해야 한다. 제 6장에서 논의된 명령어 slice와 impl들이 여기에서 유용하게 쓰일 수 있다.

보기 8.6

f(x,y)를

$$f(x,y,z) = 1.5e^{-(x-1)^2 - y^2 - z^2} + e^{-(x+1)^2 - (y-1)^2 - z^2}$$

이라고 하자. 함수의 형태로부터 (x,y,z) = (1,0,0) 근처와 (x,y,z) = (−1,1,0) 근처에서 두 개의 국부적 최대점을 찾을 것으로 기대할 수 있다. 먼저 f에 대한 m−파일을 작성한다:

```
function w = f(x,y,z)
w1 = 1.5*exp(-(x-1).^2 - y.^2 - z.^2);
w2 = exp(-(x+1).^2 - (y-1).^2 - z.^2);
w = w1 + w2;
```

다음에 3차원 배열을 구성하고 6.2절에서와 같이 명령어 slice를 이용한다:

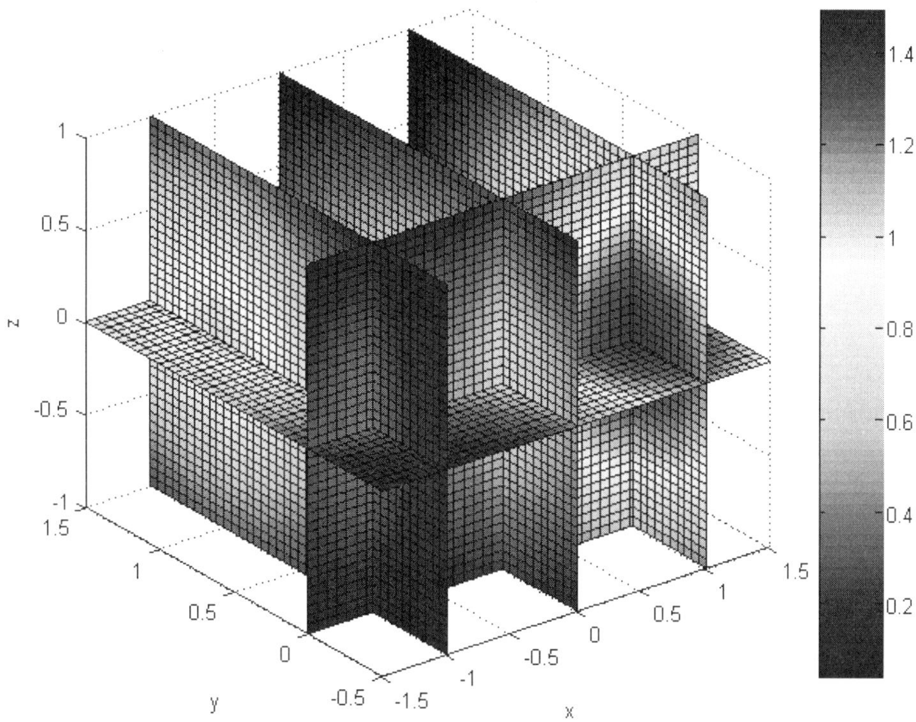

그림 8.13 f(x,y,z)의 영역을 지나며 가능한 국부적 최대점을 보여주는 면들.

```
x = linspace(-1.5, 1.5, 41);
y = linspace(-0.5, 1.5, 41);
z = linspace(-1, 1, 41);
[X,Y,Z] = meshgrid(x,y,z);
W = f(X,Y,Z);
slice(X,Y,Z,W,[-1,0,1],0,0); colorbar
xlabel('x'), ylabel('y'), zlabel('z')
axis([-1.5 1.5 -0.5 1.5 -1 1])
```

x 축에 평행한 평면들의 좌표에 대하여 벡터 [−1,0,1]을 대입하였음을 주목하자. 이에 따라 세 개의 나란한 평면 x=−1, x=0, 그리고 x=1을 지나는 면들이 얻어졌다. 결과는 그림 8.13에 나타나 있다.

컬러바는 f의 가장 큰 값들이 갈색에 해당됨을 보여준다. (1,0,0) 및 (−1,1,0) 근처에 국부적 최대점들이 존재하는 것으로 보인다. 이 임계점들에 대한 우수한 근사값을 얻으려면 식 (8.12)에 대하여 Newton 방법을 적용해야 한다.

일단 하나의 임계점이 구하여졌다면 2차미분 테스트는 무엇이 되는가? 이번에는 Hessian 행렬은 2차 편미분의 3×3 대칭행렬이 된다:

$$H(x,y,z) = \begin{bmatrix} f_{xx}(x,y,z) & f_{xy}(x,y,z) & f_{xz}(x,y,z) \\ f_{xy}(x,y,z) & f_{yy}(x,y,z) & f_{yz}(x,y,z) \\ f_{xz}(x,y,z) & f_{yz}(x,y,z) & f_{zz}(x,y,z) \end{bmatrix}$$

(x_0, y_0, z_0)가 f의 국부적 최소점이 되기 위한 충분조건은 (x_0, y_0, z_0)에서 계산되는 다음 조건들이 만족되어야 한다:

1) $f_{xx} > 0$
2) $f_{xx} f_{yy} - f_{xy}^2 > 0$
3) $\det\ H > 0$

이 조건이 2변수 함수의 2차미분 테스트의 첫 번째 경우를 어떻게 확장시키는지 주목하자. 이 조건들을 −f에 적용한다면 임계점 (x_0, y_0, z_0)가 f의 국부적 최대점이 되기 위한 충분조건은 1)이 음, 2)가 양, 그리고 3)이 음이 되어야 한다는 것이다. 이 경우들 모두에서 임계점

근처에서의 f의 수준표면들은 타원체 모양이 될 것이다. 명령어 impl을 이용하여 이를 확인할 수 있다.

보기 8.6의 함수를 계속 살펴보기로 한다. 함수의 형태로부터 (1,0,0) 근처에서의 국부적 최대값은 약 1.5이며 (−1,1,0) 부근에서의 국부적 최대값은 약 1이 될 것으로 기대할 수 있다. 따라서 $1 < c < 1.5$에 대한 수준표면 S_c는 점 (1,0,0)을 포함하는 구를 닮은 하나의 닫힌 표면으로 구성될 것이다. c<1이지만 아주 작지는 않은 경우 수준 집합 S_c는 (1,0,0)을 포함하는 것과 (−1,1,0)을 포함하는 두 개의 닫힌 표면들로 이루어진다. 궁극적으로 충분히 작은 c>0의 경우 S_c는 두 임계점들을 감싸는 하나의 표면으로 이루어진다. 그림 8.14를 참조한다.

```
f = inline('1.5*exp(-(x-1).^2-y.^2-z.^2) +
        exp(-(x+1).^2-(y-1).^2-z.^2)','x','y','z');
corners = [-2,2,-2,2,-2,2];
subplot(2,2,1)
  impl(f, corners, 0.5)
  title('c = 0.5')
  xlabel('x'), ylabel('y'), zlabel('z')
  axis([-2 2 -2 2 -2 2])
subplot(2,2,2)
  impl(f, corners, 0.9)
  title('c = 0.9')
  xlabel('x'), ylabel('y'), zlabel('z')
  axis([-2 2 -2 2 -2 2])
subplot(2,2,3)
  impl(f, corners, 0.7)
  title('c = 0.7')
  xlabel('x'), ylabel('y'), zlabel('z')
  axis([-2 2 -2 2 -2 2])
subplot(2,2,4)
  impl(f, corners, 1.2)
  title('c = 1.2')
  xlabel('x'), ylabel('y'), zlabel('z')
  axis([-2 2 -2 2 -2 2])
```

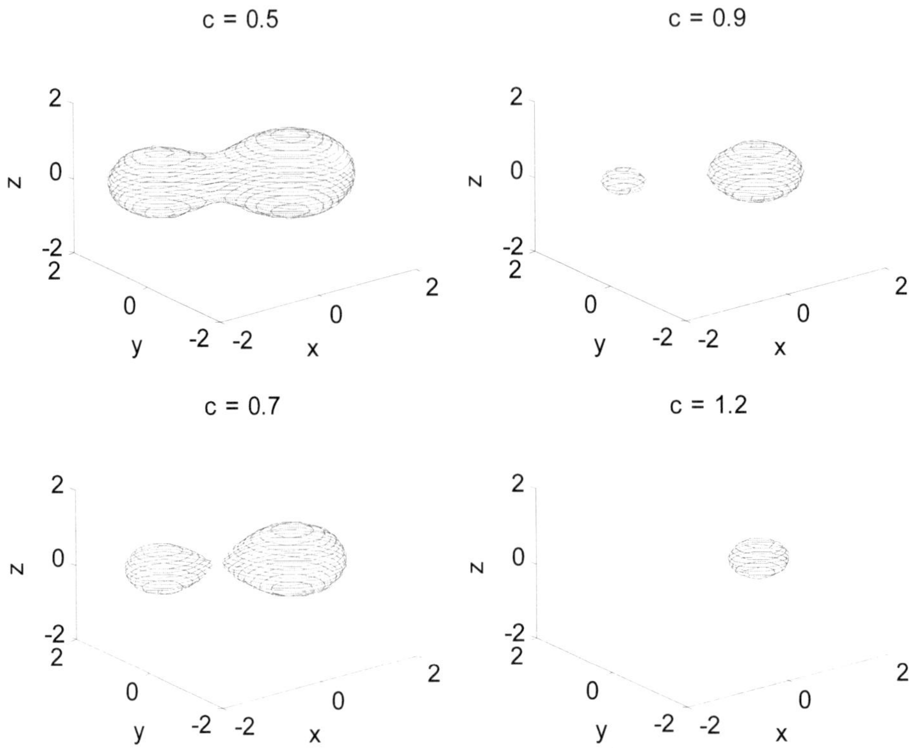

그림 8.14 몇 가지 값의 c에 대한 보기 8.6의 함수 f의 수준집합들. 두 국부적 최대값들을 보여주고 있다.

연습문제

1. 함수 m-파일은 출력으로서 숫자들을 생성할 필요가 없으며 그래프를 생성할 수 있다. 세 개의 인수 a, b, c를 취하여 정사각형 $-2 \le x, y \le 2$ 상에서 2차함수 $f(x,y) = ax^2 + 2bxy + cy^2$의 그래프를 그리는 짤막한 함수 m-파일 conic.m을 작성하여라. 이 파일은 다음과 같이 보일 것이다:

```
function out = conic(a,b,c)
[X,Y] = meshgrid(-2:0.05:2);
Z = ......
surf(X,Y,Z); shading flat; colormap(cool)
```

평면 z=0을 추가하는 문장을 덧붙여서 f가 어디에서 양이며 어디에서 음인지 분명하게 볼 수 있도록 하여라.

(a,b,c)를 다음과 같이 선택하여 보라. 각 경우에서 표면(위로 열린 그릇, 아래로 열린 그릇, 혹은 능마루)과 임계점의 성질을 설명하여라.

i) (a,b,c) = (1,0,2)
ii) (a,b,c) = (−2,0,−3)
iii) (a,b,c) = (1,0,−2)
iv) (a,b,c) = (0,2,0)
v) (a,b,c) = (1,3,2)
vi) (a,b,c) = (3,2,2)

2. g(x,y)를

$$g(x,y) = 2e^{-(x-1)^2-(y-1)^2} + 1.8e^{-5(x+1)^2-3y^2} - 2e^{-2(x-1)^2-3(y+0.5)^2}$$

이라고 하자.

(1) 정사각형 $[-2,2]\times[-2,2]$ 상에 함수의 그래프를 그려라. g의 그래프는 두 개의 언덕과 하나의 골짜기를 가짐을 알게 될 것이다.

(2) 수준곡선 명령어 contour(X,Y,g(X,Y),20)을 사용하여라. 이로부터 20개의 수준곡선들을 얻을 것이다. 수준곡선 맵을 이용하여 두 정점들과 하나의 바닥점의 좌표를 추정하여라.

(3) m-파일 findcrit를 이용하여 점 (−0.35, 0.45) 근처에서 가능한 임계점을 탐색하여라. 이 점은 어떤 종류의 임계점인가? (−0.35, 0.45)를 포함하는 작은 사각형 상에 미세한 격자를 구성하고 명령어 surf를 이용하여 함수의 그래프를 그려라.

3. $f(x,y)=\dfrac{\sin(x)}{1+(y-x)^2}$ 라고 하자.

(1) 정사각형 $[-3,3]\times[-3,3]$에서 함수 f의 그래프를 그려라. 하나의 언덕과 하나의 골짜기를 보게 될 것이다.

(2) m-파일 findcrit를 이용하여 최대점이 어디인지를 추정하여라. 다음에 직접, 혹은 기호 풀이기를 이용하여 임계점을 구하여라.

(3) m-파일 findcrit를 이용하여 최소점이 어디인지를 결정하여라.

4. $f(x,y)=x^2+2y^2+3xy^3-y^3$이라고 하자.

(1) contour 명령어를 사용하여 f의 임계점들의 위치를 근사적으로 구하여라.

(2) 다음에 아래와 같이 임계점들에 대하여 시스템 (8.1)을 기호적으로 풀어라: f_x와 f_y에 대한 기호식을 정의한다. 다음에 보기 8.4에서와 같이 명령어 [a b] = solve(fx, fy)를 이용한다. 답은 스크린을 채울 것이다. 이 근들에 대한 이중 정밀도 값을 얻으려면 double([a b])를 이용한다.

5. $f(x,y)=x^4-2x^2-y^3+3y$라고 하자. 이 함수는 정사각형 $-2\le x,y\le 2$ 내에서 6개의 임계점들을 갖는다.

(1) 정사각형 상에 이를테면 50×50 정도의 비교적 미세한 격자를 구성하여라. 다음에 명령어 contour(X,Y,Z, levels)를 이용하여라. levels = −4:0.4:4로 한다. 6개의 임계점 위치를 나타내고 수준곡선 맵을 살펴서 이들의 성질을 결정하여라.

(2) 이제 임계점들에 대하여 시스템 (8.1)을 직접 풀어라. 각 임계점에서 2차미분 테스트를 이용하여라. 이 결과들을 (1)에서의 관찰결과와 비교하여라.

★6. $f(x,y)=x+y+2e^{-(x-1)^2-y^2}-3e^{-(x+1)^2-y^2}$이라고 하자.

(1) f에 대한 m-파일을 작성하여라. 명령어 surf를 이용하여 정사각형 $\{-3\le x,y\le 3\}$ 상에서 f의 그래프를 그려라.

(2) 동일한 정사각형 상에서 50 개의 수준곡선들을 이용하여 수준곡선 맵을 만들어라. 임계점들이 있다고 생각되는 위치를 표시하여라.

(3) m-파일 findcrit를 이용하여 임계점들의 위치에 대한 우수한 근사값들을 얻고 이들의 성질을 결정하여라.

(4) f_x, f_y 및 H에 대한 m-파일을 작성하여라. m-파일 newton2를 이용하여 임계점들에 대한 보다 높은 정확도의 근사값들을 구하여라.

7. 1차원에서의 Taylor 다항식에 대한 문제들이다.

(1) $f(x)=e^x$라 하자. $p_0(x)\equiv 1$, $p_1(x)=1+x$, $p_2(x)=1+x+\frac{x^2}{2}$가 각각 x=0에서 f에 대한 0차, 1차, 그리고 2차 Taylor 다항식이라고 하자. 구간 [−2,2]에서 f, p_0, p_1, p_2들의 그래프를 함께 그려라. 구간 [−2,2]에서 $\max|f-p_0|$, $\max|f-p_1|$, $\max|f-p_2|$들을 계산하여라. x=0 근처에서 p_2가 어떻게 p_1보다 f를 잘 접합하여 주는가를 설명하여라. 그 이유는 무엇인가?

(2) $g(x)=\cos x+x^3$라고 하자. g는 x=1에서 최소값을 가짐을 직접 보여라. x=1에서 g의 Taylor 다항식 $p_0(x)$, $p_1(x)$, $p_2(x)$들을 직접 계산하여라. 구간 [−1,3]에서 이들 Taylor 다항식들과 g의 그래프를 함께 그려라. h = 1, 1/2, 1/4 및 1/8일 때 구간 $|x-1|\le h$에서 $E_{\max}=\max|g(x)-p_2(x)|$를 계산하여라. 매번 h를 1/2씩 줄여보라. 그때마다 $E_{\max}$는 얼마씩 줄어드는가?

8. $f(x,y)=xe^{(-x^2/2)/(1+y^2)}$라고 하자.

(1) 시스템 (8.1)을 직접 풀이보고 f는 $(x,y)-(\pm 1,0)$에서 임계점을 가짐을 보어리.

(2) 2차미분 테스트를 적용하여 각 임계점들의 성질을 결정하여라.

(3) 식 (8.6)을 이용하여 임계점 (1,0)에서 f에 대한 2차근사 f(1,0)+q(x,y)를 직접 계산하여라. 오차의 절대값 $|E(x,y)|=|f(x,y)-f(1,0)-q(x,y)|$을 구하는 m−파일을 작성하여라. 정사각형 $[0,2]\times[-1,1]$에서 $|E|$에 대해 m−파일 findcrit를 적용하여라. 정사각형 $[1/2,3/2]\times[-1/2,1/2]$까지 클릭하고 이 작은 정사각형에서 $|E|$의 최대값을 구하여라. 정사각형의 변을 1/2로 줄여 가면서 이를 여러번 수행하여 보라. 각 정사각형 위에 $|E|$의 최대값을 기록하여라. 최대 오차는 어떤 비율로 감소하는가? 이는 식 (8.7)과 일치하는가?

★9. *조화*함수 f(x,y)는 Laplace 방정식 $f_{xx}+f_{yy}=0$을 만족한다. f가 조화함수이면 임의의 임계점에서 $D\le 0$임을 바로 알 수 있다. 따라서 임의의 영역 내에서 국부적 최대나 최소를 찾기 위해 2차미분 테스트를 결코 사용할 수 없다. 사실 조화함수는 *최대치 원리*를 지님을 알 수 있는데 이에 따르면 경계지워지고 닫힌 집합 K에서의 조화함수의 최대와 최소는 언제나 K의 경계상에 존재한다.

$f(x,y)=\sin x\cosh y$라고 하자.

(1) f는 조화함수임을 직접 보여라.

(2) 시스템 (8.1)을 풀어 f의 임계점들을 구하여라. 2차미분 테스트를 이용하여 각 임계점은 등마루점임을 보여라.

(3) 시작 정사각형 $-2\pi \le x,y \le 2\pi$에서 findcrit를 이용하여라. 보다 작은 사각형들에서 f의 최대와 최소값을 구하여라. cosh(x)에 대한 MATLAB 함수는 cosh이다. 최대와 최소점은 언제나 어디에서 달성되는가?

10. 1 쿨롱의 점 전하 각각은 점 $p_1 = (1,0)$, $p_2 = (-1,0)$, $p_3 = (0,h)$에 위치한다고 가정하자. 각 전하로부터 2차원 정전기 전위는

$$V_j(x,y) = -\frac{\log(r_j)}{2\pi}$$

로 주어진다. 위에서 $r_j = \| p - p_j \|$는 점 p_j로부터의 거리이다. 결합된 전위는 $V = V_1 + V_2 + V_3$이다.

(1) V는 $p = (x,y) \neq p_j$에 대하여 조화함수임을 직접 보여라.

(2) $h = \sqrt{3}$이라고 하자. 아울러 K를 꼭지점이 p_1, p_2, p_3인 삼각형이라고 하자. V가 최소가 되는 점이 K 안에 존재한다고 생각하는가? V에 대한 m-파일을 만들고 사각형 $\{-1 \le x \le 1,\ 0.1 \le y \le 1.6\}$에서 V의 그래프를 그려라. 삼각형의 중심에 임계점이 위치한다. findcrit를 이용하여 좀 더 가까이 살펴보라. 이는 판별식 D=0일 경우에 일어날 수 있는 것보다 더 복잡한 유형의 거동이다.

(3) h=2로 하자. 중심에서의 하나의 임계점이 두 개의 임계점들로 분리됨을 보게 될 것이다. findcrit를 이용하여 이들의 성질을 결정하여라.

11. $f(x,y) = x^2 - y^2 + 3xy$, $K = \{(x,y):\ x^2 + 2y^2 \le 1\}$이라고 하자.

(1) m-파일 lagrange.m을 이용하여 f의 수준곡선들이 어디에서 K의 경계와 접하는지를 추정하여라. 대략 K 상의 어디에서 f가 최대가 되며 이 값은 무엇인가? K 상의 어디에서 f가 최소가 되며 이 값은 무엇인가?

(2) 보기 8.5에서와 같이 Lagrange 시스템 (8.9)~(8.11)을 기호적으로 풀어라. 근들에 대한 이중 정밀도 값을 얻으려면 double([lambda,x,y])를 이용한다.

12. $f(x,y) = x^2 + 2y^2 + z^2 + xy + x^2y$라고 하자.

(1) 2차미분 테스트를 이용하여 (0,0,0)에서 f의 임계점의 성질을 결정하여라.

(2) 영역 $-2 \le x,y,z \le 2$에서 m-파일 impl을 적용하여라. c=3으로 시작하여 수준

집합이 두 성분들로 분리될 때까지 c를 줄여간다. c가 작을 때 원점을 포함하는 성분은 무엇처럼 보이는가?

★**13.** $f(x,y,z)=(xy+z)e^{-x^2-y^2-z^2}$라고 하자.

(1) f는 $(0,0,\pm 1/\sqrt{2})$에서 임계점들을 가짐을 보여라.

(2) 영역 $\{-0.5 \le x,y \le 0.5,\ 0.5 \le z \le 1\}$에서 m-파일 impl을 이용하여라. $c_* = f(0,0,1/\sqrt{2})$로 두고 c_* 근처의 c 값들에 대하여 몇 가지 수준집합 S_c들을 나타내어라. $(0,0,1/\sqrt{2})$에서 임계점의 성질은 무엇인가?

(3) 2차미분 테스트를 이용하여 (2)에서 얻은 결론을 확인하여라.

(4) $c=\pm 0.3$일 때 수준집합들의 흥미로운 면을 보기 위하여 영역 $-1 \le x,y,z \le 1$에서 impl을 이용하여라. 두 그림들을 hold on을 이용하여 결합하여라. 선명하게 보이도록 그림을 회전시켜 보라.

★★**14.** 3차원 공간에서 원점에 위치한 질량 M인 물체의 중력 포텐셜은

$$V(x,y,z) = -\frac{GM}{r}, \quad r = \sqrt{x^2+y^2+z^2}$$

로 주어진다. 여기에서 G는 중력상수이다. 만일 질량 M_0인 물체가 원점에 위치하며 질량 M_1인 다른 물체가 x축 상의 점 (d,0,0)에 위치한다면 결합 포텐셜은

$$V(x,y,z) = -\frac{GM_0}{r_0} - \frac{GM_1}{r_1}$$

와 같다. 위에서 $r_0 = \sqrt{x^2+y^2+z^2}$, $r_1 = \sqrt{(x-d)^2+y^2+z^2}$ 이다.

(1) $M_0 = 10,\ M_1 = 1,\ G=1,\ d=100$이라고 하자. 사각형 $R=\{-10 \le x \le 110,\ -50 \le y \le 50\}$에서 V(x,y,0)의 그래프를 그려라. V는 (0,0,0)과 (d,0,0)에서 $-\infty$ 이며 따라서 그래프를 아래에서 절단해야 한다. $V \ge -2$일 때에만 그래프를 그리고자 한다면 이 점들에 대한 특성함수로 이를 절단할 수 있으며 그 이외의 부분에서는 V=-2로 설정한다. 다음 지침을 이용한다(5.9 절을 참조하라):

```
x = linspace(-10, 110, 51); y = linspace(-50, 50, 51);
[X,Y] = meshgrid(x,y);
pot = inline('-10./sqrt(x.^2+y.^2) -
            1./sqrt((x-100).^2+y.^2)','x','y');
```

```
V = pot(X,Y);
W = (V+2 >= 0).*(V+2) - 2;
surf(X,Y,W)
```

(2) 0과 d 사이의 x축 상에서 V(x,y,0)의 등마루점을 찾아보라. m-파일 findcrit를 이용하여 등마루점에 대한 근사적인 위치를 구하여라. 마지막으로 식 $V_x(x,0,0)=0$을 풀어 직접 등마루점을 구하여라.

(3) 포텐셜 V는 x축 주위로 회전대칭이다. V(x,y,0)의 수준곡선들을 x축 주위로 회전시켜 중력등가 표면을 생성하여라.

(4) 어떤 입자가 x축 상의 등마루점에 놓여있다면 이 입자는 M_0을 향하여 떨어질 것인가? 혹은 M_1을 향하여 떨어질 것인가? 아니면 고정된 채로 남아있을 것인가? 그 입자가 M_0에 더 가깝게 놓여 있다면 어떻게 될 것인가?

★★**15.** 경제학에서 종종 제약조건이 있는 최적화 문제가 발생한다. 그러나 경제학자는 최대값이나 최소값을 구하는 것보다는 문제의 어떤 파라미터가 변할 때 최대값이나 최소값이 어떻게 달라지는가를 관찰하는 데에 흥미가 있다. 이러한 종류의 연구에 대한 다음의 예는 "Averch Johnson 효과"라고 불린다.

보기 5.9를 상기하여 보자. 거기에서 수입함수는 $R(z)=\dfrac{z^2}{1+z^2}$이고 Cobb-Douglas 생산함수는 $z=x^{1/2}y^{1/2}$이었다. 여기에서 x는 자본이고 y는 임금이다. 이익함수는 $\pi(x,y)=R(x,y)-0.04x-0.06y$이었다.

(1) findcrit를 이용하여 점 (3,2) 근처에서 π의 최대값을 구하여라.

(2) *회수율*은 분수

$$h(x,y)\equiv\frac{R(x,y)-0.06y}{x}$$

로 부어진다. 이익이 (1)에서와 같이 최대가 될 때 회수율은 얼마인가?

(3) 회수율을 제한하기 위해 정부규제가 적용될 수 있다. 수학적 용어로는 이는 제약조건 $h(x,y)\le s$를 부여함을 의미한다. 여기에서 s는 허용가능한 회수율이다. 작은 s 값은 보다 제한적인 규제에 해당된다. $G_s=\{(x,y):\ h(x,y)\le s\}$가 허용가능한 회수율을 제공하는 자본과 임금 값들의 집합이라고 하자. R을 사각형 $\{1\le x\le 6,\ 1\le y\le 3\}$이라고 하자. 명령어 contour를 사용하여 R에서 $s=0.15$,

0.2, 0.3, 0.4에 대하여 수준곡선 h=s의 그래프를 그려라. G_s는 수준곡선의 어느 쪽에 위치하는가? 어떤 s 값에 대하여 G_s는 (1)에서 이익이 최대가 되었던 점 (x_*, y_*)를 포함하는가?

(4) 회사는 제약조건 $h \leq s$에 따라 이익을 최대로 하기를 원한다. 최대점은 곡선 h=s 상에 존재함을 보일 수 있다. 따라서 회사의 제약조건이 있는 최대화 문제는 다음과 같이 쓸 수 있다:

$$\begin{aligned}&\text{max} \quad \pi\\&\text{subject to} \quad h = s\end{aligned}$$

Lagrange 방정식은 다음과 같다:

$$\begin{aligned}\pi_x &= \lambda h_x\\ \pi_y &= \lambda h_y\\ h &= s\end{aligned} \tag{8.13}$$

$h_y = \dfrac{\pi_y}{x}$이므로 두 번째 식은 간단히 $\left(1 - \dfrac{\lambda}{x}\right)\pi_y = 0$로 쓸 수 있다. $0 < \dfrac{\lambda}{x} < 1$임을 보일 수 있으므로 (8.13)의 해의 위치를 결정하는 식들은

$$\begin{aligned}\pi_y &= 0\\ h &= s\end{aligned}$$

와 같다. 명령어 contour를 이용하여 곡선 $\pi_y = 0$의 그래프를 그려라. 다음에 hold와 contour 명령어를 다시 이용하여 $s = 0.4$, 0.3, 0.2, 0.15에 대하여 곡선 h=s의 그래프를 그려라. s가 감소함에 따라 교점은 어느 쪽으로 이동하는가? 특히 s가 감소함에 따라 자본과 임금값들에는 어떤 변화가 발생하는가?

★★16. 이 문제의 주제는 대개 미분방정식 과정에서 다루어진다. 그러나 그래픽 기법을 이용하면 약간의 중요한 사실들을 발견할 수 있다.

x와 y를 어떤 환경에서 자원을 가지고 경쟁하는 두 종이라고 하자. x(t)와 y(t)는 시간 t에서 종 x와 y의 개체수를 나타낸다. 개체 수는 시간에 따라 변하며 그 변화율은 다음과 같은 상미분 방정식 시스템으로 결합된다:

$$\begin{aligned}\frac{dx}{dt} &= x(a - by)\\ \frac{dy}{dt} &= y(c - dx)\end{aligned} \tag{8.14}$$

위에서 a, b, c, d는 양의 상수들이다. 경쟁상대가 없을 때의(y=0) 종 x의 성장률은 a이다; 이 경우 x는 $x(t)=Ce^{at}$에 따라 지수적으로 증가한다. c는 경쟁이 없을 때의 y의 성장률이다. 상수 b와 d는 종들 간의 상호간섭을 나타낸다(종들은 서로 먹고 먹힐 수 있다). $h(x,y)=f(x)g(y)$라 하고

$$f(x)=x^{-c}e^{dx}, \quad g(y)=y^{a}e^{-by}$$

라고 하자.

(1) (x(t),y(t))가 시스템 (8.14)의 해라면 $\frac{dh}{dt}(x(t),y(t))=0$ 임을 직접 보여라. 이는 해 곡선 $t\rightarrow(x(t),y(t))$가 h의 수준곡선 상에 위치함을 의미한다.

(2) $f'(a/b)=g'(c/d)=0$ 및 $f''(c/d)>0$이며 $g''(a/b)<0$임을 보여라.

(3) (2)가 의미하는 것은 $(c/d,a/b)$가 h의 임계점으로서 등마루점이라는 사실임을 보여라. 나아가 $x(t)\equiv c/d$, $y(t)\equiv a/b$는 (8.14)의 해임을 주목하자. 따라서 임계점 $(c/d,a/b)$는 두 종들이 완전한 평형을 이루고 있는 시스템의 상태이다.

(4) 이제 함수 h(x,y,p)로서 h에 대한 m-파일 h.m을 작성하여라. 여기에서 p=[a,b,c,d]는 계수들의 벡터이다. 사각형 $R=[0,10]\times[0,4]$ 상에 미세한 격자(100×100)를 구성하여라. p=[a,b,c,d]=[0.5,0.4,0.6,0.3]으로 시작한다. 40 수준들을 이용하여 R에서 h의 수준곡선들을 도시하여라. 이 p에 대하여 $h_0=h(c/d,a/b,p)$ 값을 계산하여라. 명령어 contour(X,Y,h(X,Y,p), [h0,h0], 'r')을 이용하여 임계점을 지나는 수준집합 $h=h_0$을 추가하여라. 이 수준집합은 임계점에서 교차하는 두 곡선들로 이루어진다. 대표적인 등마루점의 곡선들을 보게 될 것이다.

(5) (8.14)의 해곡선 (x(t),y(t))는 h의 수준곡선들의 파라미터화를 제공한다. MATLAB 함수 quiver를 이용하여 벡터필드 $(u,v)=(x(b-ay),\ y(c-dx))$를 (4)에서 얻은 수준곡선들의 그래프에 추가하여라. quiver 함수에는 좀 더 거친 격자 (10×10)을 이용한다.

(6) 시간 t = 0에서 시스템이 상태 (x_0,y_0)로서 h의 수준곡선들 가운데 하나에 위치한다면 시스템의 상태는 수준곡선을 따라 화살표로 나타낸 방향으로 나타날 것이다. 수준곡선이 어느 축을 향하고 있다면 종들 가운데 하나는 사라지고 있는 것이다. Γ를 양의 기울기를 갖는 곡선인 수준집합 $h=h_0$의 부분이라고 하자. 초기상태 (x_0,y_0)가 Γ의 왼쪽 위에 위치한다면 어느 종이 사라질 것인가? (x_0,y_0)가

Γ의 오른쪽 아래에 위치한다면 어떻게 될 것인가? (x_0, y_0)가 Γ 상에 위치한다면 어떻게 될 것인가? 시스템이 평형을 향하게 될 실제적 확률은 얼마인가?

(7) 이제 a=b=c=1이라 하고 d는 0.1로부터 1까지 변한다고 하자. d가 작을 경우 종 x는 종 y의 성장에 작은 영향을 미친다. d가 감소함에 따라 평형점 (1/d,1)이 오른쪽으로 이동하는 이유를 종들 간의 상호간섭을 이용하여 설명하여라.

(8) 포획자-먹이 관계(x가 먹이이고 y가 포획자이다)는 다음과 같은 미분방정식 시스템으로 나타낼 수 있다:

$$\frac{dx}{dt} = ax - bxy$$
$$\frac{dy}{dt} = -cy + dxy$$

a, b, c, d는 여전히 양의 상수라고 간주한다. 이 시스템의 해 곡선들은 함수 $k(x,y) = \frac{g(y)}{f(x)}$의 수준곡선들 상에 위치한다. 점 (c/d, b/a)는 여전히 이 시스템에 대한 평형점이며 k에 대한 임계점이다. k의 수준곡선들을 조사하고 적절한 벡터필드를 추가하여 그 결과를 포획자-먹이 관계를 이용하여 해석하여라.

9

다중 적분

이 장에서 사용되는 미리 작성된 m-파일들

riemann simp2 simp3 trf

9.1 사각형에서의 이중적분

사각형 R에서 함수 f(x,y)의 이중적분은 대개 R을 작은 사각형 $R_{i,j}$로 나누는 격자를 R 위에 위치시키는 방법으로 접근한다. 다음에 각각의 부사각형 $R_{i,j}$에서 점 $p_{i,j}$를 택하여 각각의 $R_{i,j}$에 대하여 일정한 값 $f(p_{i,j})$로 f를 근사한다. 이러한 나눔과 이러한 $p_{i,j}$에 해당되는 Riemann 합은

$$S(f) = \sum_{i,j} f(p_{i,j}) A(R_{i,j}) \tag{9.1}$$

로 주어진다. 여기에서 $A(R_{i,j})$는 각 사각형들의 면적이다. f(x,y)가 R에서 연속함수이면 이들 Riemann 합은 나눔구간이 점점 미세해짐에 따라 어느 극한으로 수렴한다. 이 극한은 R에서 f의 이중적분으로 정의되며 다음과 같이 쓴다:

$$\int\int_R f(x,y)dA = \lim_{\triangle \to 0} S(f)$$

위에서 $\triangle$는 모든 부사각형 $R_{i,j}$들의 최대 대각선이다.

m-파일 riemann

m-파일 riemann.m은 Riemann 합을 계산하고 근사 구분적 일정함수를 그래프로 보여준다. 호출은 riemann(f, corners)와 같이 하는데 f는 인라인 함수로 주어지는 2변수 함수이다. f가 m-파일로 주어지면 호출은 riemann('f', corners)와 같이 한다. 보통의 경우와 같이 corners는 벡터 [a, b, c, d]이며 사각형 R은 $R = \{(x,y):\ a \le x \le b,\ c \le y \le d\}$와 같이 정의된다. 구간 [a, b]를 n개의 부구간들로 나누고 구간 [c, d]를 m개의 부구간들로 나눈다. 호출이 이루어지면 사용자는 m과 n을 선택하고 $p_{i,j}$로서 각 부사각형 $R_{i,j}$의 중심으로 하여 Riemann 합이 계산된다. 다음은 a, b, c, d, m, 그리고 n이 입력된 후의 riemann.m의 명령어들이다:

```
delx = (b-a)/n;  dely = (d-c)/m;
x = a:delx:b;
y = c:dely:d;
p = a +.5*delx: delx : b-.5*delx;
q = c +.5*dely: dely : d-.5*dely;

[P,Q] = meshgrid(p,q);
Z = feval(f,P,Q);

disp(' Approximate value of the integral ')
out = sum(sum(Z))*delx*dely;
```

Riemann 합은 명령어 sum을 이용하여 마지막 줄에서 계산된다. sum이 행렬에 적용되면 각 열의 합이 계산되어 행벡터에 저장된다. sum이 열이나 행벡터에 적용되면 벡터의 원소들이 합하여진다.

riemann에 대한 호출에 세 번째 인수를 더할 수 있다. 호출이 riemann(f,corners,graph)와 같다면 근사 스텝 함수의 그래프가 나타난다. graph는 1이나 2와 같은 임의의 숫자일 수 있다.

보기 9.1

$f(x,y)=x^3+x+y$라 하고 $R=\{1 \le x \le 2,\ 0 \le y \le 3\}$라고 하자.

```
>> f = inline('x.^3 + x + y', 'x', 'y');
>> corners = [1 2 0 3];
>> riemann(f, corners, 1)
enter the number of subdivisions in x and y
                       direction as [n m] [10 20]
subdiv =
    10    20
 Approximate value of the integral
ans =
   20.2387
```

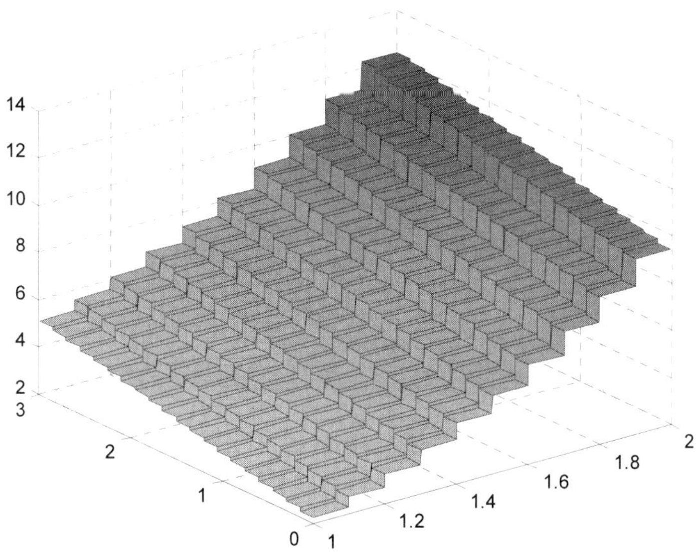

그림 9.1 사각형 $R=\{1 \le x \le 2,\ 0 \le y \le 3\}$에서의 $f(x,y)=x^3+x+y$의 그래프에 대한 스텝 함수 근사.

결과는 그림 9.1에 나타나 있다. Riemann 합의 극한값은 $\int\int_R (x^3+x+y)dxdy=20.25$ 이다.

기호적분

사각형에서의 이중적분은 반복 적분들로 나타낼 수 있다:

$$\int\int f(x,y)dA = \int_a^b\int_c^d f(x,y)dydx = \int_c^d\int_a^b f(x,y)dxdy$$

이 형태에서 우리는 MATLAB의 기호 적분기를 사용하여 먼저 안쪽 적분을 구하고 다음에 바깥쪽 적분을 구할 수 있다.

1.6절로부터 g=g(x)가 단일변수 함수인 경우 기호 적분기에 대한 명령어는 int(g,a,b)이었음을 상기하자. 함수가 $f(x,y)$와 같이 2변수 함수라면 적분 명령어는 어느 것이 적분변수인지를 지정하여야 한다. 따라서 y에 대하여 c에서 d까지 적분하고 싶다면 명령어는 G = int(f,y,c,d)와 같다. 이는 기호함수 $G(x) = \int_c^d f(x,y)dy$를 생성하며 이는 다시 int(G,a,b)에 의하여 a에서 b까지 적분된다. 두 명령어들은 int(int(f,y,c,d),a,b)와 같이 결합될 수 있다.

보기 9.2

$f(x,y) = x^3 + x + y$라 하자.

```
>> syms x y
>> f = x^3 + x + y;
>> int(int(f,y,0,3),1,2)
ans =
81/4
```

적분의 극한을 답에서 파라미터로 유지하고자 한다면 a, b, c, d를 기호변수로 선언하고 앞의 명령어들을 반복 수행한다:

```
>> syms x y a b c d
>> f = x^3 + x + y;
>> int(int(f,y,c,d),a,b)
ans =
1/4*(d-c)*(b^4-a^4)+1/2*(d-c)*(b^2-a^2)
+1/2*d^2*(b-a)-1/2*c^2*(b-a)
```

수치적 방법

m-파일 riemann.m에서 이용된 수치적분 기법은 1차원 중간치 규칙의 2차원 버전이다. Simpson 규칙과 같은 다른 규칙들의 2차원 버전을 찾아보는 것은 당연하다. 1차원 Simpson 규칙의 경우 구간 [a,b]를 길이가 $h=(b-a)/n$인 n(n은 짝수)개의 동일한 부구간들로 나눈다. 그러면

$$\int_a^b g(x)dx = S_n(g) + E_n(g)$$

로 쓸 수 있다. 여기에서

$$S_n(g) = \frac{h}{3}[g(x_1) + 4g(x_2) + 2g(x_3) + \cdots + 2g(x_{n-1}) + 4g(x_n) + g(x_{n+1})] \tag{9.2}$$

이며 오차항은 구간 [a,b] 내의 어떤 점 ξ에 대하여

$$E_n(g) = -\frac{1}{180}(b-a)h^4 g^{(4)}(\xi) \tag{9.3}$$

와 같다. Simpson 규칙은 점 $(x_i,\ g(x_i))$를 통하는 포물선의 접합으로부터 유도된다. Simpson 규칙이 2차 다항식에 대해서는 정확할 것으로 기대하겠지만 사실 이는 3차에 대해서 정확하다. 이는 g가 3차라면 $g^{(4)}=0$이며 따라서 오차항은 0이 되기 때문이다. 오차항에서 h^4가 존재하는 것은

$$E_{2n}(g) \approx \frac{1}{16}E_n(g)$$

임을 의미한다.

Simpson 규칙은 MATLAB에서 수행하기가 매우 쉽다. 합에서 for 루프를 사용할 수 있지만 for 루프를 피한다면 MATLAB은 더욱 빨라진다. 위의 규칙은 다음과 같이 쓸 수 있음을 알 수 있다:

$$\left(\frac{h}{3}\right)g \cdot s$$

위에서 s는 *Simpson 벡터*로서 $s=[1,\ 4,\ 2,\ \cdots,\ 2,\ 4,\ 1]$이며 $g=[g(x_1),\ \cdots,\ g(x_{n+1})]$ 이다. Simpson 규칙을 수행하는 간단한 스크립트 m-파일은 다음과 같다:

```
x = linspace(a,b,n+1);
svec = 2*ones(1,n+1);
svec(2:2:n) = 4*ones(1,n/2);
svec(1) = 1; svec(n+1) = 1;
integral = dot(g(x),svec)*(b-a)/(3*n);
```

여기에서 a, b, 그리고 n은 입력된 것으로 간주하며 g는 m-파일이나 배열이 가능한 인라인 함수로 주어진다고 가정한다. Simpson 벡터 svec는 원소가 모두 2인 벡터를 취하고 지수가 짝수인 성분을 4로 설정한다. 처음과 마지막 원소는 1로 설정한다.

이후의 사용을 위하여 n개의 부구간에 대하여 Simpson 벡터를 제공하여 주는 간단한 함수 m-파일을 작성하여 보기로 한다:

```
function s = simpvec(n)
s = 2*ones(1,n+1);
s(2:2:n) = 4*ones(1,n/2);
s(1) = 1; s(n+1) = 1;
```

Simpson 규칙의 2차원 버전은 무엇인가? 사각형 R에서의 이중 적분을 반복 적분으로 써 보면

$$\int\int_R f(x,y)dA=\int_c^d F(y)dy$$

위에서

$$F(y)=\int_a^b f(x,y)dx$$

이다. 이제 구간 [a,b]를 $a=x_1<x_2<\cdots<x_{n+1}=b$와 같이 n개(n은 짝수)의 동일한 부구

간들로 나누어 보자. x 방향으로의 Simpson 벡터를

$$s^x = [1,\ 4,\ 2, \cdots,\ 2,\ 4,\ 1] = [s_1^x,\ s_2^x,\ \cdots,\ s_n^x,\ s_{n+1}^x]$$

로 나타낸다. 그러면 각 y에 대하여 F(y)에 대한 Simpson 규칙의 추정은

$$F(y) \approx \frac{b-a}{3n} \sum_{j=1}^{n+1} s_j^x f(x_j, y) \tag{9.4}$$

와 같다. 마찬가지로 구간 [c,d]를 $c = y_1 < y_2 < \cdots < y_{m+1} = d$와 같이 m개(m은 짝수)의 동일한 부구간들로 나눈다. y 방향으로의 Simpson 벡터는

$$s^y = [1,\ 4,\ 2, \cdots,\ 2,\ 4,\ 1] = [s_1^y,\ s_2^y,\ \cdots,\ s_m^y,\ s_{m+1}^y]$$

와 같다. 그러면 F의 적분에 대한 Simpson 규칙의 추정은

$$\int_c^d F(y)dy \approx \frac{d-c}{3m} \sum_{i=1}^{m+1} s_i^y F(y_i) \tag{9.5}$$

각 i에 대하여 식 (9.5)의 우변에 있는 $F(y_i)$를 Simpson 추정치 (9.4)로 대체한다. 이로부터 다음을 얻는다:

$$\int\int_R f(x,y)dA = \int_c^d F(y)dy \approx \frac{(b-a)(d-c)}{9mn} \sum_{i,j} s_j^x s_i^y f(x_j, y_i)$$

$S_{i,j} = s_j^x s_i^y$인 (m+1)×(n+1) 행렬 S는 *Simpson 행렬*이다.

Simpson 규칙의 2차원 버전은 MATLAB에서 배열 조작을 이용하여 역시 매우 쉽게 수행될 수 있다. a, b, c, d, m, 그리고 n이 입력되었다고 간주하고 $f(x,y)$가 m-파일이나 인라인 함수로 주어졌다고 가정하면 스크립트는 다음과 같다:

```
x = linspace(a,b, n+1);
y = linspace(c,d,m+1);
[X,Y] = meshgrid(x,y);
```

```
% x Simpson 벡터를 구성
svecx = simpvec(n);

% y Simpson 벡터를 구성
svecy = simpvec(m);

% Simpson 행렬을 구성
S = svecy'*svecx;
integral = sum(sum(S.*f(X,Y)))*(b-a)*(d-c)/(9*m*n);
```

Simpson 행렬은 S = svecy'.*svecx 연산으로부터 구성되는데 이는 (m+1)×1 벡터 svecy'와 1×(n+1) 벡터 svecx의 곱이다. f(X,Y)는 원소가 $f(x_j, y_i)$인 (m+1)×(n+1) 행렬이다. n=6, m=4인 Simpson 행렬은 다음과 같은 5×7 행렬이다:

```
>> svecx = simpvec(6);
>> svecy = simpvec(4);
>> S = svecy'*svecx
S =
     1     4     2     4     2     4     1
     4    16     8    16     8    16     4
     2     8     4     8     4     8     2
     4    16     8    16     8    16     4
     1     4     2     4     2     4     1
```

m-파일 simp2.m

m-파일 simp2.m은 함수 m-파일로서 호출은 f가 인라인 함수이면 simp2(f,corners), f가 m-파일로 주어지면 simp2('f',corners)와 같다. m-파일 riemann.m에서와 마찬가지로 corners는 [a, b, c, d]로서 사각형 $R = \{a \le x \le b,\ c \le y \le d\}$를 결정한다. 호출 후에는 프로그램은 잠시 멈추어서 사용자가 x 방향의 구간수 n과 y 방향의 구간수 m을 입력하도록 한다.

보기 9.3

$f(x,y) = xy^2 + \cos(x+y)^2$이며 $R = [1,2] \times [0,3]$이라고 하자.

```
>> f = inline('x.*y.^2 + cos(x+y).^2','x','y');
>> corners = [1 2 0 3];
```

```
>> s1 = simp2(f,corners)
the number of subivisions n and m in each direction must be even
enter the number of subdivisions in x and y direction as [n m] [10 20]
subdiv =
    10    20
Approximate value of the integral using Simpsons rule
s1 =
   15.05701244123409
```

임의의 수치적 방법으로 생성된 수치근사는 소용이 없으며 이 근사에서 오차에 대한 어떤 추정치가 없다면 오해에 이르게 될 수 있다. 우리는 대개 정확한 결과를 알지 못하므로 그러한 추정치를 얻는 것은 불가능한 것으로 보인다. 그러나 Simpson 규칙의 경우 오차 추정치를 쉽게 얻을 수 있다. 각 방향으로의 구간 수를 두 배로 하고 적분의 근사를 다시 계산한다. 두 수치계산 사이의 차이는 첫 번째 계산에서 이루어진 오차의 추정치이다. 이러한 추정은 $f(x)=\sqrt{x}$ 와 같이 미분이 특이점을 갖는 함수들에 대해서까지도 놀랍게도 잘 작용한다. 그러나 f 자체가 특이점을 지닐 때에는 신뢰할 수 없다.

앞의 보기에서 n=20 및 m=40으로 하여 Simpson 규칙을 다시 적용하여 보자. 결과는 다음과 같다:

```
>> s2 = simp2(f,corners)
the number of subivisions n and m in each direction must be even
enter the number of subdivisions in x and y direction as [n m] [20 40]
subdiv =
    20    40
Approximate value of the integral using Simpsons rule
s2 =
  15.05700953134787

>> s1 - s2
ans =
    2.909886216428959e-006
```

따라서 첫 번째 계산에서의 오차는 3×10^{-6} 정도이다.

MATLAB® 적분기

MATLAB®은 자체에 내장된 적분 루틴을 지니고 있다. 이 1차원 루틴들은 quad와 quadl이다. 이들은 Simpson 규칙과 유사한 방법들을 사용하지만 *적응사각분할*이라는 보다 정교한 방식을 적용한다. Simpson 규칙의 오차에 대한 식 (9.3)으로부터 오차를 줄이는 단순한 방법은 h를 반으로 줄임으로써, 즉 n을 두 배로 함으로써 구간 [a,b] 상의 격자를 균일하게 재조정하는 것이다. 그러나 quad와 quadl은 함수가 빠르게 변화할 때에만 격자를 재조정한다는 측면에서 좀 더 효율적이다. quad와 quadl에 대한 호출은 f가 인라인 함수로 주어지는 경우 quad(f,a,b) 및 quadl(f,a,b)이며 f가 m-파일로 주어지면 단일 인용부호를 사용한다. 적분구간은 [a, b]이다. 이 적분기들은 그 결과의 오차를 추정하며 달리 지정되지 않는다면 상대오차가 10^{-3}보다 작아질 때까지 격자를 계속 재조정해 나간다. 호출시에 quadl(f,a,b,tol)과 같이 4번째 인수를 첨가함으로써 상대오차에 대한 다른 허용한계를 부여할 수 있다. tol은 원하는 허용한계이다. 예를 들면 tol = 10^(−4)를 취할 수 있다.

이 루틴들을 반복하여 이중 적분을 구하는 것이 가능하지만 적분 변수들을 관련함수에 보낼 때와 연관되는 약간의 미묘한 점들이 있다. 아마도 이 때문에 내장 적분기 dblquad가 있다. dblquad에 대한 호출은 dblquad(f,a,b,c,d) 와 같다. 여기에서 $f(x,y)$의 "내부" 적분은 x에서 $a \le x \le b$에서 이루어지며 두 번째의 "외부" 적분은 y에서 $c \le y \le d$에 대하여 이루어지는 것으로 간주된다. y에 대하여 먼저 적분하고자 한다면 호출은 dblquad(g,c,d,a,b)와 같을 것이다. 여기에서 $g(y,x) = f(x,y)$이다. x, y가 뒤바뀜을 주목하자.

여기에서 자체의 이중 적분기 simp2를 도입한 것은 두 가지 이유 때문이다. 첫째는 다변수에서 Simpson 규칙이 이해하기가 쉽기 때문이다. 두 번째는 dblquad는 피적분자 내에 특이점이 없는 경우나 때로는 원하는 오차 허용한계에 도달하기 전에 존재하는 가능한 특이점을 찾아내려 하는 것으로 보이기 때문이다.

보기 9.4

사각형 $R = \{0 \le x \le 0.5,\ 0 \le y \le 1\}$에서 함수 $f(x,y) = \dfrac{4}{\pi} e^{-x^2-y^2}$를 적분하여 보자. 결과는 다음과 같은 오차함수로 나타낼 수 있다:

$$erf(x) = \frac{2}{\sqrt{\pi}} \int_0^x e^{-s^2} ds$$

우리는 다음을 얻을 수 있다:

$$\int\int_R f(x,y)dA(x,y)\frac{4}{\pi}\int_0^{0.5} e^{-x^2}dx\int_0^1 e^{-y^2}dy = erf(0.5)erf(1)$$

다음 스크립트는 먼저 dblquad를, 다음에는 simp2를 이용하여 적분을 계산한다. 마지막으로 오차함수를 계산하는 MATLAB 루틴 erf를 이용하여 적분에 대한 더 정확한 추정값이 얻어진다:

```
>> f = inline('exp(-x.^2-y.^2)*(4/pi)','x','y');
>> dblquad(f,0,0.5,0,1)
ans =
   0.43862568671024

>> corners = [0 0.5 0 1];
>> simp2(f,corners)
the number of subivisions n and m in each direction must be even
enter the number of subdivisions in x and y direction as [n m] [10 20]
subdiv =
    10    20
Approximate value of the integral using Simpsons rule
ans =
   0.43862581863650

>> erf(0.5)*erf(1)
ans =
   0.43862565976328
```

9.2 사각형이 아닌 영역에서의 적분

사각형에서의 이중적분은 Riemann 합 (9.1)의 극한이 존재할 경우 이 극한으로 정의되었다. 이 개념이 어떻게 사각형이 아닌 집합 G에 적용될 수 있을까?

$f(x,y)$를 집합 G에서 적분하고자 하는 함수라고 하자. G에서 f의 제약을 다음과 같이 정의하기로 한다:

$$\tilde{f}(x,y) = \begin{cases} f(x,y) & : \quad (x,y) \in G \\ 0 & : \quad (x,y) \notin G \end{cases}$$

이제 G를 포함하는 사각형을 R이라고 하자. 예를 들면 그림 9.2에서 사각형은 $R = \{-1.5 \le x \le 1.5,\ -1 \le y \le 0.5\}$이다. R에서 $\tilde{f}$의 Riemann 합을 계산한다. 만일 G의 경계가 구분적으로 매끄러우며 f가 G에서 연속이라면 이들 Riemann 합은 수렴함을 보일 수 있으며 이중적분 $\int\int_G f dx dy$을 이 합들의 극한으로 정의한다. 그림 9.2를 참조하자.

G의 경계에서의 함수의 불연속성으로 인하여 직접적인 Riemann 합 접근방법은 정확한 결과를 얻기 위해서는 경계상에서 매우 미세한 격자를 필요로 한다. 적응 2차원방법은 경계상에서 미세한 격자가 필요하며 G의 내부에서 거친 격자가 필요할 때 소요될 것이다. 이는 수행이 어려울 수 있다.

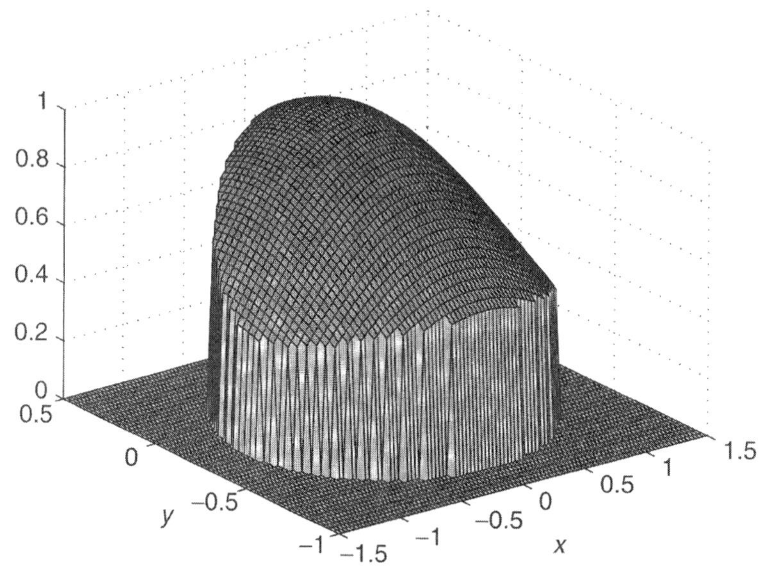

그림 9.2 타원 $G = \{x^2 + 2y + 4y^2 \le 1\}$로 제한된 $f(x,y) = \cos(x)e^{-y^2}$의 그래프. G는 사각형 $R = \{|x| \le 1.5,\ -1 \le y \le 0.5\}$로 제한되어 있다.

어떤 경우에서는 사각형이 아닌 영역 G의 기하구조에 따라 $\int\int_G f dA$가 반복된 적분으로 계산될 수 있다. 예를 들어 G가 수직 단순체로서 $G = \{(x,y):\ c(x) \le y \le d(x),\ a \le x \le b\}$

라면 다음과 같이 쓸 수 있다:

$$\int\int_G f dA = \int_a^b \int_{c(x)}^{d(x)} f(x,y) dy dx$$

그러한 적분의 계산에 기호 적분기를 사용할 수도 있다.

보기 9.5

그림 9.3의 G는 다음과 같다:

$$G = \{(x,y):\ x(3-x) \le y \le \sin(x), 0 \le x \le 2.4\}$$

$f(x,y) = xy$라 하자. 그러면 다음과 같이 $\int\int_G f(x,y) dA$를 계산할 수 있다:

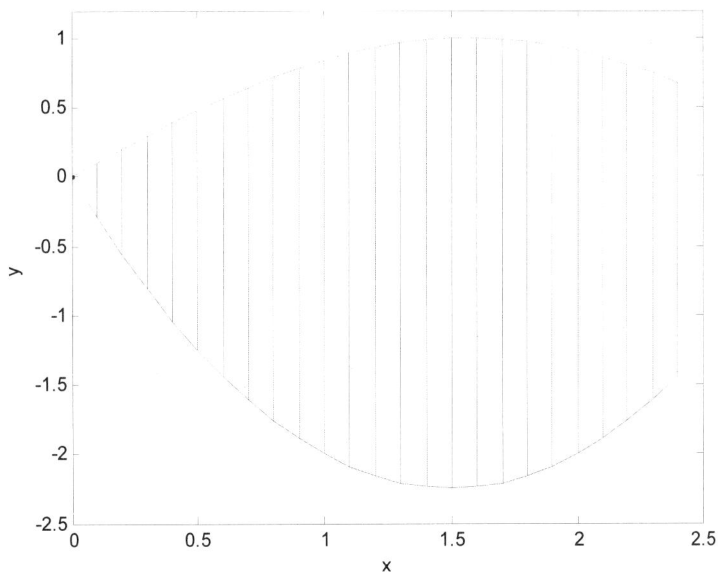

그림 9.3 수직 단순체 영역.

```
>> syms x y
>> f = x*y;
```

```
>> F = int(f,y,x*(x-3),sin(x))
F =
1/2*x*(sin(x)^2-x^2*(x-3)^2)
>> int(F,0,2.4)
ans =
-74286/15625-3/5*cos(12/5)*sin(12/5)+1/8*sin(12/5)^2
>> double(ans)
ans =
   -4.3984
```

많은 경우 이중적분은 기호적으로 구할 수 없으며 수치적 방법을 사용해야 한다. 사각형이 아닌 영역에서의 적분의 반복 형태는 종종 적분의 수치적 추정값을 얻기 위한 최선의 방법은 아니다. 더 나은 방법은 좌표를 변환시켜서 집합이 사각형이 되도록 하는 것이다. 다음에 사각형에 대하여 개발된 수치적 방법을 적용할 수 있다. 집합의 면적이 변수의 변환에 따라 어떻게 영향을 받는지를 결정할 때까지 이러한 처리를 유보해야 한다.

9.3 이중적분에서의 변수의 변환

평면의 우호적 변환

함수쌍 $x = f(u,v)$ 및 $y = g(u,v)$는 좌표가 (u,v)인 점을 취하여 이를 좌표가 $(x,y) = (f(u,v), g(u,v))$인 점으로 투영한다. 이러한 조작을 좌표가 u, v인 하나의 평면을 좌표가 x, y인 다른 평면상으로 사영하는 것으로 생각할 수 있다. 사영 $(x,y) = T(u,v) = (f(u,v), g(u,v))$는 *변환*이라고 부른다. 예로서 $T(u,v) = (uv, u+v)$를 들 수 있다.

이러한 변환들의 중요한 부류로서 *우호적* 변환들이 있다. 이들은 다음과 같은 형태를 갖는다:

$$\begin{aligned} x &= f(u,v) = Au + Bv + w_1 \\ y &= g(u,v) = Cu + Dv + w_2 \end{aligned} \tag{9.6}$$

이 변환은 보다 간명하게 다음과 같이 나타낸다:

$$(x,y) = T(u,v)$$

여기에서 $T(0,0)=w=(w_1,w_2)$이다. $(w_1,w_2)=(0,0)$이면 T는 (0,0)을 (0,0)으로 사영하는데 이는 *선형*변환이라고 말한다.

우호적 변환은 평행사변형을 평행사변형으로 사영하는 것임을 보이는 것은 어렵지 않다. 나아가 면적이 어떻게 변하는지를 나타내는 간단한 공식이 있다. 만일 Q가 u, v 공간에서 평행사변형이고 P는 우호적 변환 T에 의한 Q의 이미지라고 하면

$$\text{면적}(P) = |AD-BC| \cdot \text{면적}(Q) \tag{9.7}$$

후에 우호적 변환에서 평행사변형의 면적의 변화에 대한 이 규칙은 면적을 갖는 모든 집합들에 대해서도 적용됨을 알게 될 것이다.

평면의 일반적 변환

보다 일반적인 변환은 면적을 어떻게 변화시키는가에 대하여 의문을 가져보자. 사각형 $R=\{a \le x \le b,\ c \le y \le d\}$의 경우에만 관심을 갖기로 한다. 변환 $T(u,v)=(f(u,v),g(u,v))$는 R을 이미도 곡선모양의 경계를 갖는 집합 G로 사영시킬 것이다.

그림 9.4에서 정사각형 $R=[1,2]\times[0,1]$은 다음에 의하여 오른쪽의 곡선모양 그림으로 사영된다:

$$T(u,v)=(u^2-v^2,\ 2uv)$$

이미지 집합 G를 우호적 변환 $\tilde{T}$에 따른 R의 이미지인 평행사변형 P로 근사할 수 있다. T를 근사하는 우호적 변환 $\tilde{T}$는 점 $(u_0,v_0)\in R$에서 f와 g에 대한 기울기 평면 근사를 이용하여 얻을 수 있다:

$$f(u,v) \approx f(u_0,v_0)+f_u(u_0,v_0)(u-u_0)+f_v(u_0,v_0)(v-v_0) \tag{9.8}$$

$$g(u,v) \approx g(u_0,v_0)+g_u(u_0,v_0)(u-u_0)+g_v(u_0,v_0)(v-v_0) \tag{9.9}$$

제 7장으로부터 함수쌍 $f(u,v)$와 $g(u,v)$의 Jacobian 행렬은

$$J(u,v)=\begin{bmatrix} f_u(u,v) & f_v(u,v) \\ g_u(u,v) & g_v(u,v) \end{bmatrix}$$

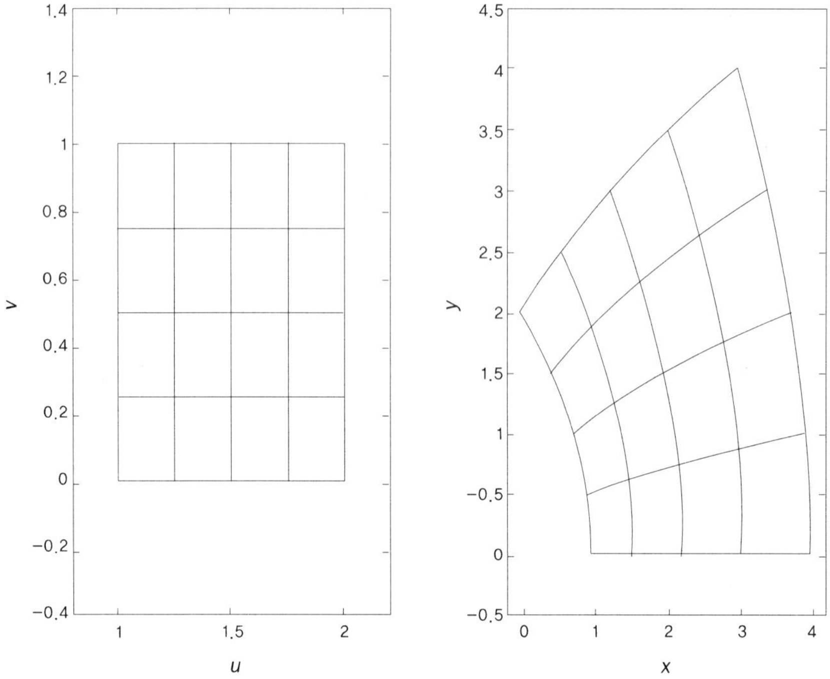

그림 9.4 $T(u,v)=(u^2-v^2,\ 2uv)$에 의하여 변환된 왼쪽의 정사각형 $R=[1,2]\times[0,1]$.
이미지 집합 G는 오른쪽에 나타나 있다.

로 주어짐을 상기하자. 근사 (9.8)과 (9.9)는 다음과 같이 쓸 수 있다:

$$T(u,v)=(f(u,v),g(u,v))\approx T(u_0,v_0)+J(u_0,v_0)\begin{bmatrix}u-u_0\\ v-v_0\end{bmatrix}$$

우변에서 행렬곱은 다음과 같다:

$$J(u_0,v_0)\begin{bmatrix}u-u_0\\ v-v_0\end{bmatrix}=\begin{bmatrix}f_u(u_0,v_0)(u-u_0)+f_v(u_0,v_0)(v-v_0)\\ g_u(u_0,v_0)(u-u_0)+g_v(u_0,v_0)(v-v_0)\end{bmatrix}$$

따라서 $A=f_u(u_0,v_0)$, $B=f_v(u_0,v_0)$, $C=g_u(u_0,v_0)$, $D=g_v(u_0,v_0)$일 때 근사 우호적 변환은

$$\widetilde{T}(u,v)=T(u_0,v_0)+J(u_0,v_0)\begin{bmatrix}u-u_0\\ v-v_0\end{bmatrix} \tag{9.10}$$

점 (u_0,v_0)는 사각형 R 내의 어느 곳에서도 취할 수 있다. 여기에서는 중간점 $(u_0,v_0)=((a+b)/2,(c+d)/2)$를 취하기로 한다. 우호적 변환의 면적의 곱셈인자는

$$|AD-BC|=|\det\ J((a+b)/2,\ (c+d)/2)|$$

와 같다. 행렬값 표현 $|\det\ J(u,v)|$를 간단히 $|J(u,v)|$로 쓰기로 한다.

따라서 식 (9.7)을 이용하면 $\widetilde{T}$에 따른 사각형 R의 이미지인 평행사변형 P의 면적은

$$\text{면적(P)}\ =\ |J((a+b)/2,\ (c+d)/2)|(b-a)(d-c)$$

이다. 면적 G에 대한 보다 나은 근사를 얻기 위하여 사각형 R을 부사각형 $R_{i,j}$들로 나누고 각 $R_{i,j}$에서 우호적 근사 $\widetilde{T}_{i,j}$를 구한다. 이들 우호적 근사들은 평행사변형 $P_{i,j}=\widetilde{T}_{i,j}(R_{i,j})$들을 생성한다. 부사각형들의 수가 증가함에 따라 평행사변형 $P_{i,j}$의 합은 이미지 집합 G에 대한 보다 나은 근사를 제공한다. $P_{i,j}$의 면적들의 합은 또한 G의 면적에 대한 근사이다. 실제로

$$\int\int_G dA(x,y)=A(G)\approx\sum_{i,j}A(P_{i,j})=\sum_{i,j}|J(u_i,v_j)|A(R_{i,j})$$

이며 여기에서 (u_i,v_j)는 부사각형 $R_{i,j}$의 중간점들이다. 극한에서는 부사각형 $R_{i,j}$의 직경이 0으로 감에 따라

$$\text{면적(G)}\ =\ \int\int_G dA(x,y)=\int\int_R |J(u,v)|dA(u,v) \qquad (9.11)$$

를 얻는다.

m-파일 trf

m－파일 trf.m은 이러한 근사 과정을 보여준다. 이 파일은 사각형을 곡선형 집합 G로 변환시키며 근사 평행사변형들의 면적을 더하여 G의 면적에 대한 근사를 구한다. 사용자는 함수 $f(u,v)$와 $g(u,v)$를 m－파일이나 인라인 함수로 제공하여야 한다. 이 함수들은 변환을 정의한다. 사각형 R은 통상적인 벡터 corners로 정의된다. 호출은 f와 g가 인라인 함수로 주어진 경우 trf(f,g,corners), f와 g가 m－파일로 주어진 경우 trf('f','g',corners)와 같다. 사용

자는 각 방향으로의 구간 수를 입력해야 한다. 사각형 R은 그림의 왼쪽에 나타나며 곡선집합 G는 부사각형들의 이미지와 함께 오른쪽에 나타난다. G에 겹쳐진 근사 평행사변형을 보려면 ENTER 키를 누른다. 사각형들의 면적의 합이 스크린에 나타난다.

보기 9.6

그림 9.4를 만드는 데 이용된 것과 동일한 변환을 사용한다:

$$T(u,v) = (f(u,v), g(u,v)) = (u^2 - v^2,\ 2uv)$$

사각형 R은 $R = [1,2] \times [0,1]$과 같다.

```
>> f = inline('u.^2 - v.^2','u','v');
>> g = inline('2*u.*v', 'u', 'v');
>> corners = [1 2 0 1];
>> trf(f,g,corners)
enter the number of subdivisions [n m]  [4 4]
subdiv =
    4    4
Hit return to continue
A =
   10.6250
```

결과는 그림 9.5에 보인 바와 같다.

공식 (9.11)은 집합 G에서 함수 h(x,y)의 적분으로 확장된다. 일반적 공식은 다음과 같다:

$$\int\int_G h(x,y)dA(x,y) = \int\int_R \tilde{h}(u,v)|J(u,v)|dA(u,v) \tag{9.12}$$

위에서 함수 $\tilde{h}(u,v) = h(f(u,v), g(u,v))$는 변환 T와 함수 h의 조합이다. $\tilde{h}$는 사각형 R에 대한 h의 *풀백*이라고 불린다.

변수변환 공식 (9.12)는 G가 다른 곡선집합 $\widetilde{G}$의 변환 T에 따른 이미지인 경우 좀 더 일반적인 상황에서도 유효하다. 이 경우 $\widetilde{G}$는 변환 T에 의한 G의 *풀백*이라고 말한다.

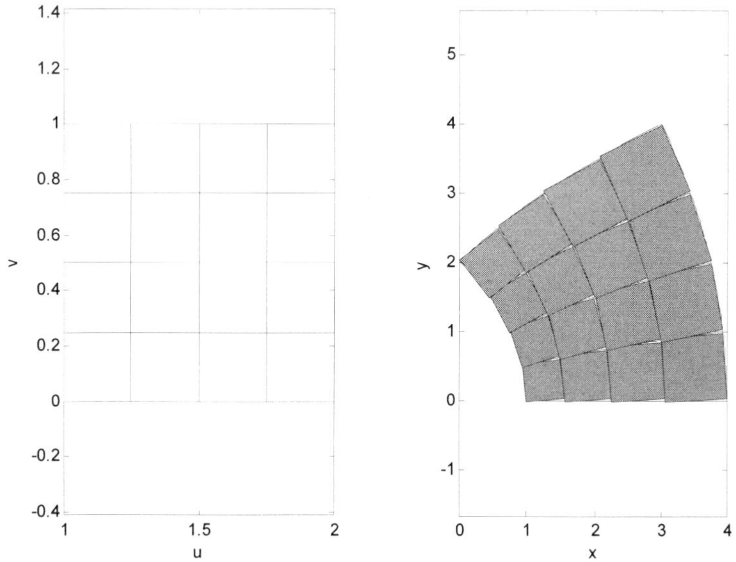

그림 9.5 각 부사각형(m=n=4)에 대한 우호적 변환에 의하여 생성된 근사 평행사변형.

사각형 R인 G의 풀백을 구하는 이점은 사각형에서의 적분의 수치적 추정방법을 R에서 $\tilde{h}$의 적분에 적용할 수 있다는 것이다.

수직 단순체와 수평 단순체 영역 G

수직, 혹은 수평 단순체에서의 적분의 수치적 추정문제로 돌아가 보자. 만일 G가 수직 단순체 영역이라면 G를 다음과 같이 나타낼 수 있다:

$$G = \{(x,y):\ c(x) \le y \le d(x),\ a \le x \le b\}$$

R을 사각형 $R = \{(u,v):\ a \le u \le b,\ 0 \le v \le 1\}$ 라고 하자. 단순 변환

$$T(u,v) = (f(u,v), g(u,v)) = (u, (1-v)c(u) + vd(u))$$

는 사각형 R을 집합 G로 사영한다. v=0인 R의 하부 모서리는 곡선 y=c(x)에 사영되며 위쪽 모서리 v=1은 곡선 y=d(x)에 사영됨을 주목하자. 이 변환의 Jacobian 행렬은

$$J(u,v) = \begin{bmatrix} 1 & 0 \\ (1-v)c'(v) + vd'(u) & d(u) - c(u) \end{bmatrix}$$

와 같으며 Jacobian 행렬값은

$$|J(u,v)| = |d(u) - c(u)|$$

이다. 따라서 G에서의 적분은

$$\int\int_G h(x,y)dA(x,y) = \int\int_R \tilde{h}(u,v)|d(u) - c(u)|dvdu$$

이다. 여기에서 $\tilde{h}(u,v) = h(u,(1-v)c(u) + vd(u))$이다.

보기 9.7

$h(x,y) = \cos^2(x)e^{-xy}$이며

$$G = \{(x,y):\ x(x-3) \le y \le \sin(x), 0 \le x \le \pi/2\}$$

라고 하자. 그러면

$$\int\int_G h(x,y)dA(x,y) = \int_0^{\pi/2}\int_0^1 \tilde{h}(u,v)|\sin u - u(u-3)|dvdu$$

위에서

$$\tilde{h}(u,v) = h(u,(1-v)c(u) + vd(u)) = \cos^2(u)e^{-u((1-v)u(u-3) + v\sin(u))}$$

이 적분을 m-파일 simp2.m으로 추정하여 보자. 먼저 적분자 $q(u,v) \equiv \tilde{h}(u,v)(d(u) - c(u))$에 대한 m-파일을 작성한다:

```
function z = q(u,v)
x = u;
y = (1-v).*u.*(u-3) + v.*sin(u);
z = cos(x).^2 .* exp(-x.*y).*abs(sin(u) - u.*(u-3));
```

```
>> format long
>> corners = [0 pi/2 0 1];
>> simp2('q',corners)
the number of subivisions n and m in each direction must be even
enter the number of subdivisions in x and y direction as [n m] [30 20]
subdiv =
    30    20
Approximate value of the integral using Simpsons rule
ans =
   2.03220348853753
```

이 결과에서 오차의 추정치를 얻으려면 다시 Simpson 규칙을 수행하는데 이번에는 각 방향으로의 구간 수를 두 배로 한다:

```
>> simp2('q',corners)
the number of subivisions n and m in each direction must be even
enter the number of subdivisions in x and y direction as [n m] [60 40]
subdiv =
    60    40
Approximate value of the integral using Simpsons rule
ans =
   2.03219215873978
```

위 두 결과들의 차이는 약 10^{-5}이며 이는 첫 번째 결과의 오차의 절대값이 10^{-5} 정도임을 의미한다.

사각형으로의 유사한 변수 변경은 수평적으로 단순체인 영역에 대해서도 행할 수 있다.

극좌표

변수변환 공식의 중요한 특수 경우는 극좌표인 경우이다. xy 평면의 집합 G는 r,θ 평면에서 어떤 사각형 R의 다음과 같은 변환에 따른 이미지라고 가정한다:

$$x = rcos\theta, \quad y = r\sin\theta$$

이 변환의 Jacobian 행렬은

$$J(r,\theta)=\begin{bmatrix} x_r & x_\theta \\ y_r & y_\theta \end{bmatrix}=\begin{bmatrix} \cos\theta & -r\sin\theta \\ \sin\theta & r\cos\theta \end{bmatrix}$$

이며

$$|\det\ J(r,\theta)|=r((\cos\theta)^2+(\sin\theta)^2)=r$$

이다. 따라서 극좌표로는 $a\le r\le b,\ c\le\theta\le d$로 표시되는 집합 G에 대하여 다음을 얻는다:

$$\int\int_G h(x,y)dA(x,y)=\int_c^d\int_a^b h(r\cos\theta,\ r\sin\theta)rdrd\theta$$

보다 일반적으로 만일 G가

$$\widetilde{G}=\{(r,\theta):\ a(\theta)\le r\le b(\theta),\ c\le\theta\le d\}$$

와 같이 극좌표로 나타내어진다면

$$\int\int_G h(x,y)dA(x,y)=\int\int_{\widetilde{G}} h(r\cos\theta,\ r\sin\theta)rdrd\theta$$

이 적분은 변수변환

$$r=r(u,v)=(1-v)a(u)+vb(u),\quad \theta=u$$

에 따라 사각형 $R=\{c\le u\le d,\ 0\le v\le 1\}$로 되돌릴 수 있다. 이로부터

$$\int\int_G h(x,y)dA(x,y)=\int\int_R \tilde{h}(u,v)r(u,v)|b(u)-a(u)|dA(u,v)$$

를 얻는다. 여기에서

$$\tilde{h}(u,v)=h(r(u,v)\cos u,\ r(u,v)\sin u)$$

이다.

보기 9.8

카디오드 곡선으로 둘러싸인 집합 G는

$$G=\{(r,\theta):\ 0\le r\le 1+\sin\theta,\ 0\le\theta\le 2\pi\}$$

이다. $h(x,y)=e^{-x^2+y}$라고 하자. 먼저 극좌표를 도입한다.

$$\int\int_G h(x,y)dA(x,y)=\int_0^{2\pi}\int_0^{1+\sin\theta}h(r\cos\theta,\ r\sin\theta)rdrd\theta$$

다음에 두 번째 변수변환을 수행한다:

$$r=r(u,v)=v(1+\sin u),\quad \theta=u$$

위에서 $0<u<2\pi,\ 0<v<1$이다. 마지막으로 다음을 얻는다:

$$\int\int_G h(x,y)dA(x,y)=\int_0^1\int_0^{2\pi}\tilde{h}(u,v)r(u,v)(1+\sin u)dudv$$

이중 풀백 $\tilde{h}(u,v)$는 다음과 같은 조합으로 정의된다:

$$\tilde{h}=e^{-x^2+y}=e^{-(r(u,v)\cos u)^2+r(u,v)\sin u}$$

이 적분은 m-파일 simp2를 이용하여 추정할 수 있다.

$$q(u,v)=\tilde{h}(u,v)r(u,v)(1+\sin u)$$

라고 두자.

```
function z = q(u,v)
r = v.*(1 + sin(u));
x = r.*cos(u); y = r.*sin(u);
z = exp(-x.^2 + y).*r.*(1 + sin(u));
........................................
```

```
>> corners = [0 2*pi 0 1];
>> simp2('q',corners)
the number of subivisions n and m in each direction must be even
enter the number of subdivisions in x and y direction
                          as [n m] [120 20]
subdiv =
   120    20
Approximate value of the integral using Simpsons rule
ans =
   9.17859917245639

>> simp2('q',corners)
the number of subivisions n and m in each direction must be even
enter the number of subdivisions in x and y direction
                          as [n m] [240 40]
subdiv =
   240    40
Approximate value of the integral using Simpsons rule
ans =
   9.17859249588676
```

m과 n이 두 배로 되면 결과의 차이는 2.3×10^{-5}이다.

9.4 3중적분

R이 x, y, z 공간에서의 사각형 고체인 경우 적분 $\iiint_R f\,dV$는 Riemann 합의 극한과 동일한 방식으로 정의된다. 이 3중적분은 반복적분들로 나타낼 수 있다. 고체 $R=\{(x,y,z):\ a_1 \le x \le a_2,\ b_1 \le y \le b_2,\ c_1 \le z \le c_2\}$라고 하자. 그러면

$$
\begin{aligned}
\iiint_R f(x,y,z)\,dV &= \int_{a_1}^{a_2}\int_{b_1}^{b_2}\int_{c_1}^{c_2} f(x,y,z)\,dz\,dy\,dx \\
&= \int_{b_1}^{b_2}\int_{a_1}^{a_2}\int_{c_1}^{c_2} f(x,y,z)\,dz\,dx\,dy \\
&= \int_{c_1}^{c_2}\int_{b_1}^{b_2}\int_{a_1}^{a_2} f(x,y,z)\,dx\,dy\,dz
\end{aligned}
$$

우리가 3중적분을 수행할 수 있는 방법에는 모두 합해서 6가지의 다른 순서들이 있다. 일단 반복적분으로 나타내면 기호 적분기 int를 3회 적용하여 적분이 이런 식으로 이루어질 수 있다고 기대한다. 그렇지 않다면 3차원 버전의 Simpson 규칙을 이용할 수 있는데 이는 2차원 규칙에서와 같은 방법으로 구성된다. 이 규칙은 m-파일 simp3에 의하여 수행된다.

m-파일 simp3.m

호출은 simp3(f,corners)와 같으며 f는 m-파일이나 인라인 함수로 주어진다. 여기에서 corners는 사각형 고체의 꼭지점 좌표인 6-벡터이다. 호출 후에는 각 방향으로의 구간 수를 3-벡터 [n m p]로 지정해야 한다.

보기 9.9

고체는 중심이 원점인 단위 정육면체로서 $R=\{0 \le x,y,z \le 1\}$이라 하고 f는

$$f(x,y,z)=(y+z)\sin(\pi(x^2+y^2))$$

라고 하자. 먼저 기호 적분기를 3번 사용하여 적분을 수행한다. 다음에 m-파일 simp3를 이용하여 적분을 행한다.

```
>> syms x y z
>> ff = (y+z)*sin(pi*(x^2 + y^2));
>> int(int(int(ff,x,0,1),y,0,1),0,1)
ans =
1/2*FresnelS(2^(1/2))*FresnelC(2^(1/2))
+1/2*FresnelC(2^(1/2))/pi*2^(1/2)
>> double(ans)
ans =
   0.30784938470884

>> f = inline('(y+z).*sin(pi*(x.^2+y.^2))','x','y','z');
>> corners = [0 1 0 1 0 1];
>> simp3(f,corners)
the number of subdivisions m,n and p in each direction must be even
enter the number of subdivisions [n m p]  [20 20 20]
subdiv =
    20    20    20
```

```
ans =
   0.30786314294381

>> simp3(f,corners)
the number of subdivisions m,n and p in each direction must be even
enter the number of subdivisions [n m p]  [40 40 40]
subdiv =
    40    40    40
ans =
   0.30785023200358
```

기호 계산의 결과는 다음과 같은 Fresnel 함수들로 주어진다:

$$\begin{aligned}\text{FresnelC(x)} &= \sqrt{\frac{2}{\pi}}\int_0^{\sqrt{x}} \cos(t^2)dt \\ \text{FresnelS(x)} &= \sqrt{\frac{2}{\pi}}\int_0^{\sqrt{x}} \sin(t^2)dt\end{aligned}$$

세 개의 결과들의 차이는 10^{-6} 정도이다.

사각형이 아닌 영역에서의 적분은 2차원에서와 같이 변환 T를 이용하여 그 영역과 함수를 사각형 집합으로 돌려 수행한다. 변환

$$(x,y,z) = T(u,v,w) = (\alpha(u,v,w), \beta(u,v,w), \gamma(u,v,w))$$

가 사각모양의 고체를 x, y, z 공간의 집합 G로 사영한다고 하자. T의 Jacobian 행렬은

$$J(u,v,w) = \begin{bmatrix} \alpha_u & \alpha_v & \alpha_w \\ \beta_u & \beta_v & \beta_w \\ \gamma_u & \gamma_v & \gamma_w \end{bmatrix}$$

이다. det(J(u,v,w))의 절대값을 $|J(u,v,w)|$로 나타내기로 하자. 변수변환 공식은 다음과 같다:

$$\iiint_G f(x,y,z)dV(x,y,z) = \iiint_R f(\alpha(u,v,w),\beta(u,v,w),\gamma(u,v,w))|J((u,v,w)|dV(u,v,w) \quad (9.13)$$

구좌표

구좌표로 나타낸 영역에서의 적분은 식 (9.13)을 이용한다. 여기에서 변수 변경은 다음과 같다:

$$(x,y,z) = T(r,\theta,\phi)$$

위에서

$$x = r\cos\theta\sin\phi, \quad y = r\sin\theta\sin\phi, \quad z = r\cos\phi$$

이다. 반경 거리는 $r = \sqrt{x^2+y^2+z^2}$ 이며 xy 평면상의 각도는 θ이고 축으로부터의 각도는 ϕ이다. 이러한 T에 대한 Jacobian은 다음과 같다:

$$J(r,\theta,\phi) = \begin{bmatrix} \cos\theta\sin\phi & -r\sin\theta\sin\phi & r\cos\theta\cos\phi \\ \sin\theta\sin\phi & r\cos\theta\sin\phi & r\sin\theta\cos\phi \\ \cos\phi & 0 & -r\sin\theta \end{bmatrix}$$

Jacobian 행렬의 행렬값은 $|J(r,\theta,\phi)| = r^2\sin\phi$이므로 식 (9.13)으로부터

$$\iiint_G f(x,y,z)dV(x,y,z) = \iiint_R \tilde{f}(r,\theta,\phi)r^2\sin\phi drd\theta d\phi \tag{9.14}$$

를 얻는다. 위에서

$$\tilde{f}(r,\theta,\phi) = f(r\cos\theta\sin\phi,\ r\sin\theta\sin\phi,\ r\cos\phi)$$

이다.

보기 9.10

G를 중심이 원점이고 반경 r=2와 r=4인 두 공 사이의 영역이라고 하자. 이 영역은 변하는 밀도 $\rho(x,y,z) = 1 + \cos(x)$의 물질로 채워져 있다고 가정한다. 이 영역의 질량은 얼마이며 평균밀도는 얼마인가? 질량은

$$\iiint_G \rho(x,y,z)dV(x,y,z)$$

로 주어진다. 두 공 사이의 영역은 $2 \le r \le 4$, $0 \le \theta \le 2\pi$, $0 \le \phi \le \pi$로 나타내어진다. 변수변환 공식 (9.14)를 이용하면

$$\iiint_G \rho(x,y,z)dV(x,y,z) = \int_0^{\pi}\int_0^{2\pi}\int_2^4 [1+\cos(r\cos\theta\sin\phi)]r^2\sin\phi drd\theta d\phi$$

이 적분을 m−파일 simp3를 이용하여 추정해 보기로 한다:

```
function out = rrho(r,theta,phi)
x = r.*cos(theta).*sin(phi);
out = (1+cos(x)).*r.^2.*sin(phi);
.......................................................
>> corners = [2 4 0 2*pi 0 pi];
>> simp3('rrho',corners)
the number of subdivisions m,n and p in each direction must be even
enter the number of subdivisions [n m p]  [20 60 30]
subdiv =
    20    60    30
ans =
    2.360351669395974e+002

>> simp3('rrho',corners)
the number of subdivisions m,n and p in each direction must be even
enter the number of subdivisions [n m p]  [40 120 60]
subdiv =
    40   120    60
ans =
    2.360324035495266e+002
```

결과의 차이는 3×10^{-3}정도이다. 첫 번째 결과의 절대오차는 이정도인 것으로 간주할 수 있다. 상대오차는 $3\times10^{-3}/200 = 1.5\times10^{-5}$ 정도이다. 평균밀도는 질량을 부피 $(4/3)\pi(4^3-2^3)$으로 나누어 얻는다.

연습문제

1. (1) R을 사각형 $[0,2]\times[0,2]$라 하고 $f(x,y)=\sin(x+y)$라고 하자. m=n=4, m=n=8, m=n=16, 그리고 m=n=32로 하고 m-파일 riemann을 적용하여라. 각 경우에서 옵션을 이용하여 스텝 함수 근사의 그래프가 나타나도록 하여라.

(2) 정확한 결과를 직접 계산하여라. m=n=32일 때의 Riemann 합과 정확한 결과 사이의 차이는 얼마인가?

2. (1) G를 집합 $\{(x,y):\ y>\dfrac{x^2}{2}\}\cap R$이라고 하자. R은 연습문제 1의 정사각형이다. 직접적인 Riemann 합 방법을 적용하여 다음의 적분을 추정하고자 한다:

$$\iint_G \sin(x+y)dA(x,y)$$

제약함수 $\tilde{f}$는

$$\tilde{f}(x,y)=\begin{cases}\sin(x+y) & : \quad y>\dfrac{x^2}{2}\\ 0 & : \quad y<\dfrac{x^2}{2}\end{cases}$$

와 같다. $\tilde{f}$에 대한 함수 m-파일은

```
function z = ftil(x,y)
z = (y > 0.5*x.^2).*sin(x+y);
```

와 같다. m=n=50으로 하여 m-파일 riemann을 $\tilde{f}$에 적용하여라.

(2) 이제 위의 적분을 기호 적분기를 이용하여 반복적분으로 구하여라:

$$\iint_G \sin(x+y)dA(x,y)=\int_0^2\int_{x^2/2}^2 \sin(x+y)dydx$$

결과는 Fresnel 함수로 주어진다. 이 결과를 이중 정밀도로 구하여라. 여기에서 얻은 결과와 (1)에서 얻은 결과의 차이는 얼마인가? Fresnel 적분으로 계산한 결과가 더욱 정확하며 이를 "정확한 해"로 취할 수 있다.

3. 1차원에서의 사다리꼴 규칙은

$$T_n(f) = \left(\frac{b-a}{2n}\right)[f(x_1) + 2f(x_2) + \cdots + 2f(x_n) + f(x_{n+1})]$$

및

$$\int_a^b f(x)dx = T_n(f) + E_n(f)$$

로 주어짐을 상기하자. h = (b−a)/n으로 두면 어떤 점 $\xi \in [a,b]$에서 오차는 다음과 같이 나타낼 수 있다:

$$E_n(f) = -\frac{1}{12}(b-a)h^2 f''(\xi)$$

(1) 사각형 $R = [a,b] \times [c,d]$에서 사다리꼴 규칙의 2차원 버전은 무엇인가? 각 부사각형에서 이 규칙은 어떻게 해석될 수 있는가?

(2) $T_{n,m}$을 2차원 사다리꼴 규칙이라고 하자. 여기에서 n은 x 방향의 구간 수이며 m은 y 방향의 구간 수이다. $f(x,y) = g(x)h(y)$ 형태의 함수에 대하여

$$T_{n,m}(f) = T_n(g)T_m(h)$$

임을 보여라.

(3) $f(x,y) = g(x)h(y)$ 형태의 함수에 대하여

$$\iint_R f(x,y)dA(x,y) = \int_a^b f(x)dx \int_c^d g(y)dy$$

임을 알 수 있다. 2차원 사다리꼴 방법에서 오차는

$$E = E_n(g)T_m(h) + T_n(g)E_m(h) + E_n(g)E_m(h)$$

임을 보여라. n과 m이 두 배로 되면 오차는 어떻게 감소할 것인가?

(4) 2차원 사다리꼴 규칙을 2차원 Simpson 규칙과 같은 방식으로 수행하는 MATLAB 스크립트를 작성하여라.

(5) 위에서 얻은 스크립트를 단위 정사각형 $R = [0,1] \times [0,1]$ 상에서 $f(x,y) = x + y^2$에 적용하여 보라. 적분의 정확한 값을 직접 계산하여라. 다음에 여러 가지 경우의 n과 m에 대하여 실제 오차를 구하여라. n과 m이 두 배로 되면 오차는 어떻게 감소하는가?

4. R을 사각형 $[0,2]\times[1,4]$라고 하자.

(1) $f(x,y)=x\cos(x^2+y)$라고 하자. 적분 $\iint_R f dA$를 직접 계산하여 정확한 값을 얻어보라.

(2) 코드 simp2를 이용하여 [n,m] = [40,60]일 때 적분값을 추정하여라. 그 결과를 I_1이라고 하자. 다음에 [n,m] = [80,120]으로 하여 이 과정을 반복하고 그 결과를 I_2라고 하자. 차이 $|I_1-I_2|$는 오차 $I_1-\iint_R f dA$를 얼마나 잘 추정하는가?

5. R을 사각형 $[0,5]\times[0,5]$라고 하고 $f(x,y)=e^{x+\sin y}$라고 하자. simp2를 이용하여 적분 $\iint_R f dA$를 추정하여라. 이 때 처음에는 [n,m] = [50,50]으로 하고 다음에는 [n, m] = [100,100]으로 한다. 첫 번째 결과의 오차를 구하여라. 마지막으로 dblquad를 이용하여 적분값을 구하고 결과들을 비교하여라.

6. 밀도가 일정한 얇은 금속판이 xy 평면에서 집합 G를 차지하고 있다. G는 $G=\{(x,y):2x^3-1\le y\le 2(x-0.5)^2+0.5,\ 0\le x\le 1\}$이다. 판의 질량중심의 좌표는 $\bar{x}$, $\bar{y}$로서 각각 다음과 같다:

$$\bar{x}=\frac{\iint_G x\,dA(x,y)}{\iint_G dA(x,y)},\quad \bar{y}=\frac{\iint_G y\,dA(x,y)}{\iint_G dA(x,y)}$$

(1) xy 평면상에 판의 그래프를 그려라.

(2) 기호 적분기를 사용하여 $\bar{x}$, $\bar{y}$를 구하여라.

7. 변환 T가 $x=f(u,v)=e^u\cos v$, $y=g(u,v)=e^u\sin v$로 주어진다고 하자. R을 사각형 $\{0\le u\le 2,\ 0\le v\le \pi\}$라고 하자.

(1) 이 변환에 따른 R의 이미지를 G라고 하자. xy 평면상에 집합 G를 그려보라. G의 면적은 얼마인가?

(2) 이 문제에 m-파일 trf.m을 적용하여 보라. 처음에는 m=n=2, 다음에는 m=n=4, 그리고 마지막에는 m=n=8로 한다. 평행사변형들의 근사 집합의 면적을 (1)에서 얻은 정확한 결과와 비교하여라. 정확한 결과의 0.15 이내의 결과를 얻으려면 m과 n을 얼마나 크게 선택하여야 하는가?

8. 변환 T가 $x = f(u,v) = u + \frac{v}{2}$, $y = g(u,v) = ve^{u/2}$로 주어지며 R은 사각형 $\{0 \le u \le 4, -1 \le v \le 1\}$이라고 하자.

(1) 변환 T에 따른 R의 이미지를 G라고 하자. xy 평면상에 집합 G를 그려보라. 변수변환 공식 (9.11)을 이용하여 이의 면적을 정확하게 계산하여라.

(2) 이 문제에 m−파일 trf.m을 적용하여 보라. 처음에는 m=n=2, 다음에는 m=n=4, 그리고 마지막에는 m=n=8로 한다. 평행사변형들의 근사 집합의 면적을 매번 (1)에서 얻은 정확한 면적과 비교하여라. 정확한 결과의 0.01 이내의 결과를 얻으려면 m과 n을 얼마나 크게 선택하여야 하는가?

9. 표면 $z = e^x$ 위쪽에 위치하는 볼 $x^2 + y^2 + z^2 \le 4$ 부분의 부피를 구하여라.

(1) 집합 $G = \{x^2 + e^{2x} + y^2 \le 4\}$에서 이중적분을 설정하여라.

(2) 구간 $-2 \le x \le 1$에서 $y = g(x) = \pm\sqrt{4 - x^2 - e^{2x}}$의 그래프를 그려서 집합 G의 경계가 어떻게 보이는지 알아보라.

(3) G에서의 적분은 적절한 f에 대한 반복적분으로 다음과 같이 쓸 수 있다:

$$\int_a^b \int_{-g(x)}^{g(x)} f(x,y)\,dydx = 2\int_a^b \int_0^{g(x)} f(x,y)\,dydx$$

a와 b는 g의 근이다. fzero와 함수 g(x)를 이용하여 a와 b를 구하여라.

(4) $x = u$, $y = v\sqrt{4 - u^2 - e^{2u}}$와 같이 변수 변환을 수행하여 적분을 다음과 같은 형태로 바꾸어라:

$$2\int_a^b \int_0^1 q(u,v)\,dvdu$$

(5) 처음에는 m=n=50, 다음에는 m=n=100으로 하여 simp2를 적용하여라. 첫 번째 결과의 오차를 추정하여라.

10. G를 타원체 $\{x^2 + \frac{y^2}{4} + \frac{z^2}{9} \le 1\}$이라고 하자. 밀도가 $\rho(x,y,z) = e^{-x^2-y^2-z^2}$인 물질이 이 영역을 차지하고 있다고 하자.

(1) 집합 $\{x^2 + \frac{y^2}{4} \le 1\}$에서 함수 $z = \pm 3\sqrt{1 - x^2 - \frac{y^2}{4}}$의 그래프를 그림으로써 이 물체의 그래프를 구하여라.

(2) 이 물체의 질량을 구하여라. 먼저 변수변환 $x=u$, $y=2v$, $w=3z$를 수행하여 G를 단위 공으로 변환시킨다. 다음에 구좌표와 m-파일 simp3을 사용한다.

11. 이 문제는 다변수 미적분학의 표준적인 문제를 약간 변형시킨 것이다. 그러나 이 변형에서 적분은 해석적으로 이루어질 수 없다.

고체 실린더 $\{(x-1)^2+y^2 \le \frac{1}{4}\}$와 공 $\{x^2+y^2+z^2 \le 4\}$가 교차하는 영역의 부피를 구하여라. 변수변환 $\tilde{x}=x-1$을 수행하여 z 축이 대칭축이 되도록 실린더를 이동시킨다. 극좌표를 이용하고 simp2를 사용하여 10^{-6} 오차수준으로 적분을 추정하여라.

★12. x 축을 따라 정렬된 반경 b<2의 고체 실린더 $H=\{(x,y,z):\ y^2+z^2 \le b^2\}$를 고려하여 보자. 이 실린더는 밀도 $\rho(x,y,z)=\dfrac{1}{1+x^2}$인 물질로 이루어져 있다고 가정하자.

(1) 구간 $|x| \le 4$에서의 실린더 부분의 질량을 구하여라. 이는 직접 쉽게 구할 수 있다.

(2) 이제 대칭축을 z 축으로 하여 반경 a<b인 실린더를 잘라내어 보자. 이 집합이 $F=H\cap\{x^2+y^2 \le a^2\}$로 나타내어진다고 하자. a=1, b=2일 때 이들 두 실린더의 그래프를 그려라.

(3) F의 질량을 구하기 위해서는 적분 $\iiint_F \rho(x)dxdydz$를 계산하여야 한다. 문제를 원판 $\{x^2+y^2 \le b^2\}$상에서의 이중적분 문제로 축소시키고 z 적분을 직접 구하여라. 극좌표를 도입하고 simp2를 이용하여 a=1, b=2일 때 이 적분값을 추정하여라.

(4) 이제 문제를 더 재미있게 만들기 위하여 작은 실린더가 대칭축으로 선 z=x, y=0을 갖는다고 하자. 따라서 $F=H\cap\{(x-z)^2+2y^2=2a^2\}$이다. F의 질량을 구하고자 한다. 이 문제를 (2)에서의 문제로 축소시키기 위하여 $\tilde{x}=x-z$로 두고 y와 z는 그대로 둔다. 이러한 변수변환은 실린더 $\{y^2+z^2 \le b^2\}$를 그 자신으로 사영시키지만 밀도를 $\tilde{\rho}(\tilde{x},y,z)=\dfrac{1}{1+(\tilde{x}+z)^2}$로 바꾸어 주며 아울러 작은 직경의 실린더를 대칭축이 z 축이지만 타원형 단면 $\tilde{x}^2+2y^2=2a^2$를 갖는 실린더로 변환시켜 준다. 두 번째 변수변환을 수행하여 작은 실린더를 단면이 원인 실린더로 사영시켜 보라. dblquad를 이용하여 적분값을 추정하여라.

★13. 원형 나선이

$$p(t) = (r\cos t,\ r\sin t,\ at), \quad 0 \le t \le 8\pi$$

로 주어진다고 하자. 반경이 b<r이고 단면이 원형인 튜브가 원형 단면이 나선의 기울기 벡터에 대하여 수직인 형태로 나선을 따르고 있다. 감겨진 튜브를 생각하여 보라.

(1) 다음과 같은 변수변환을 수행하여라:

$$(u,v,t) \to (x,y,z) = p(t) + uN(t) + vB(t)$$

위에서 $N(t) = (-\cos t, -\sin t, 0)$은 p(t)에서의 주 수직이며 $B(t) = \dfrac{(a\sin t, -a\cos t, r)}{\sqrt{r^2 + a^2}}$ 은 p(t)에서의 바이노멀이다. 이러한 변수변환은 코일로 감겨진 튜브를 실린더 $\{u^2 + v^2 \le b^2,\ 0 \le t \le 8\pi\}$로 만들어준다(제 6장의 연습문제 10 참조). 이러한 변수변환에 대하여 $|J(u,v,t)| = \dfrac{a^2 + r(r+u)}{\sqrt{r^2 + a^2}}$ 임을 보여라.

(2) 감겨진 튜브의 부피는 $8\pi^2 b^2 \sqrt{r^2 + a^2}$ 임을 보여라. 이 계산은 직접 쉽게 할 수 있다.

(3) 감겨진 튜브가 금속 입자들을 포함하는 액체로 채워져 있다고 가정하자. 자기장이 걸려서 금속 입자들의 밀도가 영향을 받고 있으며 $\delta(x,y,z) = (x+10)^{3/2}$로 된다. 튜브 내의 유체의 질량을 무시하고 튜브 내의 금속 입자들의 질량을 계산하여라. (1)의 변수변환을 이용하고 계산해야 할 적분을 구성하여라. r=4, a=1, 그리고 b=0.5로 하고 simp3를 이용하여 적분값을 추정하여라.

★★14. 기르고 있는 개의 부피를 구하여라.

10
곡선과 평면에서의 스칼라 적분

이 장에서 사용되는 미리 작성된 m 파일들

```
simp2    tsurf    gdome
```

10.1 곡선에서의 스칼라 적분

스칼라 값을 갖는 함수의 곡선 C에 따른 적분은 많은 상황에서 대할 수 있다. 이 적분들은

$$\int_C f ds$$

의 형태를 갖는다. 여기에서 s는 호의 길이이며 f는 곡선 상에서 정의되는 어떤 함수이다. 함수 f는 호 길이의 함수이거나 C 상의 점의 좌표의 함수일 수 있다.

보기 10.1

굴곡진 선의 밀도가 선의 한쪽 끝으로부터의 호의 길이에 따라 좌우된다고 하자. 그러면 선의 질량은 적분

$$m = \int_C \rho(s)ds = \int_0^L \rho(s)ds$$

로 주어진다. $\rho(s)$는 선 밀도이며 L은 곡선의 길이이다.

이러한 선 부분의 질량중심의 좌표를 구하려면 다음 적분들을 구하여야 한다:

$$\bar{x} = \frac{1}{m}\int_C x\rho(s)ds$$
$$\bar{y} = \frac{1}{m}\int_C y\rho(s)ds$$
$$\bar{z} = \frac{1}{m}\int_C z\rho(s)ds$$

C를 상부 반평면에서 반경 2인 반원이라 하고 밀도는 $\rho(s) = \sqrt{1+s^2}$ 라고 하자. 호의 길이는 점 (2,0)으로부터 측정된다. 반원의 호의 길이는 $L = 2\pi$이므로 질량은

$$m = \int_0^{2\pi} \sqrt{1+s^2}\,ds$$

로 주어진다. 이 적분은 직접 구하거나 기호적으로 구할 수 있다.

```
>> syms s
>> density = sqrt(1+s^2);
>> int(density, 0, 2*pi)
ans =
pi*(1+4*pi^2)^(1/2)-1/2*log(-2*pi+(1+4*pi^2)^(1/2))
>> mass = double(ans)
mass =
   21.2563
```

이제 질량중심의 좌표를 계산하려면 C를 다음과 같이 파라미터화한다:

$$r(t) = [2\cos(t),\ 2\sin(t),\ 0],\quad 0 \le t \le \pi,\quad ds = \| r'(t) \|\, dt = 2dt$$

그러면 $s(t) = 2t$, $\rho(s(t)) = \sqrt{1+4t^2}$ 이다. 곡선 상에서 $x = 2\cos(t)$이므로

$$\bar{x} = \frac{1}{m}\int_0^{\pi} 2\cos(t)\sqrt{1+4t^2}\,2dt$$

를 얻는다. 이 적분은 기호적으로 수행될 수 없으므로 quadl을 이용한다:

```
>> f = inline('4*sqrt(1+4*t.^2).*cos(2*t)');
>> xbar = (1/mass)*quadl(f,0,pi)
xbar =
    0.0364
```

10.2 표면에서의 스칼라 적분

표면 S가 집합 G에서 연속 미분가능 함수 $z = f(x,y)$의 그래프로 주어진다면 표면 면적 공식은

$$\text{면적}(S) = \iint_G \sqrt{1+f_x^2+f_y^2}\,dA(x,y) \tag{10.1}$$

로 주어진다. 만일 $g(x,y,z)$가 G 위의 표면부분을 포함하는 x, y, z 공간의 영역에서 정의되는 함수라면 S에서의 g의 적분은

$$\iint_G g(x,y,f(x,y))\sqrt{1+f_x^2+f_y^2}\,dA(x,y) \tag{10.2}$$

와 같이 정의된다. 표면 요소는 종종

$$dS = \sqrt{1+f_x^2+f_y^2}\,dA(x,y)$$

와 같이 나타낸다. 그러므로 스칼라 표면적분은

$$\iint_S g(x,y,z)\,dS$$

로 쓰기도 한다.

보기 10.2

표면 S는 정사각형 $R=[0,2]\times[0,2]$ 상에서 $z=f(x,y)=\sin(x+y^2)$로 주어진다고 하자. 이 표면부분의 면적은

$$\iint_R \sqrt{1+\cos^2(x+y^2)(1+4y^2)}\, dA(x,y)$$

이다. 이러한 종류의 적분은 흔히 기호적으로 수행될 수 없으므로 2차원 버전의 Simpson 규칙을 이용하여 적분값을 추정한다:

```
>> h = inline('sqrt(1+cos(x+y.^2).^2.*(1+4*y.^2))','x','y');
>> simp2(h, [0 2 0 2])
the number of subivisions n and m in each direction must be even
enter the number of subdivisions in x and y direction as [n m] [20 20]
subdiv =
    20    20
Approximate value of the integral using Simpsons rule
ans =
    7.2589
```

표면 S가 밀도 $\rho(x,y,z)$가 변하는 금속판이라고 하자. 이 금속판의 질량은 다음과 같은 스칼라 표면적분으로 주어진다:

$$m=\iint_S \rho(x,y,z)dS=\iint_R \rho(x,y,f(x,y))\sqrt{1+f_x^2+f_y^2}\, dA(x,y)$$

질량중심의 좌표는 다음과 같은 적분으로 주어진다:

$$\bar{x}=\frac{1}{m}\iint_S x\rho(x,y,z)dS$$
$$\bar{y}=\frac{1}{m}\iint_S y\rho(x,y,z)dS$$
$$\bar{z}=\frac{1}{m}\iint_S z\rho(x,y,z)dS$$

보기 10.3

집합 $G=R=[0,2]\times[0,2]$에서 보기 10.2의 표면을 계속 고려하여 보자. 물질의 밀도는 $\rho(x,y,z)=x+y+z$로 주어진다고 가정하자. 그러면 금속판의 질량은 다음과 같은 적분으로 주어진다:

$$m=\iint_R (x+y+\sin(x+y^2))\sqrt{1+\cos^2(x+y^2)(1+4y^2)}\,dA(x,y)$$

질량중심의 z 좌표는 다음과 같이 주어진다:

$$\frac{1}{m}\iint_R (x+y+\sin(x+y^2))\sin(x+y^2)\sqrt{1+\cos^2(x+y^2)(1+4y^2)}\,dA(x,y)$$

연습을 위하여 이 적분들을 m-파일 dblquad를 이용하여 추정하여 보자. 인라인 함수들을 결합하는 것은 불가능하므로 적분자들에 대한 m-파일을 작성한다:

```
function integrand = h(x,y)
z = sin(x+y.^2);
density = x+y+z;
area_element = sqrt(1 + cos(x+y.^2).^2.*(1+4*y.^2));
integrand = density.*area_element;
..................................................
function integrand = h1(x,y)
z = sin(x+y.^2);
integrand = z.*h(x,y);
..................................................

>> mass = dblquad('h', 0, 2, 0, 2)
mass =
   17.0009

>> zbar = (1/mass)*dblquad('h1', 0, 2, 0, 2)
zbar =
    0.2285
```

10.3 파라미터로 주어지는 표면에서의 적분

하나의 표면은 그것이 아래와 같은 세 함수에 따라 uv 공간의 집합 R(대개 사각형)의 xyz 공간에서의 이미지 집합인 경우 파라미터적으로 표현됨을 상기하자:

$$(u,v) \rightarrow (x(u,v),\ y(u,v),\ z(u,v))$$

그러한 표면의 면적은 어떻게 계산하며 그들에서 스칼라 함수의 적분은 어떻게 구할 것인가?

파라미터로 표현되는 표면 S에 대한 표면적 요소는 다음과 같이 정의된다:

$$\begin{aligned} dS &= \| n(u,v) \| \, dA(u,v) \\ &= \sqrt{(y_u z_v - y_v z_u)^2 + (x_v z_u - x_{u z_v})^2 + (x_u y_v - x_v y_u)^2}\, dA(u,v) \end{aligned}$$

따라서 표면적은

$$\text{면적}(S) = \iint_R \| n(u,v) \| \, dA(u,v) \tag{10.3}$$

으로 주어지며 밀도와 같은 함수 $f(x,y,z)$의 적분은

$$\iint_S f(x,y,z)dS = \iint_R f(x(u,v),y(u,v),z(u,v)) \, \| n(u,v) \| \, dA(u,v) \tag{10.4}$$

회전표면의 경우 n은 식 (6.4)로 주어지며 표면적 요소는

$$dS = \| n(u,v) \| \, dA(u,v) = |x_0(v)| \sqrt{[x_0{}'(v)]^2 + [z_0{}'(v)]^2}\, dudv$$

따라서 회전 표면적은 v에 대한 하나의 적분으로 환원된다:

$$\text{면적}(S) = 2\pi \int_a^b |x_0(v)| \sqrt{[x_0{}'(v)]^2 + [z_0{}'(v)]^2}\, dv \tag{10.5}$$

보기 10.4

바나나의 표면적을 구하여 보자. 먼저 바나나처럼 보인다고 생각되는 것의 파라미터화를 구하여야 한다. 다음과 같은 회전표면인 타원체로부터 시작한다:

$$
\begin{aligned}
x(u,v) &= \cos u \cos v \\
y(u,v) &= \sin u \cos v \\
z(u,v) &= 3\sin v \\
0 \le u \le 2\pi&, \ -\pi/2 \le v \le \pi/2
\end{aligned}
$$

다음에 x 좌표 함수에 교란을 추가함으로써 이를 x 방향으로 구부린다:

$$x(u,v) = \cos u \cos v + 2\sin^2 v$$

타원체와 바나나는 그림 10.1에 나타나 있다. 수직 벡터는

$$n(u,v) - [3\cos u \cos^2 v,\ 3\sin u \cos^2 v,\ \cos v \sin v - 4\cos u \sin v \cos^2 v]$$

와 같으며 면적은 다음과 같은 적분으로 주어진다:

$$\int_0^{2\pi} \int_{-\pi/2}^{\pi/2} \| n(u,v) \| \, dA(u,v)$$

여기에서

$$\| n(u,v) \|^2 = 9\cos^4 v + (\cos v \sin v - 4\cos u \sin v \cos^2 v)^2$$

이다. 그래프 작성과 계산은 다음과 같이 이루어진다: $\| n \|$ 에 대한 표현은 약간 복잡하므로 이를 m-파일로 만든다:

```
u = linspace(0,2*pi,41);
v = linspace(-0.5*pi,0.5*pi,41);
[U,V] = meshgrid(u,v);

% 타원체의 그래프
```

```
subplot(1,2,1)
Xe = cos(U).*cos(V);
Y = sin(U).*cos(V);
Z = 3*sin(V);
surf(Xe,Y,Z)
axis([-1 1 -1 1 -3 3])
xlabel('x'), ylabel('y')

% 바나나의 그래프
subplot(1,2,2)
X = cos(U).*cos(V) + 2*sin(V).^2;
surf(X,Y,Z)
axis([-1 2 -1 1 -3 3])
xlabel('x'), ylabel('y')

% 표면적의 계산
>> simp2('da', [0 2*pi -0.5*pi 0.5*pi])
the number of subivisions n and m in each direction must be even
enter the number of subdivisions in x and y direction as [n m] [50 50]
subdiv =
    50    50
ans =
  33.37013464057785

>> simp2('da', [0 2*pi -0.5*pi 0.5*pi])
the number of subivisions n and m in each direction must be even
enter the number of subdivisions in x and y direction as [n m]
[100 100]
subdiv =
    100    100
ans =
  33.37016362462368
```

첫 번째와 두 번째 Simpson 추정값을 비교하여 보면 첫 번째 추정값의 오차는 3×10^{-5} 정도임을 알 수 있다.

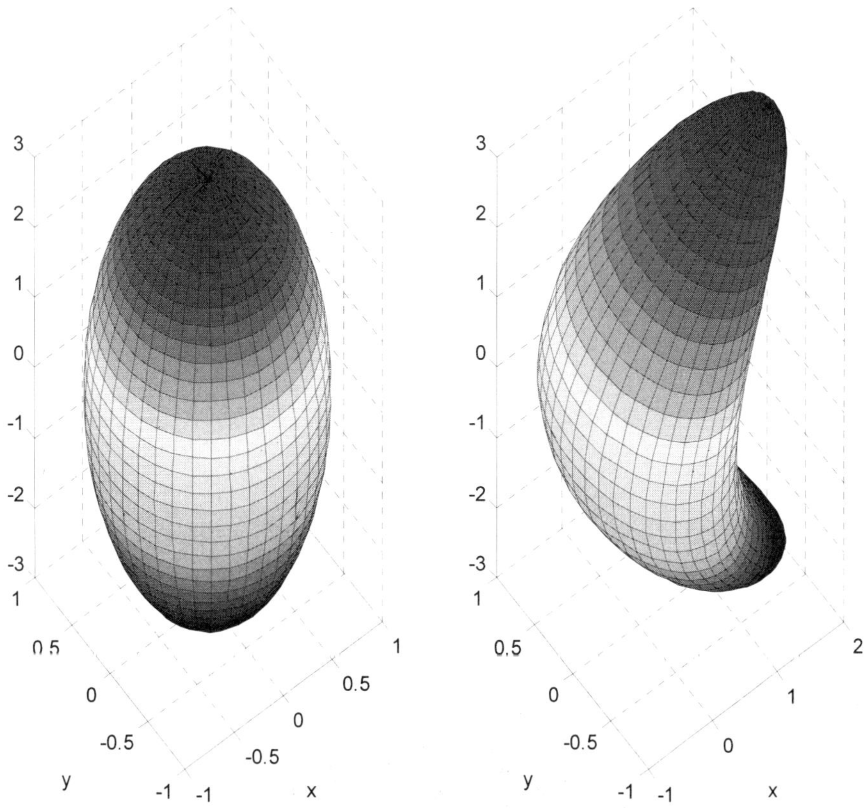

그림 10.1 타원체와 바나나의 그래프.

10.4 삼각형들로 이루어진 표면

삼각형 조각들로 표면을 구성하는 것이 때로는 흥미있고 더욱 편리하다. 이는 컴퓨터 그래픽과 기계공학을 포함하는 많은 분야에서 이루어지고 있다.

컴퓨터 그래픽

MATLAB®은 surf 명령어에서 표면을 삼각형 조각으로 나타낸 것을 이용한다. meshgrid 명령어에 의하여 격자 $(x_j,\ y_i)$가 사각형 R 상에 구성된 후에는 명령어 Z = f(X,Y)에 의하여 z 값들의 행렬 $z_{i,j} = f(x_j,\ y_i)$를 생성한다. 표면은 꼭지점이 공간내의 점 $(x_j, y_i, f(x_j, y_i))$

인 작은 평행사변형들로 구성되는 것처럼 보인다. 그러나 우리는 일반적으로 평면은 공간내의 서로 다른 4개 점들로 접합될 수 없음을 알고 있다. 테스트 경우를 잘 살펴보면 평행사변형으로 보이는 것이 사실은 두 개의 삼각형들임을 알 수 있다. 그림 10.2에서 우리는 surf 명령어를 사용하여 다음과 같은 공간의 4개 점들을 지나는 표면을 생성하였다:

$$P_1 = (0,0,0), \quad P_2 = (1,0,0), \quad P_3 = (1,1,1), \quad P_4 = (0,1,0)$$

이들 4개의 점들은 하나의 평면상에 존재하지 않는다. 그림 10.2의 표면은 꼭지점이 P_1, P_2, P_3인 하나의 삼각형과 꼭지점이 P_1, P_3, P_4인 두 번째 삼각형으로 구성된다.

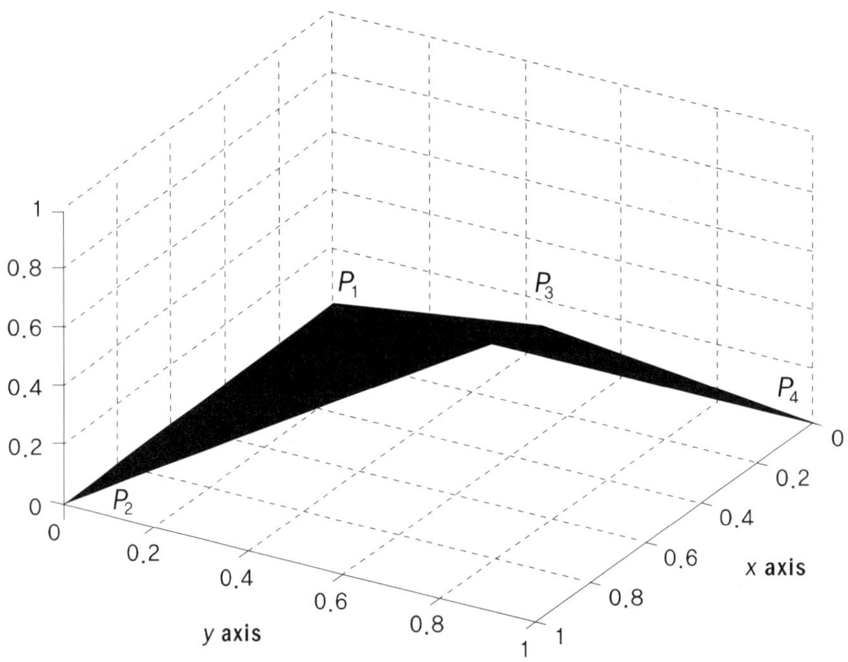

그림 10.2 4 점들을 지나는 3개의 삼각형들로 이루어지는 표면.

측지 돔(dome)

많은 구조물들의 지붕은 삼각형들과 다른 다각형 모양들로 구성된 표면들이다. 건축을 쉽게 하기 위해서 삼각형들은 하나, 혹은 두 가지 모양을 가지며 정삼각형, 혹은 이등변 삼각형이 선호된다. 이러한 삼각 표면들의 중요한 부류로서 R. Buckminster Fuller가 소개한 측지 돔

이 있다. 측지 돔은 매우 강하고 가벼우며 이를 지지하는 내부 기둥을 필요로 하지 않는다.

가장 간단한 측지 구조는 20면체로서 모든 면들이 동일한 정삼각형들인 20면 다각형들로 이루어진다. 물론 돔은 20면체의 위쪽 절반이다. 이 20면체의 각 삼각면을 6개의 합동인 삼각형들로 나누어 120개의 동일한 면들을 갖는 다각형을 구성함으로써 더 미세하게 만들 수 있다.

Fuller가 고안한 것들 가운데 하나는 32개의 면들로 이루어지는 다면체로서 이들 가운데 12개는 6각형들인 20면들 사이에 흩어져 있는 오각형들이다. 이 다면체는 Bucky 공으로 알려져 있다. 축구공의 나눔구조 역시 이러한 형태를 갖는다. 각각의 6각형은 6개의 삼각형들로 나눌 수 있으며 각각의 오각형은 5개의 삼각형들로 나누어질 수 있으므로 모두 180개의 삼각형들이 이루어진다. 6각형의 삼각형들은 정삼각형인 것으로 보이긴 하지만 이들은 이등변 삼각형들이다.

이 객체를 보기 위해서는 m−파일 gdome.m을 이용한다. gdome을 입력하여 보자. 축구공처럼 보이는 초기 다면체가 나타날 것이다. 다음에 ENTER 키를 누른다. 6각형들은 삼각형들로 나누어진다. ENTER 키를 세 번째 누르면 오각형들이 삼각형들로 나누어진다.

삼각형에 의한 표면적

매끄러운 표면을 삼각형 조각들로 근사할 수도 있다. 매끄러운 표면의 면적은 삼각형 조각들의 면적을 합함으로써 쉽게 근사될 수 있다. 물론 이로부터 표면적 적분(식 (10.1))으로 주어지는 표면의 정확한 면적을 얻을 수는 없을 것이다. 이는 단지 하나의 근사일 뿐이다. 나아가 삼각형 조각들을 다르게 고른다면 아마도 다른 결과를 얻을 것이다. 그러나 표면에 대한 이러한 근사 면적을 계산하는 것은 적분공식을 사용하는 것보다 더 쉽다. 이는 함수의 미분값들을 알 필요가 없기 때문이다.

아주 간단한 보기를 들어 이러한 근사를 예시하여 보기로 한다. 함수 $f(x,y)$가 사각형 $R=\{a \le x \le b,\ c \le y \le d\}$에서 정의된다고 하자. 4개 구석들의 값들만을 이용하여 f의 그래프에 대한 삼각형 조각 근사를 구성하기로 한다. 먼저 다음과 같이 정의한다:

$$\begin{aligned} z_1 &= f(a,c) \\ z_2 &= f(b,c) \\ z_3 &= f(b,d) \\ z_4 &= f(a,d) \end{aligned}$$

다음에 기준 사각형 R을 그림 10.3에 보인 바와 같이 두 개의 삼각형들로 나눈다.

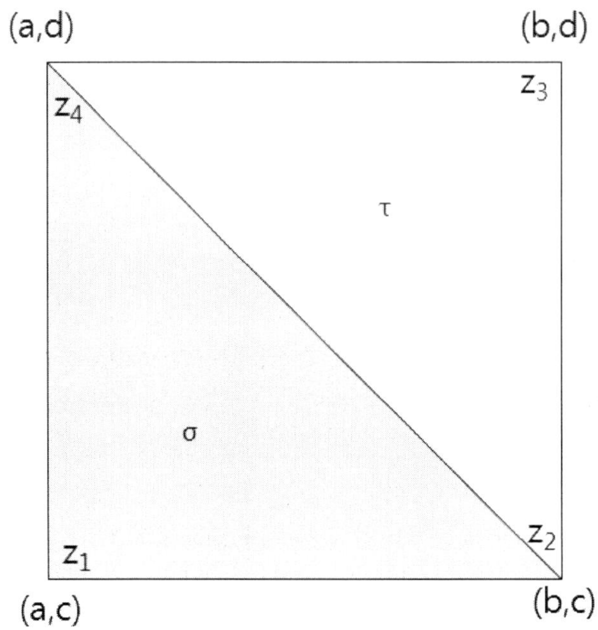

그림 10.3 두 삼각형들로 나누어진 사각형.

이 삼각형들에는 하나의 삼각 표면조각이 있다. σ를 꼭지점이 다음과 같은 삼각형 조각이라고 하자:

$$(a,c,z_1),\ (b,c,z_2),\ (a,d,z_4)$$

그리고 τ를 꼭지점이 다음과 같은 삼각형 조각이라고 하자:

$$(b,c,z_2),\ (b,d,z_3),\ (a,d,z_4)$$

극점 (a,c,z_1)에 붙어있는 σ의 모서리 벡터들은

$$u=[b-a,\ 0,\ z_2-z_1],\quad v=[0,\ d-c,\ z_4-z_1]$$

과 같다. 따라서 σ의 면적은

$$\frac{1}{2}\parallel u\times v\parallel = \frac{1}{2}\sqrt{(b-a)^2(d-c)^2+(b-a)^2(z_4-z_1)^2+(d-c)^2(z_2-z_1)^2}$$

과 같다. 마찬가지로 삼각형 τ의 면적은

$$\frac{1}{2}\sqrt{(b-a)^2(d-c)^2+(b-a)^2(z_2-z_3)^2+(d-c)^2(z_4-z_3)^2}$$

와 같다. 이들 두 조각들로 구성되는 표면의 면적은 σ와 τ의 면적들의 합이다.

기준 사각형을 그림 10.4에 보인 바와 같이 두 삼각형들로 나누는 것도 가능하다. σ와 τ를 이들 기준 삼각형들에서의 삼각형 조각들이라고 하면 공식은 다음과 같다:

$$\text{면적}(\sigma) = \frac{1}{2}\sqrt{(b-a)^2(d-c)^2+(d-c)^2(z_2-z_1)^2+(b-a)^2(z_3-z_2)^2}$$

$$\text{면적}(\tau) = \frac{1}{2}\sqrt{(b-a)^2(d-c)^2+(d-c)^2(z_4-z_3)^2+(b-a)^2(z_4-z_1)^2}$$

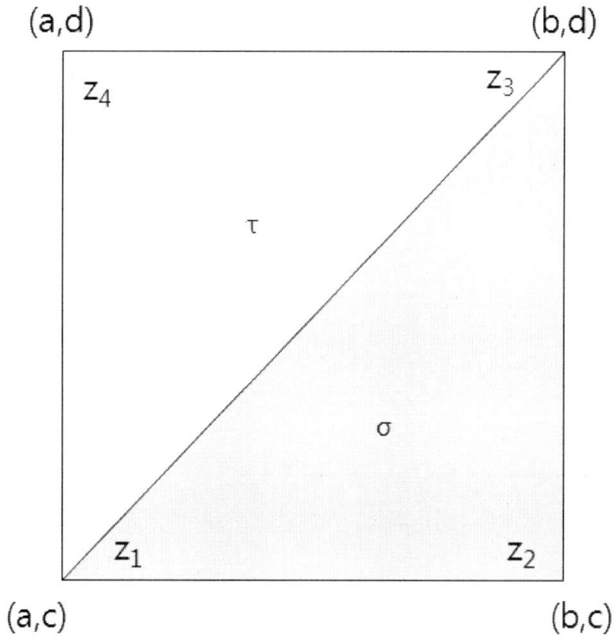

그림 10.4 사각형을 삼각형으로 나누는 다른 방법.

보기 10.5

사각형 $R=\{0 \le x,y \le 1\}$에서 $f(x,y)=xy$라고 하자. 그러면 $z_1=z_2=z_4=0$, $z_3=1$ 이다. 그림 10.3에 나타낸 삼각화로부터 표면적 근사값 $(1+\sqrt{3})/2 \approx 1.3660$이 얻어진다. 다른 삼각화로부터는 표면적 근사값 $\sqrt{2} \approx 1.414$가 얻어진다. 실제 표면적은

$$\int_0^1\int_0^1 \sqrt{1+f_x^2+f_y^2}\,dxdy = \int_0^1\int_0^1 \sqrt{1+x^2+y^2}\,dxdy = 1.2808$$

이다.

보다 일반적으로 사각형 $R=[a,b]\times[c,d]$에서 함수 $z=f(x,y)$로 주어지는 그래프를 S라고 하자. S에 대한 삼각형 조각 근사의 면적을 다음과 같이 계산하여 보자. R에서 격자점이 (x_j,y_i)이며 이 격자점에서의 값이 $z_{i,j}=f(x_j,y_i)$인 격자를 도입한다:

$$a=x_1<\cdots<x_{n+1}=b, \quad c=y_1<\cdots<y_{m+1}=d$$

$R_{i,j}$를 부사각형 $x_j \le x \le x_{j+1}$, $y_i \le y \le y_{i+1}$이라고 하자. 각각의 $R_{i,j}$를 삼각형 $\sigma_{i,j}$ 및 $\tau_{i,j}$로 나눈다(그림 10.5 참조).
삼각형 조각들로 구성되는 표면의 면적은

$$A=\sum_{i=1}^{m}\sum_{j=1}^{n}[\text{면적}(\sigma_{i,j})+\text{면적}(\tau_{i,j})] \tag{10.6}$$

로 주어짐을 알 수 있다. 여기에서

$$\text{면적}(\sigma_{i,j})=\frac{1}{2}\sqrt{\Delta x^2\Delta y^2+\Delta x^2(z_{i+1,j}-z_{i,j})^2+\Delta y^2(z_{i,j+1}-z_{i,j})^2}$$

$$\text{면적}(\tau_{i,j})=\frac{1}{2}\sqrt{\Delta x^2\Delta y^2+\Delta x^2(z_{i,j+1}-z_{i+1,j+1})^2+\Delta y^2(z_{i+1,j}-z_{i+1,j+1})^2}$$

와 같다.

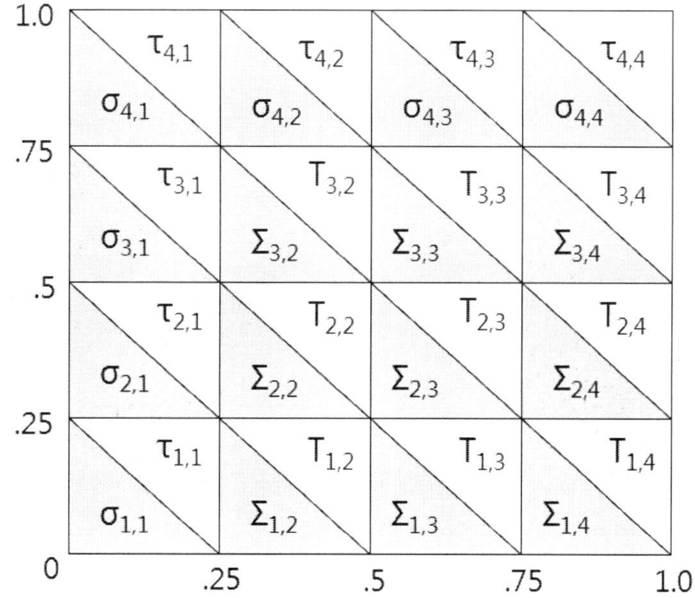

그림 10.5 32 개의 삼각형들로 나누어진 사각형.

m-파일 tsurf

m-파일 tsurf는 표면에 대한 삼각형 조각 근사를 생성하고 삼각형들의 면적의 합을 구한다. 만일 X, Y가 사각형 R에서의 격자이고 Z = f(X,Y) 라면 호출은 tsurf(X,Y,Z)와 같다. 청색과 청록색의 두 가지 색으로 나타난 삼각형들을 보게 될 것이다.

보기 10.6

정사각형 $[0,2]\times[0,2]$ 상에서 $f(x,y)=x^2+y^2$라고 하자. 각 방향으로 구간 수가 2인 거친 격자를 만든다. 아울러 surf 명령어와 보다 미세한 격자를 이용하여 f의 그래프를 그리고 삼각형들이 어떻게 표면을 접합시키는지를 살펴본다. 결과는 그림 10.6에 나타나 있다. 또한 simp2를 이용하여 면적 적분(식 (10.1))을 수행한다:

```
f = inline('x.^2 + y.^2','x','y');

% 보다 미세한 격자로 표면의 그래프를 작성
subplot(1,2,1)
```

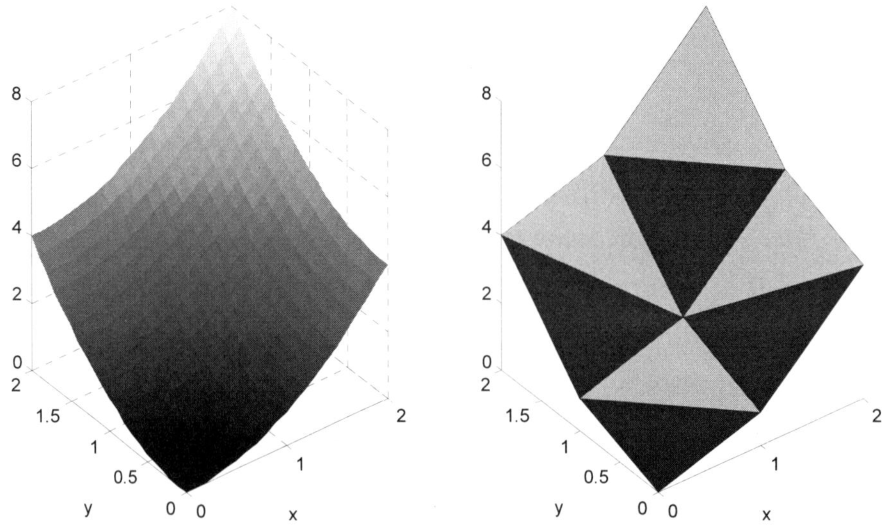

그림 10.6 표면 $z=x^2+y^2$(왼쪽)와 삼각형 근사(오른쪽).

```
[XX,YY] = meshgrid(0:0.1:2);
ZZ = f(XX,YY);
surf(XX,YY,ZZ); colormap(gray);
shading interp
xlabel('x'), ylabel('y')

% 삼각형 조각들의 면적을 계산
subplot(1,2,2)
[X,Y] = meshgrid(0:2);
Z = f(X,Y);
tsurf(X,Y,Z)
xlabel('x'), ylabel('y')

ans =
   12.7242

% 표면적 적분을 수치적으로 계산
g = inline('sqrt(1 + 4*(x.^2 + y.^2))','x','y');
corners = [0 2 0 2];
simp2(g,corners)

the number of subivisions n and m in each direction must be even
```

```
enter the number of subdivisions in x and y direction as [n m] [40 40]
subdiv =
   40   40
Approximate value of the integral using Simpsons rule
ans =
   13.0046
```

삼각형 수를 계속 증가시키고 이들이 너무 "얇아지지" 않도록 한다면 삼각형 조각 근사는 사각형의 어떠한 삼각화에 대해서도 표면적으로 수렴할 것이다.

최소표면 문제

기하학에서 기본적인 문제로서 공학과 건축학에서 중요한 문제는 주어진 선 프레임을 포괄하는 최소 면적을 갖는 표면을 구하는 문제이다. 그러한 표면은 선 프레임을 비눗물 용액중에 담금으로써 물리적으로 쉽게 생성할 수 있다. 이로부터 얻어지는 비누막은 최소 면적을 갖는 표면이다. 수학적으로 닫힌 형태로 나타낼 수 있는 최소 표면들의 예는 많지 않다. 이들 가운데 하나는 *카테노이드*이다. 이는 곡선 $y=c\cosh(x/c)$를 x 축 주위로 회전시켜 얻어지는 회전표면이다.

특별한 종류의 최소표면 문제에서는 집합 G의 경계 주위의 표면의 높이를 지정한다. 이는 *Plateau 문제*라고 불리며 다음과 같이 수학적으로 정확하게 나타낼 수 있다.

x, y 공간에서 집합 G가 주어져 있으며 G의 경계상에서 함수 f가 정의된다고 하고 G의 경계에서 u=f가 되는 G 상의 모든 미분가능 함수 u(x,y)들의 집합을 A라고 하자. 이 경우 우리는 다음과 같은 표면적을 최소로 하는 함수 $u \in A$를 찾고자 한다:

$$\iint_G \sqrt{1+u_x^2+u_y^2}\,dA$$

최소화 함수 u의 2차미분이 연속이면 u는 다음과 같은 비선형 편미분 방정식을 만족시켜야 함을 보일 수 있다:

$$\frac{\partial}{\partial x}\left(\frac{u_x}{\sqrt{1+u_x^2+u_y^2}}\right)+\frac{\partial}{\partial y}\left(\frac{u_y}{\sqrt{1+u_x^2+u_y^2}}\right)=0 \tag{10.7}$$

식 (10.7)은 최소표면 방정식이라고 불린다. 이 방정식의 해를 구성하고 분석하는 것은 매우 어렵다. 우리는 대신에 Plateau 문제에 대한 공학적 접근을 이용하여 사각형 R에서 삼각형들로 이루어지는 표면을 가지고 최소표면을 근사하고자 한다. 여기에서 삼각형 표면조각들은 *유한요소*라고 불린다.

R을 x, y 공간에서의 사각형 $a \le x \le b$, $c \le y \le d$라고 하자. 사각형의 각 변에 대하여 하나씩 4개의 서로 다른 단일변수 함수들을 지정할 수 있다. 대신에 우리는 R에서 정의되는 하나의 함수 $f(x,y)$를 고려하고 이 제약을 표면에 대한 경계값으로서 R의 4개 변들에 대해 사용하기로 한다. R의 변들에서 f와 일치하며 삼각형들로 이루어지는 표면 S를 구성하여 보자. 다음에 R의 내부에서 삼각형들을 조정하여 S의 면적을 가능한 한 작게 만든다.

이전과 마찬가지로 사각형에 격자점 (x_j, y_i)를 도입하고 식 (10.6)을 이용하여 삼각형들로 이루어지는 표면의 면적을 계산한다. R의 경계상의 (x_j, y_i)에 대하여 $z_{i,j} = f(x_j, y_i)$값들이 주어진다. 그러나 그림 10.7에 나타낸 내부점들에 대해서는 값들을 선택할 수 있다. 이는 공식 (10.6)이 다음과 같이 (n−1)(m−1) 개의 변수 $z_{i,j}$들의 함수를 정의함을 의미한다. 여기에서 $i = 2, \cdots, m$, $j = 2, \cdots, n$이다.

$$A = A(z_{2,2},\ z_{2,3},\ \cdots,\ z_{2,n},\ z_{3,2},\ \cdots,\ z_{3,n},\ \cdots,\ z_{m,2},\ \cdots,\ z_{m,n})$$

수가 크지 않은 보기를 예시하여 보자.

보기 10.7

R을 정사각형 [1,4]×[1,4]라고 하자. R을 각 변의 길이가 1인 보다 작은 정사각형들로 나눈 다음 각각의 작은 정사각형들을 두 개의 삼각형들로 나눈다. 여기에서 m=n=3이다. 모두 18개의 삼각형들과 4개의 내부 점들을 얻는다(그림 10.7 참조).

함수 $f(x,y) = x^2 + \frac{y^4}{20}$이 경계값들을 결정한다고 하자. 경계에서 f와 일치하는 표면 S는 18개의 삼각형 조각들을 가질 것이다. 이 표면의 면적은 식 (10.6)으로 주어지는데 이 경우에서는 18개 항의 $\sigma_{i,j}$, $\tau_{i,j}$가 존재한다. 여기에서 $i,j = 1,2,3$이다. 이 합은 4개 내부점들에서 표면의 높이 $z_{2,2}$, $z_{2,3}$, $z_{3,2}$, $z_{3,3}$의 함수가 될 것이다.

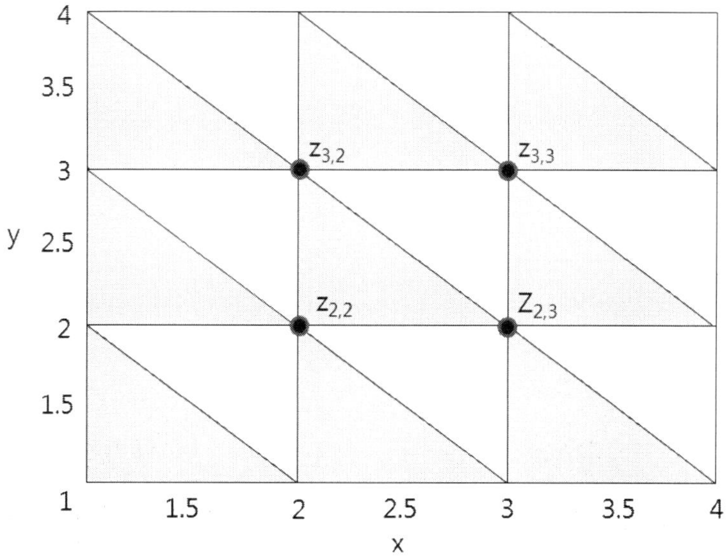

그림 10.7 점으로 표시된 내부점들.

복잡한 $z(i,j)$ 표시 대신에

$$a = z_{2,2}, \quad b = z_{2,3}, \quad c = z_{3,2}, \quad d = z_{3,3}$$

라고 정하자. 그러면 표면적을 4개 변수 a, b, c, d의 함수로 생각할 수 있다:

$$A = A(a,b,c,d)$$

다음 함수 m-파일은 이 함수를 수행한다. 이 파일은 이전에 정의된 m-파일 tsurf를 이용한다.

```
f = inline('x.^2 + (y.^4)/20','x','y');
x = [1 2 3 4]; y = [1 2 3 4];
[X,Y] = meshgrid(x,y);
Z = f(X,Y);
Z(2,2) = a; Z(2,3) = b;
Z(3,2) = c; Z(3,3) = d;
tsurf(X,Y,Z)
```

이 m−파일은 Z 행렬의 값 f(2,2), f(2,3), f(3,2), f(3,3)들을 변수값 a, b, c, d로 대체하고 삼각형 조각 표면들의 면적을 계산한다. 그림 10.8의 왼쪽에서 우리는 원래 표면 $z = f(x,y) = x^2 + \frac{y^4}{20}$에 대한 삼각형 근사를 볼 수 있다. 그 면적은 65.3908로 계산된다. 다음에 표면을 선형에 가깝게 보이도록 내부 값들을 a=8.3, b=13.05, c=12.25, d=17.05로 변경시킨다. 얻어지는 표면은 그림의 오른쪽에 나타나 있다. 오른쪽 표면의 면적은 60.9590이다.

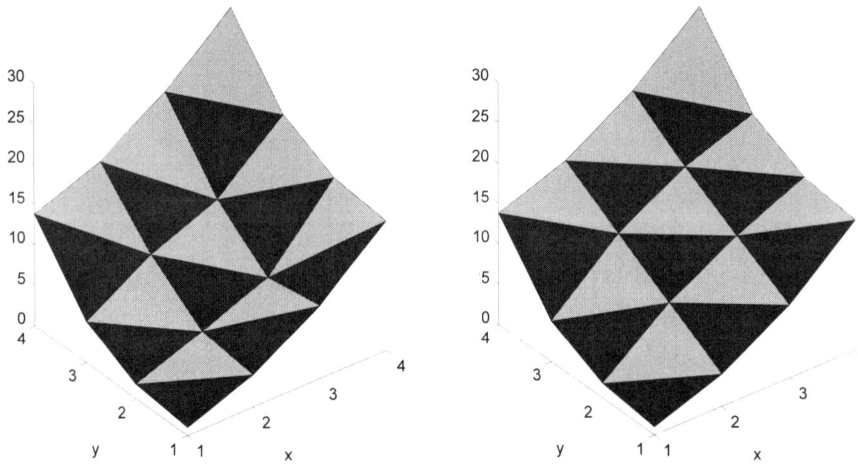

그림 10.8 정사각형 R=$[1,4]\times[1,4]$에서 $z = f(x,y) = x^2 + \frac{y^4}{20}$로 주어지는 내부점들과 경계 데이터 및 삼각형 조각 표면(왼쪽). 수정된 내부점들에 따른 표면(오른쪽).

앞의 보기에서 우리는 단지 적은 수의 삼각형 조각들을 사용하여 표면을 구성하였으며 내부점들은 4개 뿐이었다. 표면의 면적은 4개 내부점 값들의 함수이다. Plateau 문제의 이산 버전은 면적 함수의 최소화 문제가 되는데 이는 4 변수들에 따라 좌우된다. R에서 보다 미세한 격자를 선택한다면 내부점들의 수를 증가시킬 수 있다. 우리는 100이나 그 이상의 변수들에 따라 좌우되는 면적함수의 최소화 문제에 쉽게 부닥칠 수 있다. 면적함수의 미분들을 0으로 두고 최소점을 구하면 아마도 미지수가 100개인 100개 비선형 방정식들의 시스템이 얻어질 것이다. 그러한 시스템에 제 7장에서 다룬 Newton 방법을 사용할 수 있으며 다른 방법들 역시 사용 가능하다.

다변수 함수 A의 최소화 문제 풀이를 위한 방법으로서 보다 직접적이지만 대개 더 느린 방법은 이산 탐색 방법이다. 시작값 z_0가 주어지면 알고리듬은 z_0근처에서 $A(z)$의 값들을 계산하며 $A(z_1) < A(z_0)$인 점 z_1을 찾는다. 다음에 z_1 근처의 점들에서 탐색이 반복된다. 물론 탐색 알고리듬은 가능한 한 효율적으로 만들어진다.

MATLAB®은 fminbnd라고 불리는 단일변수 함수에 대한 최소화 루틴을 지니고 있으며 아울러 fminsearch라고 불리는 다변수 함수의 최소화 루틴도 지니고 있다. fminbnd와 fminsearch에 대한 정보를 얻으려면 help 명령어를 이용한다. 예시 루틴 minsurf는 이 과정을 이용하고 있다.

연습문제

1. simp2를 이용하여 정사각형 $-1 \le x, y \le 1$에 위치하는 공 $x^2+y^2+z^2=4$의 한 부분의 면적을 추정하여라. 오차가 10^{-4} 이하가 되도록 충분히 미세한 격자를 이용한다.

2. $f(x,y)=x^2+y^3$라고 하자.

(1) 반경 2인 원판위에 표면의 그래프를 그려라.

(2) 집합 $\{|y| \le x,\ x^2+y^2 \le 4\}$에서 f(x,y)의 그래프의 면적에 대한 적분을 설정하여라. 극좌표로 바꾼 다음 simp2를 이용하여 적분을 10^{-4}이내로 추정하여라.

3. 삼각형 $G=\{x,y \ge 0,\ x+y \le 1\}$에서 표면 $z=e^{-x^2-y^2}$의 면적을 구하여라.

(1) 표면적을 G에서의 이중적분으로 나타내어라.

(2) 변수를 사각형 $R=\{0 \le u \le 1,\ 0 \le v \le 1\}$를 G에 사영시키는 $x=u,\ y=y(u,v)$로 변환시켜라.

(3) simp2.m을 이용하여 오차가 10^{-4} 이하가 되도록 R에서 이중적분을 구하여라.

4. 구좌표

$$x=a\cos\theta\sin\phi, \quad y=b\sin\theta\sin\phi, \quad z=c\cos\phi$$

를 이용하여 타원체 표면

$$\left(\frac{x}{a}\right)^2+\left(\frac{y}{b}\right)^2+\left(\frac{z}{c}\right)^2=1$$

을 파라미터로 나타내어라.

(1) 타원체의 표면적을 θ, ϕ 공간의 사각형 $R=\{0 \le \theta \le 2\pi,\ 0 \le \phi \le \pi\}$에서 이중적분으로 나타내어라.

(2) simp2를 이용하여 a=1, b=2, c=3일 때의 적분값을 10^{-4}이하의 오차로 추정하여라.

★5. 제 4장의 연습문제 9에서 다루었던 보트 선체를 상기하자. 굴곡진 부분은 집합 $G=\{-a(z) \le x \le a(z),\ 0 \le z \le 20\}$에서 $y=\left(\frac{2x}{a(z)}\right)^2$의 그래프이다. 함수 a(z)는

$a(z) = -0.0166z^2 + 0.2245z + 2.25$와 같다.

(1) 선체의 굴곡진 부분의 면적을 집합 G에서 x 및 z에 대한 이중적분으로 나타내어라.

(2) $x = a(v)u,\ z = v$와 같이 변수변환을 수행하여 사각형 $R = \{-1 \le u \le 1,\ 0 \le v \le 20\}$에서의 이중적분으로 만들어라.

(3) simp2를 이용하여 적분값을 10^{-4}이하의 오차로 추정하여라.

(4) 선미가 되는 평평한 부분의 면적을 더하여 보트 선체의 전체 면적을 구하여라.

★6. 표면 S가 사각형 $0 \le x \le 3,\ 0 \le y \le 2$에서 $z = x^2 + y^3$으로 주어진다고 하자.

(1) surf를 이용하여 표면의 그래프를 그려라.

(2) 밀도는 $\delta = 0.55\ gms/cm^2$로서 일정하다고 가정하고 표면 S를 이루는 금속판의 질량을 수치적으로 추정하여라. simp2.m을 사용한다.

(3) 다음과 같이 주어지는 질량중심을 수치적으로 추정하여라:

$$\bar{x} = \frac{\delta}{m}\iint_S x dS,\ \ \bar{y} = \frac{\delta}{m}\iint_S y dS,\ \ \bar{z} = \frac{\delta}{m}\iint_S z dS,$$

7. 둥근 실내 위의 정자식 지붕은 곡선 $x = -0.12z^3 + 5.4z^2 - 82z + 420,\ 10 \le z \le 15$를 z 축 주위로 회전시켜 얻어지는 회전표면이다.

(1) 표면의 그래프를 그려라.

(2) 식 (10.5)를 이용하여 이 지붕의 표면적을 구간 $10 \le v \le 15$에서의 1차원 적분으로 나타내어라.

(3) quadl을 이용하여 적분값을 추정하여라.

8. 물의 깊이가 h ft라고 하자. lb/ft^2로 나타낸 정압은 수면 아래로 깊어질수록 증가한다. 사실 압력 p는 공식

$$p(z) = 62.5(h - z)$$

로 주어진다. 여기에서 z는 바닥으로부터의 높이이며 $0 \le z \le h$이다.

빈 용기가 바닥에 놓여있다. 이 용기는 포물면 $z = \dfrac{h}{4} - x^2 - y^2$와 평평한 바닥 z=0으로 이루어지는 닫힌 표면으로 둘러싸여져 있다.

(1) 용기의 굴곡진 표면에 대한 총 수력학적 힘을 나타내는 적분을 구하여라.

(2) h=100 ft일 때 이 적분값을 구하여라.

★9. S가 다음과 같이 주어지는 토러스라고 하자:

$$\begin{aligned} x &= (100+2\cos v)\cos u \\ y &= (100+2\cos v)\sin u \\ z &= 100+2\sin v, \qquad 0 \le u, v \le 2\pi \end{aligned}$$

단위면적당 쿨롱으로 나타낸 S의 전하밀도를 $\rho(x,y,z)=\sqrt{x^2+y^2}$ 라고 하자. S의 총 전하를 구하여라.

★10. $f(x,y)=xe^{-x^2-2y^2}$이며 R은 사각형 $\{o \le x, y \le 1\}$이라고 하자.

(1) R에서 f의 그래프의 표면적을 R에서의 이중적분으로 나타내어라. simp2를 이용하여 적분값을 10^{-4}정도의 오차로 추정하여라. 적분자는 인라인 함수로 만들기에는 복잡하므로 적분자에 대한 m-파일을 이용하여야 한다.

(2) 이제 m-파일 tsurf.m을 사용하여 삼각형을 이용한 표면적을 구하여라. m=n으로 취한다. tsurf로 구한 면적이 simp2로 구한 표면적 값의 0.05 이내이려면 n은 얼마나 커야 하는가? tsurf를 이용하기 위해 f를 인라인 함수로 쓸 수 있다.

11. 표면 S상의 점들의 좌표는 어떤 수치적 과정에 의하여 결정된다고 가정하자. 이 표면은 사각형 $R=[0,1]\times[0,1]$상에 있으며 격자점은 $x_j=\dfrac{j-1}{10}$, $j=1,\cdots,11$ 및 $y_i=\dfrac{i-1}{10}$, $i=1,\cdots,11$이다. 각 격자점에서 표면의 높이는 11×11 행렬 Z에 제시되어 있으며 Z(i,j)는 (x_j, y_i)에서의 높이이다.

(1) 행렬 Z가 주어져 있다면 표면 S의 면적을 어떻게 근사하겠는가?

(2) Z의 원소들이 구간 $0 \le z \le 0.1$에 위치하는 불규칙 수들이라고 하자. MATLAB 명령어 P = 0.1*rand(11,11)은 이러한 행렬을 생성하여 준다. 표면 S의 높이는 z=1로서 일정하며 격자점들에서 불규칙 교란을 갖는다고 하자. Z = 1+P를 이용한다. tsurf를 이용하여 표면적을 구하여라. 이를 여러 번 반복하여라. 불규칙 수들이 서로 다르므로 결과는 매번 다를 것이다.

★12. R을 사각형 $[0,2]\times[0,4]$라고 하자. S를 R에서 공통의 극점 (1,2)를 갖는 4개 삼각형들로 이루어지는 표면이라고 하자. 그림 10.9를 참조한다. 각 구석에서 표면의 높이는

(0,0) 높이 = 1 (2,0) 높이 = 3
(0,4) 높이 = 2 (2,4) 높이 = 1

이다. (1,2)에서 표면의 높이 z를 결정해야 한다.

(1) 표면 S의 면적 A를 z의 함수 A(z)로 나타내는 4개 항들의 합을 작성하여라.

(2) A(z)에 대한 m-파일을 만들어라.

(3) 구간 $0 \le z \le 3$에서 A(z)의 그래프를 그려라. 표면적 A를 최소화하는 z 값을 눈으로 추정하여라.

(4) MATLAB 루틴 fminbnd를 이용하여 A(z)를 최소로 하여주는 z 값을 구하고 해당되는 A 값을 계산하여라.

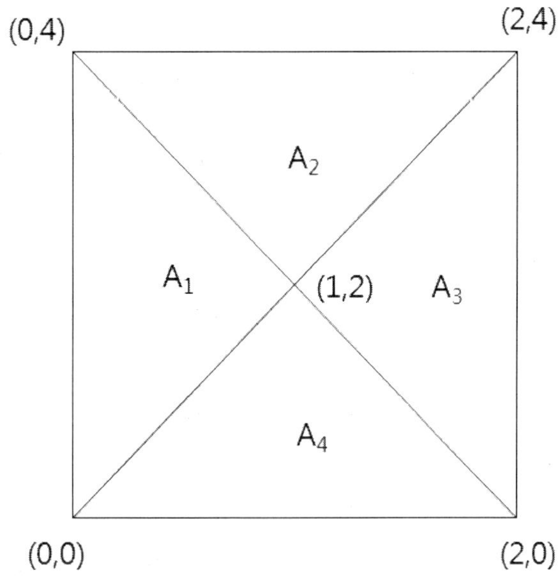

그림 10.9 연습문제 12의 삼각형들.

★13. 꼭지점 $p_1 = (2,0)$, $p_2 = (0,1)$, $p_3 = (-2,0)$, $p_4 = (0,-1)$에서 h_1, h_2, h_3, h_4 값들이 정해져 있다고 하자. 표면이 가능한 한 작아지도록 $p_5 = (-1,0)$에서의 값 z와 $p_6 = (1,0)$에서의 값 w를 선택해야 한다. 그림 10.10을 참조하자.

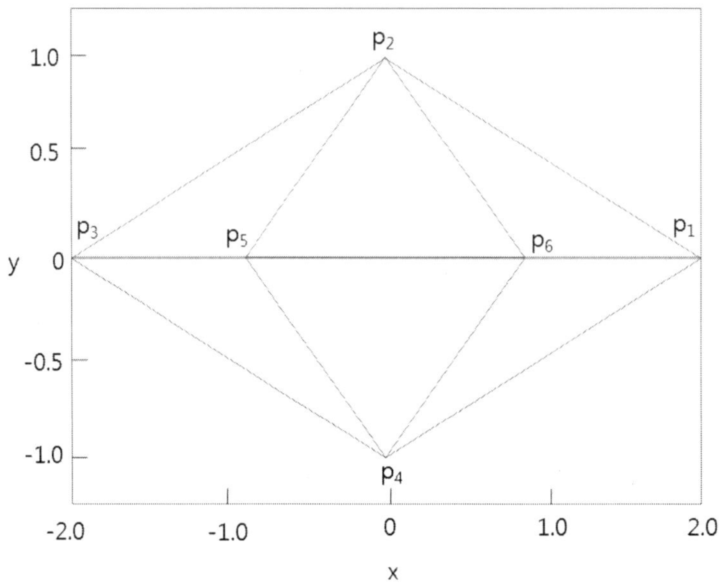

그림 10.10 연습문제 13에서 꼭지점들의 위치.

(1) 표면적 A를 함수 A(z,w)로 나타내는 6개 항들의 합을 나타내어라. $h_1 = 1$, $h_2 = 2$, $h_3 = 4$, $h_4 = 3$으로 한다.

(2) A(z,w)에 대한 m−파일 A.m을 작성하고 정사각형 $1 \leq z, w \leq 4$에서 A의 그래프를 그려라. 수준곡선들을 그리고 m−파일 findcrit를 이용하여 A를 최소로 하여주는 z, w의 값들을 추정하여라.

(3) 점 p_j가 사각형 격자상에 위치하지 않기 때문에 tsurf를 사용하여 (2)에서 구한 표면의 그래프를 그릴 수는 없다. 이 표면을 나타내려면 표면의 6개 삼각형 요소 각각을 채우는 명령어 fill3를 사용하는 스크립트 파일을 작성하여야 한다.

★★**14.** 사각형 $R = [a,b] \times [c,d]$에서 표면 S가 높이들의 행렬 Z의 형태로 주어진다고 하자. 적분 $\iint_S \delta dS$를 구하고자 한다.

R에서 격자점 (x_j, y_i)들이 주어져 있으며 $a = x_1 < \cdots < x_n = b$ 및 $c = y_1 < \cdots < y_m = d$라고 하자. 점 (x_j, y_i)에서 표면의 높이를 $z_{i,j}$라고 하자. 지침으로서 식 (10.6)을 이용하여 $\iint_S \delta dS$를 근사하는 공식을 작성하여라. 각 삼각형 표면요소의 중심에서 함

수 δ를 구하여라. 만일 p_1, p_2, p_3들이 R^3에 있다면 이러한 꼭지점을 갖는 삼각형의 중심은 $c = \dfrac{p_1 + p_2 + p_3}{3}$으로 주어진다.

여러 가지 값의 m과 n에 대하여 정사각형 $R = 0 \le x, y \le 1$에서 이 과정을 수행하는 MATLAB 스크립트를 작성하여라. 표면 S는 $z = f(x, y) = x^2 + y^3$로 주어지며 $\delta(x, y, z) = \sqrt{x^2 + y^2 + z^2}$로 둔다.

11
곡선과 표면에서의 벡터 필드의 적분

이 장에서 사용되는 미리 작성된 m-파일들

```
lint    flux2    curl
```

11.1 벡터 필드

2차원 벡터 필드는 두 함수 $u(x,y)$ 및 $v(x,y)$의 직교좌표로 나타내어진다. 집합 G의 각 점 (x,y)에 벡터 $F=[u(x,y),\ v(x,y)]$를 부착시킨다. 2차원 공간의 벡터 필드는 명령어 quiver로 쉽게 나타낼 수 있다. 제 5장에서 우리는 먼저 함수 u와 v를 m-파일이나 인라인 함수로 나타낼 필요가 있었음을 상기하자. 다음에 어떤 사각형 R 상에서 격자 [X,Y]를 구성할 필요가 있다. 마지막으로 호출은 quiver(X,Y,u(X,Y),v(X,Y))와 같이 한다.

보기 11.1

사각형 $R=\{-2 \le x \le 3,\ -1 \le y \le 2\}$에서 벡터 필드 $F=[1,\ x+y^2]$를 나타내어 보자. 그림에 화살표가 너무 많이 들어가서 알아보기가 어렵게 되지 않도록 주의해야 한다. 각 방향으로 10에서 15구간으로 나눈다면 충분히 미세한 격자가 된다. 그림 11.1을 참조하자.

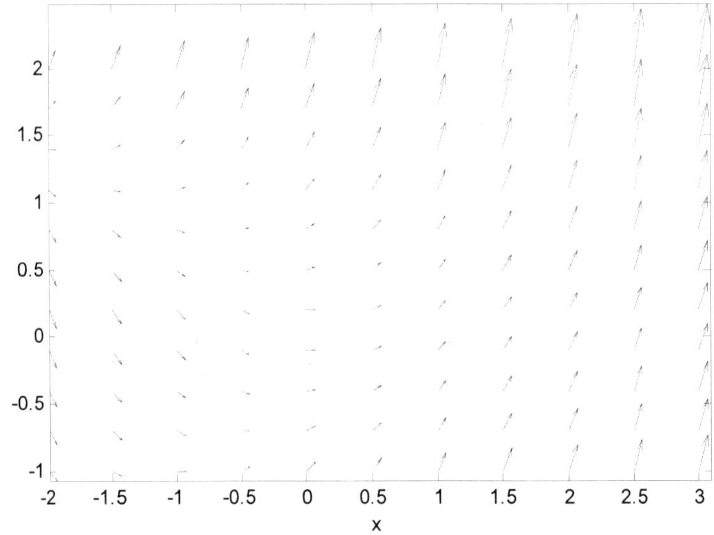

그림 11.1 벡터 필드 $F=[1,\ x+y^2]$.

```
>> u = inline('0*x + 1','x','y');
>> v = inline('x + y.^2','x','y');
>> x = linspace(-2,3,11);
>> y = linspace(-1,2,11);
>> [X,Y] = meshgrid(x,y);
>> U = u(X,Y); V = v(X,Y);
>> quiver(X,Y,U,V)
>> axis image
>> xlabel('x'), ylabel('y')
```

u를 인라인 함수로 정의함에 있어서 비록 u는 상수함수이지만 x와 y를 모두 변수로 열거함을 주목하자.

명령어 axis image는 (명령어 axis equal과 마찬가지로) 양 축의 눈금표시가 서로 같도록 설정하여 주지만 추가로 화살표들이 붙여 있을 그래프의 모서리에서의 여분의 여백을 남기지 않는다. 화살표의 길이는 벡터의 상대적인 크기를 나타내도록 조정되었음을 또한 주목하자. 그래프 사각형 안에 벡터 필드가 매우 큰 곳이 있다면 크기가 적정한 점들이 0인 것처럼 보일 수도 있다. F와 같은 방향으로 나타난 단위벡터 필드를 보려면 다음과 같이 설정한다. 결과는 그림 11.2에 나타나 있다. 이를 그림 11.1과 비교하여 보자.

```
>> U1 = U./sqrt(U.^2 + V.^2);
>> V1 = V./sqrt(U.^2 + V.^2);
>> quiver(X,Y,U1,V1)
>> axis image
>> xlabel('x'), ylabel('y')
```

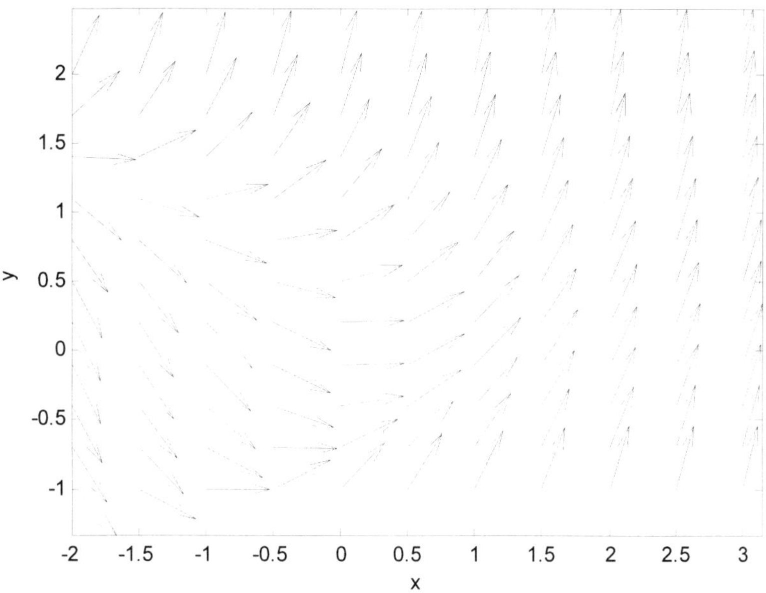

그림 11.2 정규화된 벡터 필드 $\frac{F}{\| F \|}$

3차원 공간에서의 벡터 필드는 세 개의 성분함수 $F=[u(x,y,z),v(x,y,z),w(x,y,z)]$를 가지며 이 벡터를 xyz 공간의 어떤 집합 G의 각 점 (x,y,z)에 부착시킨다. MATLAB은 또한 3차원 벡터필드를 보여주는 방법도 지니고 있다. 먼저 u, v 및 w에 대한 인라인 함수나 m-파일을 만든다. MATLAB 그래프 명령어 quiver3는 F의 화살표들이 3차원 사각형 공간 R 내에 위치하는 임의의 2차원 표면 S에 부착된 모양을 보여준다. 보기 6.4에서 quiver3을 사용하여 f의 수준표면에 부착된 기울기 벡터 ∇f를 나타내었음을 상기하자. 3차원 사각형 공간 R을 화살표로 채우려면 예를 들어 평면 z=(일정)과 같은 표면들에 화살표들을 부착시킨다. 이는 스크립트 m-파일 내에서 짧은 루프를 이용하여 수행할 수 있다.

보기 11.2

벡터 필드

$$F(x,y,z) = [1,\ x+y^2,\ z]$$

를 고려하여 보자. 이 벡터 필드를 사각형

$$R = \{-2 \le x \le 3,\ -1 \le y \le 2,\ -1 \le z \le 1\}$$

에 나타내어 보기로 한다. 다음은 이를 위한 스크립트 m-파일이다. 그림 11.3을 참조하자.

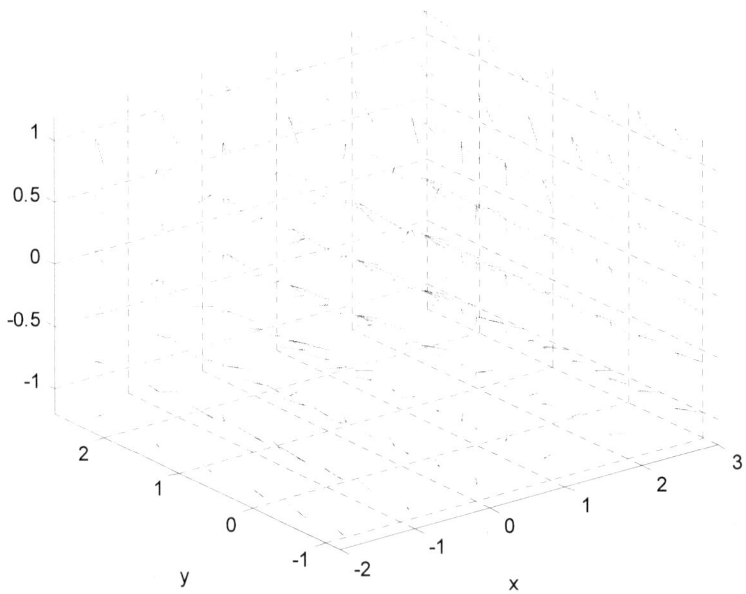

그림 11.3 벡터 필드 $F(x,y,z) = [1,\ x+y^2,\ z]$의 3차원 그래프.

```
u = inline('1 + 0*x','x','y','z');
v = inline('x + y.^2','x','y','z');
w = inline('z','x','y','z');
x = linspace(-2,3,6);
y = linspace(-1,2,6);
[X,Y] = meshgrid(x,y);
```

```
for z = -1:0.4:1
    Z = z + 0*X;
    U = u(X,Y,Z);
    V = v(X,Y,Z);
    W = w(X,Y,Z);
    quiver3(X,Y,Z,U,V,W)
    hold on
end
axis([-2 3 -1.2 2.7 -1.2 1.2])
xlabel('x'), ylabel('y')
```

다시 u, v, w의 인라인 정의에서 세 변수 x, y, z 모두를 열거함을 주목하자. 보기 11.1에서보다 xy 격자를 더 거칠게 취하였으며 z 방향으로는 6개 수준들만을 이용하고 있다. 벡터 필드를 적절하게 보려면 대개 rotate3d 명령어를 이용하여 이를 다른 각도에서 보는 것이 필요하다. quiver3에 대한 호출은 quiver에서와 유사하지만 부착점에 대한 세 인수들과 벡터 필드의 성분들에 대한 세 인수들이 사용된다. MATLAB 버전 5.3 이상에서는 quiver3는 인수로서 3차원 배열을 취할 수 있다. 이 경우 루프는 생략될 수 있으며 수행이 조금 더 빨라진다. u, v, w, x, y들이 정의된 후에는 다음 명령어들을 사용한다:

```
z = linspace(-1,1,6);
[X,Y,Z] = meshgrid(x,y,z);
U = u(X,Y,Z);
V = v(X,Y,Z);
W = w(X,Y,Z);
quiver3(X,Y,Z,U,V,W)
```

11.2 선적분

P로부터 Q까지 방향을 갖는 곡선 C에 따른 벡터 필드 $F=[u,v,w]$의 선적분은 다음과 같은 적분이다:

$$\int_C F \cdot dr = \int_C udx + vdy + wdz \tag{11.1}$$

이는 다음과 같은 합들의 극한으로 정의된다:

$$\int_C F \cdot dr = \lim_{n \to \infty} \sum_{i=1}^{n} F(P_i) \cdot (P_{i+1} - P_i)$$

여기에서 P_i, $i = 1, \cdots, n+1$ 은 C 상의 점들의 수열로서 $P_1 = P$는 시작점이며 $P_{n+1} = Q$는 최종점이다. 그림 11.4를 참조하자. 정의로부터 선적분

$$\int_C F \cdot dr = \int_C F \cdot Tds$$

를 얻는다. T는 곡선에 대한 단위 기울기 벡터이다. 따라서 선적분 (11.1)은 F의 기울기 성분의 호 길이에 대한 적분으로서 힘 필드 F에 의하여 방향이 주어진 곡선 C를 따르는 물체에 행하여진 일로 해석된다.

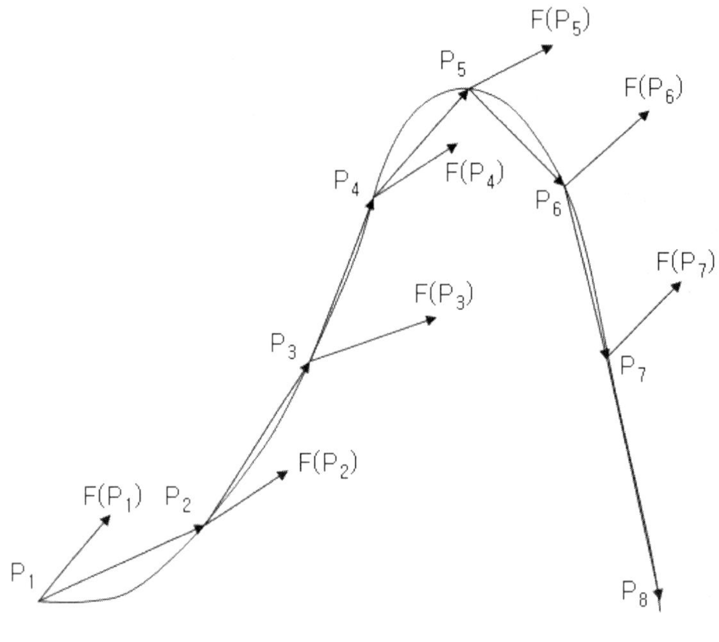

그림 11.4 점 P_i, 벡터 $P_{i+1} - P_i$, 그리고 벡터 필드 $F = [u, v]$에 따른 곡선 C. $u(x,y) \equiv 0.15$, $v(x.y) \equiv 0.1$이다.

곡선 C가 구간 $a \le t \le b$에서 연속 미분가능 함수 r(t)에 의하여 파라미터로 나타내어지며 r(a)=P 및 r(b)=Q라고 하면 선적분은

$$\int_C F \cdot dr = \int_a^b F(r(t)) \cdot r'(t)dt \tag{11.2}$$

로 쓸 수 있다. 이 형태에서 선적분은 수치적으로나 기호적으로 계산될 수 있다.

보기 11.3

Simpson 규칙을 사용하여 선적분 $\int_C F \cdot dr$의 값을 추정하여 보기로 한다. 여기에서

$$F(x,y,z) = [x,\ z,\ e^{x+y}]$$

이며 C는 $r(t) = [t\cos t,\ t\sin t,\ t^2]$, $0 \le t \le 2\pi$에 의하여 파라미터로 나타내어진다. 9.2절에서 작성한 m-파일 simpvec를 호출하여 이용한다.

```
% F의 성분들을 정의
u = inline('x','x','y','z');
v = inline('z','x','y','z');
w = inline('exp(x+y)','x','y','z');

% Simpson 규칙에 대한 t 값들을 선택
n = 200;
t = linspace(0, 2*pi, n+1); dt = 2*pi/n;
s = simpvec(n);

% 곡선을 따라 x, y, z 값들을 계산
x = t.*cos(t); y = t.*sin(t); z = t.^2;

% 곡선을 따라 r'의 성분들을 계산
xdot = cos(t) - t.*sin(t);
ydot = sin(t) + t.*cos(t);
zdot = 2*t;

% 피적분 항들을 계산
I1 = u(x,y,z).*xdot;
I2 = v(x,y,z).*ydot;
I3 = w(x,y,z).*zdot;

% Simpson 규칙을 사용하여 적분을 계산
integral = dot(s,(I1+I2+I3))*dt/3
```

그러나 C의 파라미터화가 가능하지 않다면 선적분 (11.1)을 다음과 같이 추정한다. 곡선 C를 그림 11.4에서와 같이 곡선상의 점 P_j, $j=1,\cdots,n+1$들 사이의 선분으로 근사한다. P_j에서 P_{j+1}까지의 선분 L_j는

$$r_j(t)=(1-t)P_j+tP_{j+1}, \quad 0\le t\le 1$$

과 같이 파라미터로 나타낼 수 있다. 이 때 $r'_j=P_{j+1}-P_j$이다. 그러면

$$\begin{aligned}\int_C F\cdot dr &\approx \sum_{j=1}^{n}\int_{L_j} F\cdot dr=\sum_{j=1}^{n}\int_0^1 F(r_j(t))\cdot(P_{j+1}-P_j)dt\\ &=\sum_j (x_{j+1}-x_j)\int_0^1 u(r_j(t))dt\\ &\quad+\sum_j (y_{j+1}-y_j)\int_0^1 v(r_j(t))dt\\ &\quad+\sum_j (z_{j+1}-z_j)\int_0^1 w(r_j(t))dt\end{aligned}$$

각각의 적분들은 Simpson 규칙이나 quadl을 이용하여 수치적으로나 기호적으로 수행할 수 있다.

보기 11.4

xy 평면상의 곡선 C가 어떤 입자의 궤적인 것으로 밝혀졌다고 하자. C 상의 점들의 좌표는 다음 표에 주어져 있다:

x	0	0.1	0.25	0.4	0.54	0.76	0.82	0.93	1
y	0	0.005	0.0312	0.0800	0.1458	0.2888	0.3362	0.4352	0.5

힘 필드가 $F(x,y)=[x\cos y,\ x+y]$와 같이 주어졌다고 하자. 입자가 곡선 C를 따라 $P_1=(0,0)$으로부터 $P_9=(1,0.5)$까지 움직이는 동안 F가 입자에 대하여 수행한 일을 추정하고자 한다. 이는 다음의 스크립트로 구할 수 있다. Simpson 규칙을 이용하며 각 선분에 대하여 n=50으로 한다.

```
x = [0 .1 .25 .4 .54 .76 .82 .93 1];
y = [0 .005 .0312 .0800 .1458 .2888 .3362 .4352 .5];

% F의 성분들을 정의
u = inline('x.*cos(y)','x','y');
v = inline('x+y','x','y');

% Simpson 벡터
n = 50;
s = simpvec(n);
dt = 1/n;

% 계산을 시작
Work = 0;
for j = 1:8
    % j번째 선분을 따라 x, y 값들을 계산
    xx = linspace(x(j), x(j+1), n+1);
    yy = linspace(y(j), y(j+1), n+1);

    % 피적분 항을 계산
    I = (x(j+1)-x(j))*u(xx,yy) + (y(j+1)-y(j))*v(xx,yy);

    % j번째 적분을 계산
    integral = dot(s,I)*dt/3;
    Work = Work + integral;
end
```

이를 수행하면

```
Work =
    0.9353
```

을 얻는다.

m-파일 lint

m-파일 lint는 보기 11.4의 과정을 이용하여 사용자가 그림 위를 클릭하여 결정되는 다각형을 따라 2차원 벡터 필드 $F=[u(x,y),\ v(x,y)]$의 선적분을 추정한다. 호출은 lint(u,v, corners)와 같으며 corners는 사각형 R을 결정하는 벡터 [a, b, c, d]이다. u와 v가 m-파일로 주어지면 단일 인용부호를 사용하는 것임을 유의하자. 다음에 lint는 경로상에서의 선분들의 수 N을 입력할 것을 요구한다. 이 파일은 quiver를 이용하여 R 위에 벡터 필드를 그려넣는다. 다음에 그림에서 왼쪽 마우스 버튼을 클릭하여 적분경로를 시작한다. 두 번째 클릭으로부터 첫 번째 점에서 두 번째 점으로의 선이 생성되며 이 선을 따라 벡터 필드가 수행한 일이 계산된다. 이 과정은 모두 N번 반복될 수 있다. 선적분의 누적값이 스크린 상에 나타난다. 이 프로그램은 또한 선적분 $\int_C x dy$를 계산한다. 곡선 C가 닫혀있고 다각형의 양을 지향하는 경계를 형성한다면 이 선적분은 다각형의 면적이 된다. N=10일 때 하나의 보기 창이 그림 11.5에 나타나 있다.

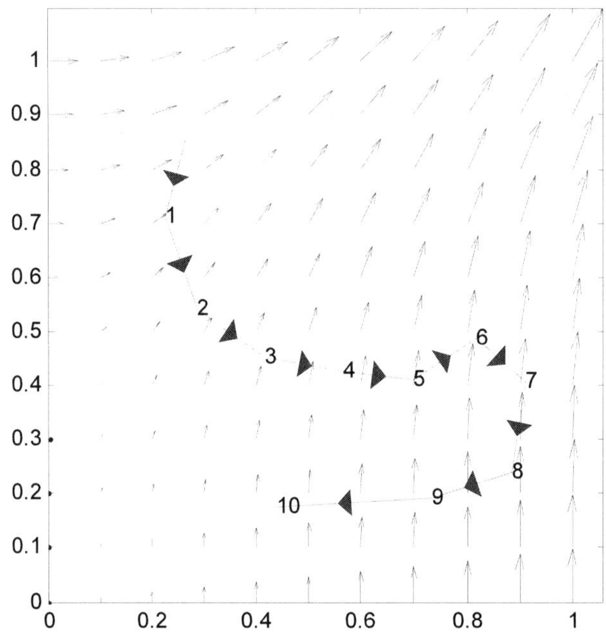

그림 11.5 m-파일 lint.m에 의하여 결정되는 벡터 필드 $F=[y^2,\ x^3/6+3x/2]$와 다각형 경로.

어떤 벡터 필드가 스칼라 포텐셜 $F(x,y)=\nabla f$의 기울기이면 이 벡터 필드는 *보존적*이다. 성분항들로 나타내면 $u(x,y)=f_x(x,y)$, $v(x,y)=f_y(x,y)$이다. 만일 벡터 필드 F가 보존적이면 선적분 $\int_C F\cdot ds$는 경로와 무관하다. 마찬가지로 F의 성분들이 C의 내부에서 연속 미분

가능하려면 모든 닫힌 곡선에 대하여 $\int_C F \cdot ds = 0$이다. 연습문제에서 우리는 lint.m을 이용하여 보존적인 벡터 필드들과 그렇지 못한 벡터 필드들을 찾아볼 것이다.

11.3 Curl과 Green 정리

u, v, w가 연속 미분가능 함수들인 3차원 벡터 필드

$$F(x,y,z) = [u(x,y,z),\ v(x,y,z),\ w(x,y,z)]$$

의 curl은 다음과 같은 벡터 필드로 정의된다:

$$curl(F) = [w_y - v_z,\ u_z - w_x,\ v_x - u_y]$$

Green 정리는 이러한 양에 대한 물리적이고 기하학적인 의미를 부여하는 데에 도움이 된다. 먼저 x, y에 따라서만 좌우되는 두 개의 0이 아닌 성분들만을 갖는 다음과 같은 벡터 필드에 논의를 국한시키기로 한다:

$$F = [u(x,y),\ v(x,y),\ 0]$$

이 경우 $curl(F) = [0,\ 0,\ v_x - u_y]$ 이다. 이제 이 벡터 필드가 xy 공간의 집합 G에서 정의되며 구분적으로 매끄러운 경계 C를 갖는다고 가정하자. 아울러 C는 G에 대하여 양의 방향성을 갖는다고 가정한다. 특히 G의 외부 경계는 시계 반대방향으로 향하고 있다. 그림 11.6을 참조한다. 그러면 다음과 같이 Green 정리를 나타낼 수 있다:

$$\text{Green 정리:} \quad \int_C u dx + v dy = \iint_G (v_x - u_y) dA(x,y) \tag{11.3}$$

이는 다음과 같이 쓸 수도 있다:

$$\int_C F \cdot T ds = \int_C F \cdot dr = \iint_G curl(F) \cdot k dA(x,y) \tag{11.4}$$

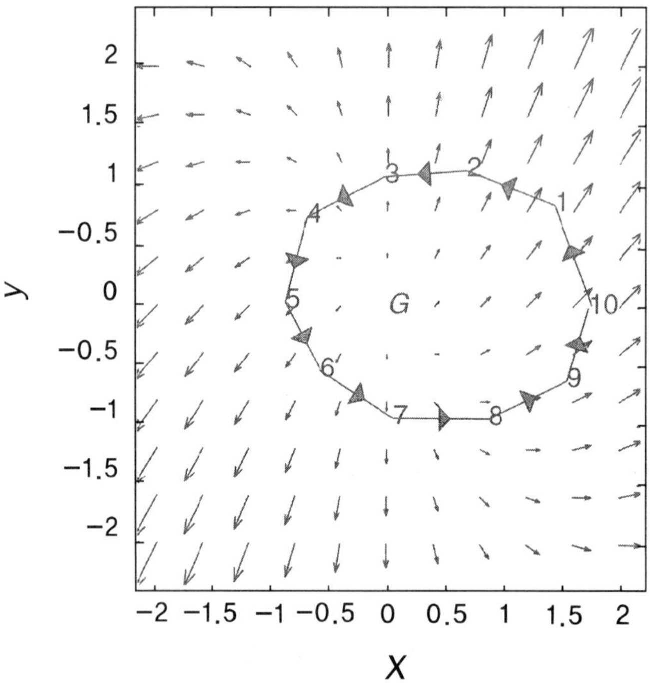

그림 11.6 양의 방향성을 갖는 집합 G의 경계에 따른 선적분.

식 (11.3) 왼쪽의 선적분은 닫힌 경로 C를 따라 힘 필드 F가 수행한 일을 나타낸다. 유체 흐름에서 F=[u,v]는 유체의 속도 필드로서 u는 속도의 x 성분이며 v는 y 성분이다. 이에 따라 선적분은 닫힌 경로 C 주위로의 유체의 *순환*이라고 부른다. 우변에서 k는 벡터 [0,0,1]이다.

Green 정리는 curl에 대하여 다음과 같은 의미를 부여한다. 중심이 (x_0,y_0)이고 한 변이 h인 정사각형을 고려하여 보자. 이 작은 정사각형(R_h라 부르기로 한다)에 Green 정리를 적용하고 식 (11.3)의 양 변을 h^2로 나누면 다음을 얻는다:

$$\frac{1}{h^2}\int_C udx+vdy=\frac{1}{h^2}\iint_{R_h}(v_x-u_y)dA(x,y)=\ R_h\text{에서의 }(v_x-u_y)\text{의 평균}$$

curl(F)가 연속이라고 가정하면 이 식의 우변은 $h\to 0$에 따라 $v_x(x_0,y_0)-u_y(x_0,y_0)$로 수렴한다. 따라서 curl(F)$(x_0,y_0)$은 점점 더 작은 정사각형들 주위에서 단위면적당 순환의 극한이 된다. 따라서 curl(F)(x_0,y_0)를 점 (x_0,y_0)에서의 단위면적당 순환으로 해석할 수 있다.

보기 11.5

m−파일 lint.m을 이용하여 위의 개념을 예시하여 볼 수 있다. 영역 $-1 \le y \le 1$에서 벡터 필드 $F=[1-y^2,0]$이라고 하자. 이 벡터 필드는 양쪽 벽이 선 $y=\pm 1$인 통로를 왼쪽에서 오른쪽으로 흐르는 점성유체의 2차원 흐름을 타나낸다. 유체는 벽에 붙는다. 우리는 바로 curl(F) = 2yk 임을 알 수 있다. 이제 m−파일 lint.m을 이용하여 $curl(F)\cdot k=1$인 중심이 점 (0, 1/2)인 보다 더 작은 경로 주위로의 순환을 계산하여 보자. 이 프로그램은 또한 둘러싸인 다각형의 면적도 계산하여 준다. 먼저 corners = [−1 1 −1 1]을 취하여 꼭지점들이 대략 $P_1=(-0.5,0)$, $P_2=(0.5,0)$, $P_3=(0,1)$인 삼각형 주위로의 순환을 계산한다. 이 순환을 면적으로 나누면 0.6747을 얻는다(정확한 결과는 2/3이다). 꼭지점들이 대략 $P_1=(-0.25,0.3)$, $P_2=(0.25,0.3)$, $P_3=(0,0.7)$인 삼각형 주위로의 순환을 반복 계산하고 다시 순환결과를 면적으로 나누면 0.8655를 얻는다(정확한 답은 0.86666....이다). 그림 11.7은 이들 두 삼각형들 가운데 더 작은 삼각형이 그림 11.7의 상부에 나타나 있다. 커서를 이용하여 눈으로 보고 경로를 닫는 것은 어려우므로 정확도를 높이기 위해서 점 (0, 1/2)를 에워싸는 보다 작은 사각형에 걸쳐 벡터 필드를 나타내어야 한다. 기대한 바와 같이 경로로 싸인 면적으로 나눈 순환값은 1에 근접한다. 여기에서는 삼각형들을 사용하였지만 어떠한 임의의 다각형도 사용할 수 있다.

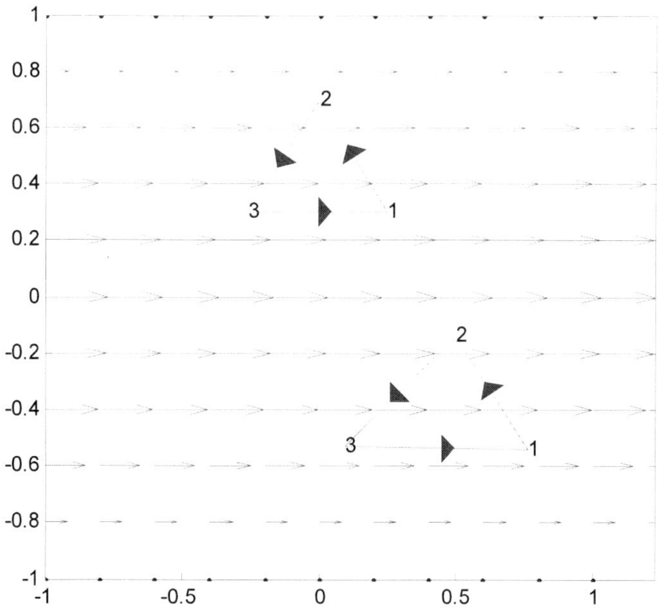

그림 11.7 삼각형 주위로의 벡터 필드 $F=[1-y^2,0]$의 순환.

그림 11.7의 하부에 다른 삼각형이 나타나 있다. F가 변하는 방식 때문에, 즉 y<0에 대하여 u가 증가하기 때문에 이 삼각형 주위의 순환은 음이며 curl(F)은 −k 방향을 가리킨다.

일반적으로 벡터 필드의 그래프를 볼 때 이 벡터 필드가 0이 아닌 curl을 갖는지의 여부를 아는 것은 쉽지 않다. 그럼에도 불구하고 curl이 가시적으로 결정될 수 있는 대표적인 2차원 벡터 필드에 대한 약간의 보기들을 제시할 수 있다.

보기 11.6

*전단흐름*은 다음과 같이 정의된다. $p=[p_1,p_2]$를 일정 벡터라 하고 a(s)를 연속 미분가능한 단일변수 함수라고 하자. 그러면 함수 $(x,y)\to a(p_2x-p_1y)$는 p에 평행한 선들 위에서 일정하다. 기울기

$$[\partial_x,\partial_y]a(p_2x-p_1y)=a'(p_2x-p_1y)q$$

는 언제나 벡터 $q=[p_2,-p_1]$에 평행하다. 벡터 필드 F를 $F=a(p_2x-p_1y)p$라고 하자. 그러면 벡터 필드 F는 언제나 p에 평행하며 p에 수직인 q 방향으로만 변한다. 한편 curl(F)는

$$curl(F)=(v_x(x,y)-u_y(x,y))k=a'(p_2x-p_1y)(p_1^2+p_2^2)k$$

와 같다. 따라서 curl(F)는 $a'\neq 0$일 때에는 언제나 0이 아니다. 보기 11.5의 벡터 필드는 전단흐름으로서 p = i curl(F) = 2yk는 y>0일 때 양의 방향을 가리키며 y<0이면 음의 k 방향을 가리킨다.

보기 11.7

와류 흐름: $F(x,y)=\left[-\frac{y}{r},\ \frac{x}{r}\right]$, $r=\sqrt{x^2+y^2}$ 라고 하자. F는 단위벡터로서 원점 주위에서 시계 반대방향으로 회전하는 유체를 나타낸다. 이로부터 다음을 얻는다:

$$curl(F)(x,y)=(v_x(x,y)-u_y(x,y))k=\left(\frac{1}{r}\right)k$$

curl은 원점에서 무한이므로 이 벡터 필드는 원점에서 특이하다.

m-파일 curl

이 m-파일은 2차원 벡터 필드가 어느 곳에서 0이 아닌 curl을 갖는지를 결정하는 것을 도와주며 부호와 크기를 색깔로 나타내어 준다. 호출은 curl(u,v,corners)와 같이 하며 이전과 마찬가지로 u(x,y)와 v(x,y)들은 m-파일이나 인라인 함수로 주어진다. 이들이 m-파일로 주어진 경우 호출시에 u와 v에 단일 인용부호를 사용하는 것을 염두에 두어야 한다. corners는 그래프 사각형의 꼭지점 좌표들의 벡터이다. 호출이 이루어지면 벡터 필드의 그래프가 나타나고 미분에 대한 차분근사를 이용하여 curl(F)가 계산된다. 벡터 필드는 curl(F)의 pcolor 그래프 위에 겹쳐진다. 컬러바가 그림의 오른쪽에 나타나며 색의 척도가 어떻게 curl(F)의 값들과 연관되는지를 보여준다. 그림 11.8을 참조하자.

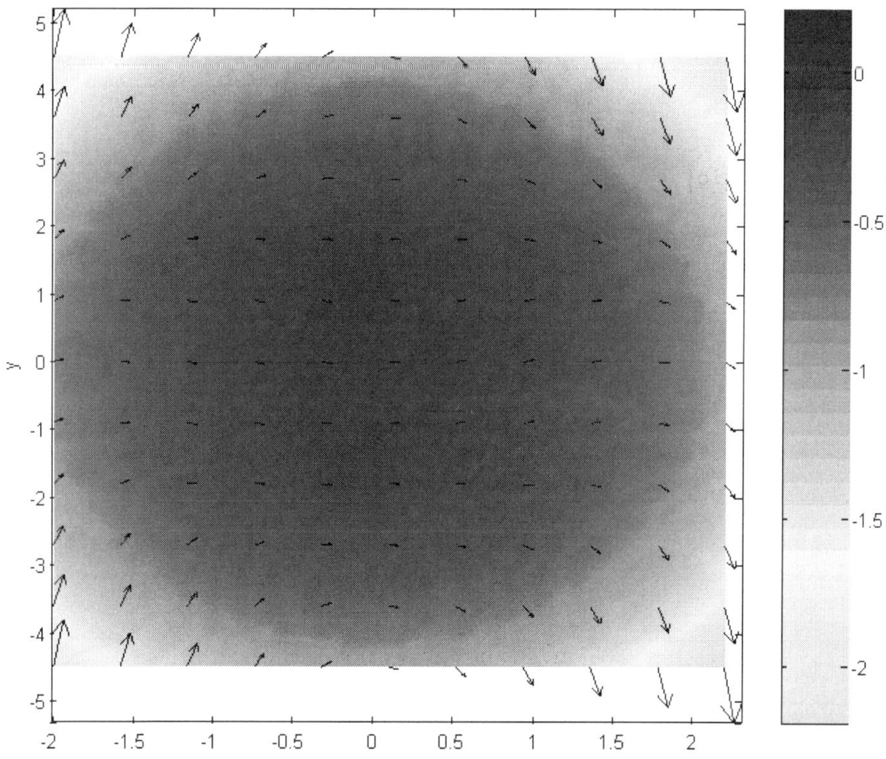

그림 11.8 curl(F)의 pcolor 그래프와 벡터 필드 $F(x,y)=(1/4)[1,\ x-x^3/3-xy^2/4]$.

11.4 선속(Flux)적분

$F(x,y,z) = [u(x,y,z),\ v(x,y,z),\ w(x,y,z)]$를 xyz 공간의 어떤 영역에서의 벡터 필드라 하고 S를 그 영역에서의 2차원 표면부분이라고 하자. S는 방향성이 가능한 표면이라고 가정한다. 이는 각 점 $(x,y,z) \in S$에서 (x,y,z)가 S 내를 이동함에 따라 연속적으로 변화하는 수직벡터 n이 정의됨을 의미한다. 그러면 S에서 F의 *선속적분*은

$$\iint_S F \cdot n\ dS \tag{11.5}$$

이며 dS는 S 상의 표면 요소이다. F가 유체의 속도이면 식 (11.5)는 단위시간당 표면 S를 지나는 유체의 부피이다. 선속(flux)이 양이면 S를 지나는 실제 흐름은 n으로 지정되는 방향이다.

벡터 필드 $F(x,y) = [u(x,y),\ v(x,y)]$와 수직벡터가 n인 곡선 C에 대하여 선속적분은

$$\int_C F \cdot n\ ds \tag{11.6}$$

와 같다. ds는 C의 호 길이 요소이다. 특히 C가 함수 g(x,y)의 수준곡선이면

$$n = \pm \frac{\nabla g}{\| \nabla g \|} = \pm \frac{[g_x,\ g_y]}{\sqrt{g_x^2 + g_y^2}}$$

를 취할 수 있다. 만일 대신 C가 구분적으로 매끄러운 함수 $r(t) = (x(t),\ y(t))$로 파라미터화된다면

$$n = \pm \frac{[y'(t),\ -x'(t)]}{[x'(t)^2 + y'(t)^2]^{1/2}}$$

를 취할 수 있다. 이 경우 선속적분 (11.6)은 다음과 같이 된다:

$$\int_C F \cdot n\ ds = \pm \int_C u dy - v dx$$

m-파일 flux2

m−파일 flux2.m은 선분들로 이루어지는 경계를 통하는 2차원 벡터 필드의 선속을 계산한다. 이 파일은 m−파일 lint.m과 같은 방법으로 사용된다. 호출은 flux2(u,v,corners)와 같이 하며 F의 성분 u, v는 m−파일이나 인라인 함수로 주어진다. 이들이 m−파일로 주어진 경우 호출시에 u와 v에 단일 인용부호를 사용하는 것을 상기하자. corners는 꼭지점 좌표들의 벡터 [a, b, c, d]이다. 호출 후에는 경로상의 선분의 수 N을 입력한다. 그림에서 먼저 클릭함으로써 적분 경로를 시작한다. 이번에는 두 번째 클릭 후에 프로그램은 선분을 따라 선속 $\int F\cdot nds$를 계산한다. 수직의 방향은 붉은 화살표로 나타난다. 이러한 과정은 N 부분들에 대하여 수행될 수 있다.

보기 11.8

벡터 필드를 $F(x,y)=[u,v]=[x^2/2, y^2/2]$라 하자. 정사각형 $-2\le x,y\le 2$에 포함된 두 삼각형들의 경계를 통하는 선속을 구하여 보기로 한다. 첫 번째 삼각형은 그림 11.9의 상부 오른쪽에 있으며 두 번째 삼각형은 같은 그림의 왼쪽 하부에 있다.

```
u = inline('0.5*x.^2','x','y');
v = inline('0.5*y.^2','x','y');
corners = [-2 2 -2 2];
flux2(u,v,corners)
enter the number of segments in the path  3
total_flux =
   1.5477

hold on
flux2(u,v,corners)
enter the number of segments in the path  3
total_flux =
  -1.0498

hold off
axis square
xlabel('x'), ylabel('y')
```

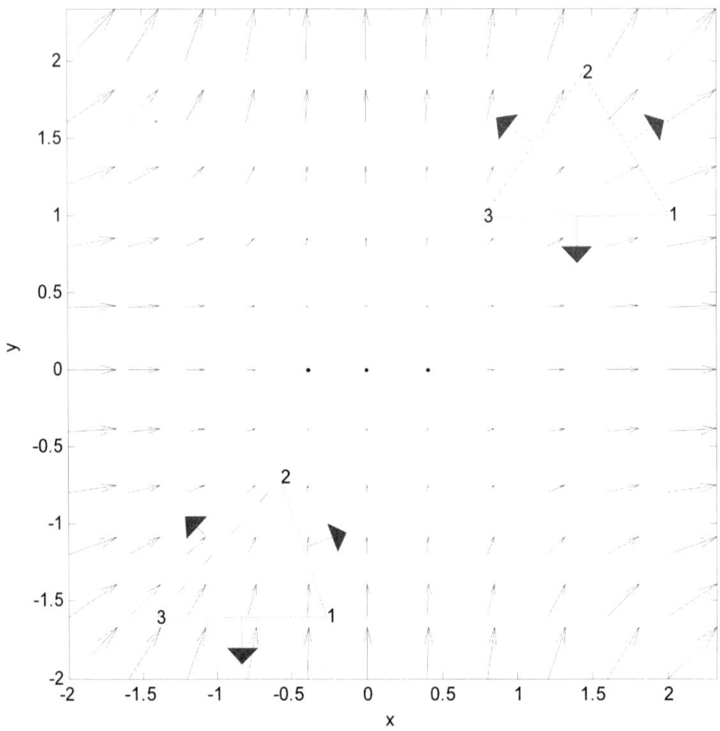

그림 11.9 벡터 필드 $F(x,y)=[x^2/2, y^2/2]$에 대한 두 가지 흐름계산.

11.5 발산정리

$F(x,y,z)=[u(x,y,z),\ v(x,y,z),\ w(x,y,z)]$를 하나의 벡터 필드라 하자. F의 발산은 다음과 같은 스칼라 함수이다:

$$div(F)=u_x(x,y,z)\ +v_y(x,y,z)\ +w_z(x,y,z)$$

Gauss 발산정리는 적분 div(F)를 흐름적분과 연결지어준다. G를 xyz 공간에서 제한된 집합으로서 방향성이 가능한 표면 S에 의하여 경계지워져 있다고 하자. 아울러 n을 S에 대한 단위수직이라고 하자.

발산정리

$$\iiint_G div(F)dV(x,y,z) = \iint_S F \cdot n \; dS$$

발산정리는 div(F)에 대하여 다음과 같은 의미를 부여한다. R_h를 중심이 (x_0, y_0, z_0)이고 한 변이 h인 작은 정육면체라고 하자. 그러면 R_h에 대하여 발산정리를 적용하고 부피 h^3으로 나누면 다음을 얻는다:

$$\frac{1}{h^3}\iint_S F \cdot n \; dS = \frac{1}{h^3}\iiint_{R_h} div(F)dV \tag{11.7}$$

식 (11.7)의 우변은 정육면체 R_h에서 div(F)의 평균이다. F의 성분들이 연속 미분가능이라면 이 평균은 $h \to 0$에 따라 $div(F)(x_0, y_0, z_0)$로 수렴한다. 따라서 h가 작으면

$$div(F)(x_0, y_0, z_0) \approx \frac{1}{h^3}\iint_S F \cdot n \; dS$$

라고 말할 수 있다. 따라서 div(F)는 (선속)/(단위부피)의 단위를 갖는다. 유체유동에서 F는 유체의 속도 벡터로서 u는 x 성분이고 v는 y 성분이며 w는 z 성분이다. 속도의 단위는 (길이)/(시간)이므로 선속의 단위는 (부피)/(시간)이다. 이는 단위시간당 경계표면 S를 통하여 흐르는 유체의 부피이다. 따라서 div(F)는 단위부피당 생성되거나 흡수되는 유체의 (부피)/(시간)이다.

물론 2차원 버전의 발산정리가 있다. m-파일 flux2.m은 2차원인 경우의 발산에 대한 이해에 도움이 된다.

보기 11.9

$F(x,y) = [x^2/2, \; \sin(\pi y/2)]$라고 하자. 선속을 계산하고 이를 둘러싸는 다각형의 면적으로 나누어 $div(F)(x,y) = u_x(x,y) + v_y(x,y)$에 대한 근사를 구하여 보자. 그림 11.10을 참조한다. 그림의 왼쪽 하부에 있는 정사각형의 꼭지점은 대략 (−1.5,−1.5), (−0.5,−1.5), (−0.5,−0.5), (−1.5,−0.5)이다. 계산된 선속값은 −1.0212이며 계산된 면적(정확하게는 1이어야 한다)은 1.0096이다. 따라서 (선속)/(면적) = −1.0115이다. 이 정사각형의 중심에서의 발산의 정확한 값은 −1이다.

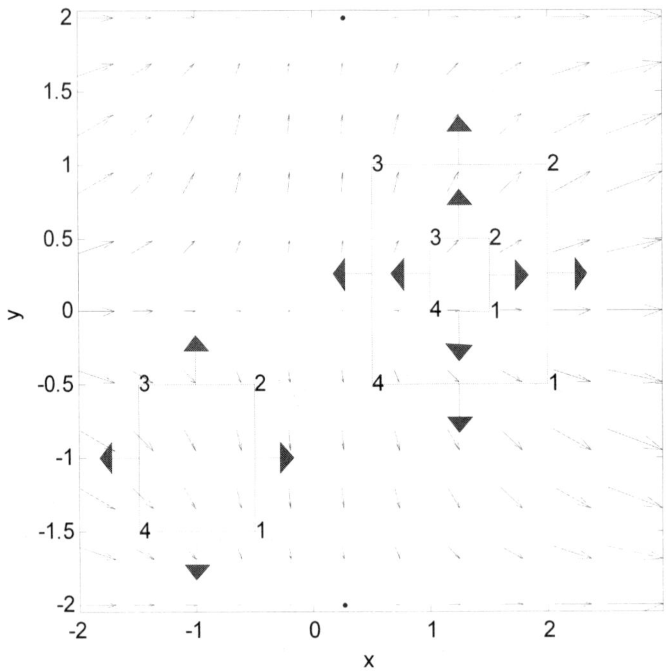

그림 11.10 벡터 필드 $F(x,y) = [x^2/2,\ \sin(\pi y/2)]$에 대한 정사각형 둘레에서의 흐름계산.

좀 더 큰 정사각형의 꼭지점은 대략 (0.5,−0.5), (2,−0.5), (2,1), (0.5,2)이다. 계산된 선속값은 5.2746이며 계산된 면적은 2.2334이다. 따라서 (선속)/(면적) = 2.3617이다. 큰 사각형 안에 있는 좀 더 작은 정사각형의 꼭지점은 대략 (1,0), (1.5,0), (1.5,0.5), (1,0.5)이다. 계산된 선속값은 0.6666이며 계산된 면적은 0.2377이다. 따라서 (선속)/(면적) = 2.7766이다. 이 정사각형의 중심 (1.25,0.25)에서의 정확한 값은 div(F)(1.25,0.25)=1.25 $+(\pi/2)\cos(\pi/8)$ = 2.7012이다.

일반적으로 말한다면 벡터 필드의 발산의 부호를 가시적으로 결정하는 것은 어려운 일이다. 직관적으로는 만일 화살표들이 서로 떨어져 분포된다면 발산은 양이 될 것이며 이들이 수렴한다면 발산은 음이 될 것이다. 그림 11.10은 이 경우에 해당되는 것으로 보인다. 그러나 이 문제는 다음 보기에서 알 수 있는 바와 같이 좀 더 미묘한 문제이다.

보기 11.10

*가속흐름*을 다음과 같이 정의하기로 한다: $p=[p_1, p_2]$는 일정한 벡터로서 흐름의 방향이며 a(s)는 연속 미분가능한 단일변수 함수라고 하자. 함수 $(x,y) \to a(p_1x+p_2y)$는 p에 수직인 선들 상에서 일정하며 $a(p_1x+p_2y)$의 기울기는 p에 평행하다. 이제 $F(x,y)=a(p_1x+p_2y)p$라고 하자. 그러면

$$div(F)(x,y)=a'(p_1x+p_2y)(p_1^2+p_2^2)$$

을 얻는다. 따라서 div(F)는 a'의 부호에 따라 양이거나 음이 된다. 여기에서 모든 벡터들은 서로 평행하다; 이들은 서로 떨어져 분산되거나 수렴하지 않는다. 그러나 흐름은 a에 따라 가속되거나 느려지는데 이는 가속흐름이라는 용어를 쓰게 된 이유이다. $p=i$인 간단한 경우에서는

$$F(x,y)=[x^2,\ 0]$$

이며 div(F)=2x이다. 이는 x>0이면 양이고 x<0이면 음이다. 보기 11.6에서 다룬 전단흐름과 비교하여 보자.

보기 11.11

방사흐름: 다음과 같은 벡터 필드를 고려하여 보자:

$$F(x,y)=\left[\frac{x}{r},\ \frac{y}{r}\right]$$

위에서 $r=\sqrt{x^2+y^2}$이다. F는 단위 벡터 필드이다. 이로부터

$$div(F)(x,y)=\frac{1}{r}$$

을 얻는다. 원점에서 div(F)는 무한이므로 벡터 필드는 원점에서 특이하다. 이 벡터 필드의

양의 발산은 화살표들이 서로 떨어져 분산된다는 사실에 기인한다. 그러나 연습문제에서 보게 되듯이 화살표들이 분산됨에 따라 짧아지면 발산은 0이 되거나 음이 될 수 있다.

연습문제에서는 curl.m과 유사한 m-파일 divg.m을 구성하게 될 것이다. 이 파일은 div(F)의 pcolor 그래프 위에 벡터 필드를 겹쳐 보여준다.

연습문제

1. (1) $F(x,y)=[xy,\ \cos(xy)]$라고 하자. quiver를 사용하여 정사각형 $0 \le x,y \le 4$ 위에 벡터 필드의 그래프를 그려라.

(2) C가 $r(t)=[t^2,\ e^t]$, $0 \le t \le 2$ 로 파라미터화된다고 하자. 보기 11.3에서와 같이 하여 선적분 $\int_C F \cdot dr$을 수치적으로 추정하여라. 구간 수를 처음에는 100, 다음에는 200으로 하여 Simpson 규칙을 사용한다. 첫 번째 계산에서의 오차를 추정하여라.

2. (1) $F(x,y,z)=[1-y^2-z^2,\ 0,\ 0]$이라고 하자. quiver3을 사용하여 정육면체 $-1 \le x,y,z \le 1$에 벡터 필드의 그래프를 그려라.

(2) 곡선 C가 $r(t)=[t,\ t\cos t,\ t\sin t]$, $0 \le t \le 2\pi$ 로 파라미터화된다고 하자. 선적분 $\int_C F \cdot dr$을 직접 계산하고 다음에 Simpson 규칙을 사용하여 계산하여라.

3. 곡선 C가 다음과 같이 표로 주어졌다고 하자:

x	0	0.5083	0.3833	−0.5825	−2.0333	−3.1416
y	0	0.3693	1.1951	1.7927	1.4733	−0.0000

x	−3.1416	−3.0499	1.3591	1.5533	4.5749	6.2832
y	−0.0000	−2.2159	−4.1830	−4.7805	−3.3238	0.0000

벡터 필드를 $F(x,y)=[xy,\ \cos(xy)]$라고 하자. 보기 11.4와 같이 하여 선적분 $\int_C F \cdot dr$을 추정하여라.

4. 연습문제 3의 x 및 y 값에 z 값들의 벡터를 추가하여라. $z(j)=(j-1)/10$, $j=1,\cdots,11$이다. 이제 이산점 (x_j, y_j, z_j), $j=1,\cdots,11$들이 곡선 C에 위치하고 있다고 하자. 벡터 필드 $F(x,y)=[xy,\ \cos(xy),\ z]$라고 하자. 선적분 $\int_C F \cdot dr$을 추정하여라.

5. 벡터 필드를 $F(x,y)=[\sin(xy),\ x-y]$라고 하자.

(1) corners를 [0 2.2 0 2.2]라 하고 (0.5,0.5)로부터 (1.5,1) 및 (1.5,1)로부터

(2,2)까지의 두 선분들로 이루어지는 경로를 C라고 하자. m-파일 lint.m을 이용하여 일 적분 $\int_C F \cdot dr$을 추정하여라.

(2) (0.5,0.5)로부터 (2,2)에 이르는 곡선을 구성하는 10개의 선분들로 이루어지는 경로 C에서 위의 일 계산을 반복하여라.

(3) 여러 가지 경로들을 시도하여 어떻게 하면 (0.5,0.5)로부터 (2,2)에 이르는 경로 C에 따른 일이 음이 아니면서 가능한 한 작게 할 수 있는지 알아보라.

6. (1) 연습문제 5에서와 동일한 정사각형 및 동일한 벡터 필드를 고려하자. m-파일 lint.m을 이용하여 10 부분들로 이루어지는 닫힌 경로에서의 일을 계산하여라. 먼저 오른쪽 하부 구석에, 다음에는 왼쪽 상부 구석에 닫힌 경로를 형성한다. 각각의 닫힌 경로에 대하여 (일)/(면적)을 구하고 기록하여라.

(2) m-파일 curl.m을 이용하여 curl(F)가 가장 큰 곳과 가장 작은 곳을 알아보라. 얻은 결과를 (1)의 결과와 비교하여 보라. 각 경우에서 (순환)일을 닫힌 다각형의 면적으로 나눈다면 다각형의 중심에서 curl(F)의 값에 얼마나 근접하는가?

7. $F(x,y)=[x+\sin y,\ x\cos y]$라고 하자.

(1) 위의 F와 사각형 $R=[1,4]\times[-2,2]$에 대하여 m-파일 lint.m을 적용하여라. 점 (1.5,−1)로부터 (3.5,1)에 이르는 임의의 두 경로들을 따라 행하여지는 일을 계산하여라. 선분들의 수는 임의로 한다. 결과는 어떠한가?

(2) 임의의 닫힌 경로에 대하여 (순환)일을 계산하여라. 이러한 벡터 필드에 대하여 어떤 결론을 얻을 수 있는가?

★8. 벡터 필드를 $F=\dfrac{1}{r^p}[-y,\ x]$라 하자. $r=\sqrt{x^2+y^2}$이다.

(1) curl(F)를 직접 계산하고 다음을 보여라:

$$curl(F)=\frac{2-p}{r^p}k$$

이 결과는 우리의 직관에 도전하는 것처럼 보인다. 그 이유는 모든 p>0에 대하여 흐름은 양이지만 curl(F)는 p>2일 때 음의 k 방향을 가리키기 때문이다.

(2) p=3이라고 하자. 사각형 $R=[0.5,1.5]\times[-0.5,0.5]$ 에서 lint.m을 이용하여라. curl(F)=−k인 중심이 (1,0)인 정사각형 둘레에서 시계 반대방향으로의 순환을

계산하여라. 정사각형의 우변에서 행하여진 일 W_1은 양이지만 정사각형의 좌변에서 행하여진 일은 음으로서 $W_3 < 0$이며 $W_1 + W_3 < 0$임을 주목하자. 상부와 하부에서 행하여진 일은 더 작다.

(3) p=1이라고 하자. 동일한 계산을 반복하여 보고 이제는 $W_1 + W_3 > 0$임을 주목하자. 이는 (1)에서 이루어진 직접계산 결과와 일치하는가?

9. 어떤 벡터 $p = [p_1, p_2]$가 주어졌다고 하자. a=a(s)이며 $F(x,y) = a(p_2 x - p_1 y)p$라고 하자. 이는 전단흐름의 예이다(보기 11.6 참조).

(1) curl(F)를 직접 계산하여라.

(2) p=[1,2]이며 $a(s) = |s|$라고 하자. 사각형 $R = [1,3] \times [1,3]$에서 lint.m을 사용하여라. 선 y=x/2 위에 위치하는 작은 닫힌 경로와 선 y=x/2 아래에 위치하는 작은 닫힌 경로 주위로의 순환을 계산하여라. 얻은 결과는 (1)에서의 계산결과와 일치하는가?

10. $F(x,y) = [1,\ (y/4)\sin(\pi x)]$라고 하자.

(1) div(F)를 직접 계산하여라. 어디에서 음이고 어디에서 양인가?

(2) 사각형 $R = [0,2] \times [0,2]$에서 m-파일 flux2.m을 사용하여라. x<1에 위치하는 작은 정사각형 주위로의 선속을 계산하고 이를 면적으로 나누어라. 이는 정사각형 중심에서의 div(F)를 근사하는가?

(3) x>1에 위치하는 작은 정사각형에 대하여 동일한 계산을 반복하고 (2)에서와 동일한 질문에 답하여라.

★11. m-파일 curl.m은 중심차분을 이용하여 선 C1 = ... 및 C2 = ...에서 $v_x - u_y$의 값을 근사한다.

(1) 다음과 같은 중심차분 공식을 이용하여 발산 $u_x + v_y$를 근사하여라:

$$\frac{u(x+h,y) - u(x-h,y)}{2h} + \frac{v(x,y+h) - v(x,y-h)}{2h}$$

m-파일 curl.m을 수정하여 벡터 필드 $F(x,y) = [u(x,y),\ v(x,y)]$의 발산의 pcolor 그래프를 그려라. 이로부터 얻은 새로운 파일을 divg.m이라고 하자.

(2) divg.m을 이용하여 연습문제 10의 벡터 필드의 발산에 대한 그래프를 그려라.

12. 어떤 벡터 $p = [p_1, p_2]$라 하고 $F(x,y) = a(p_1 x + p_2 y)p$라고 하자. 이는 가속 평행흐름

이다(보기 11.10 참조).

(1) div(F)를 직접 계산하여라.

(2) p=[2,−1]이라 하고 $a(s)=|s|+s^2$라고 하자. 사각형 $R=[-2,2]\times[-2,2]$에서 m−파일 flux2.m을 사용하여라. 직선 y=2x 위에 위치하는 작은 정사각형 주위로의 선속을 구하고 이를 면적으로 나누어라. 이는 정사각형의 중심에서의 발산을 근사하는가?

(3) 직선 y=2x 아래에 위치하는 작은 정사각형에 대하여 동일한 계산을 반복하여라. 아울러 위에서와 동일한 질문에 답하여라.

★13. $F=\frac{1}{r^p}[x,\ y]$라 하자. $r=\sqrt{x^2+y^2}$이다.

(1) v(F)를 직접 계산하고 다음을 보여라:

$$div(F)=\frac{2-p}{r^p}$$

이 결과는 직관에 반하는 것으로 보인다. 모든 p>0에서 화살표들은 서로 떨어져 분산되지만 p>3일 때 발산은 음이다. 이는 p가 클수록 r이 증가함에 따라 화살표들은 더 짧아진다는 사실로부터 이해될 수 있다.

(2) p=3이라고 하자. 사각형 $R=[0.5,1.5]\times[-0.5,0.5]$에서 m−파일 flux2.m을 사용하여라. 중심이 (1,0)이고 한 변이 0.4인 정사각형 주위로의 선속을 계산하여라. $f_1\approx f_3$인 정사각형 f_1과 f_3의 상부와 하부에 따른 선속은 모두 양임을 주목하자. 우변에서의 선속 f_2는 양이지만 좌변에서의 선속은 f_4이며 $f_1+f_2+f_3+f_4<0$이다.

(3) p=1이라고 하자. (2)에서의 계산을 반복하여라. 선속의 부호는 무엇인가? 개별적인 부분들은 합하면 어떻게 되는가?

(4) 마지막으로 p=2라고 하자. (2)의 계산을 반복하여라. 결과는 어떠한가? 개별적인 부분들은 합하면 어떻게 되는가?

★★14. $F(x,y)=[f(x,y),\ g(x,y)]$를 벡터 필드라 하고 G를 단위 정사각형 $0\le x,y\le 1$이라고 하자. G의 경계를 통하는 선속(외부 수직을 사용)은 다음 4개 적분들의 합이다:

$$\int_{\partial G} F\cdot n\ ds=-\int_0^1 f(0,y)dy+\int_0^1 g(x,1)dx+\int_0^1 f(1,y)dy-\int_0^1 g(x,0)dx$$

(1) 이 선속적분을 계산하는 스크립트 파일을 작성하여라. 이 스크립트는 함수 m−

파일 f.m과 g.m을 호출하도록 한다. n=20으로 하고 1차원 Simpson 규칙을 사용하여 4개 적분 각각을 계산하여라.

(2) 작성한 스크립트를 테스트하기 위해 이를 이용하여 $F(x,y)=[(x+1)y,\ 3y^2]$에 대한 선속적분을 구하고 이를 직접 계산한 결과와 비교하여라.

(3) 이제 $f(x,y)=e^{x+y}$, $g(x,y)=y\cos(x^2)$라고 하자. 작성한 스크립트를 이용하여 선속적분을 구하여라. 다음에 m-파일 simp2를 이용하여 적분 $\iint_G div(F)dxdy$를 수치적으로 계산하여라. 처음에는 n=m=20으로 하고 다음에는 n=m=40으로 한다. 이중적분 결과를 경계적분에 대한 결과와 비교하여 보라.

12

정전기와 유체유동 문제

이 장에서 사용되는 미리 작성된 m-파일들

```
flow1    flow2
```

제 12장은 정전기 문제를 다루는 부분과 유체유동 문제를 다루는 부분의 두 가지 주요 부분들로 나누어져 있다. 하나의 방정식으로 처리되기 때문에 정전기 문제를 먼저 논의할 것이다. 유체유동에 대한 논의에서는 방정식 시스템을 고려할 필요가 있을 것이다.

먼저 방정식의 유도에 사용할 몇 가지 기법들을 소개하기로 한다.

12.1 중요한 도구

물리학의 편미분 방정식을 유도하는 데에 이용되는 주된 도구는 발산정리이다. 발산정리는 (예를 들면 표면에서의 흐름적분과 같은) 벡터 필드에 대한 포괄적인 관찰들을 (성분들의 편미분들과 같은) 벡터 필드의 국부적 거동과 연관시켜 준다. 발산정리의 응용으로부터 때로는 적분 방정식에 이르기도 한다. 예를 들면

$$\iint_G f(x,y)dA(x,y)=0 \text{ 혹은 } \iiint_G f(x,y,z)dV(x,y,z)=0 \qquad (12.1)$$

은 xy 공간 내의 모든 집합 G, 혹은 xyz 공간 내의 모든 집합 G에 대하여 성립한다. 다음에 (12.1)로부터 f의 값들에 대한 언급을 유추하고자 한다.

Null 정리

f가 연속이고 모든 집합 G에 대하여 식 (12.1)이 성립한다면 $f \equiv 0$이다.

이것이 왜 사실인가를 2차원에서 보이기로 한다. 3차원에서도 마찬가지이다. 점 (x_0, y_0)를 고정시키자. 조건 (12.1)은 특히 중심이 (x_0, y_0)이고 변이 h인 다음과 같은 모든 정사각형 Q_h에 대하여 성립한다:

$$Q_h = \{(x,y):\ |x-x_0| \le h/2,\ |y-y_0| \le h/2\}$$

식 (12.1)을 h^2로 나누면 모든 h>0에 대하여

$$\frac{1}{h^2}\iint_{Q_h} f(x,y)dxdy = 0 \tag{12.2}$$

를 얻는다.

그러나 식 (12.2)는 Q_h에서 f의 평균이다. $h \to 0$이면 식 (12.2)에 따라 언제나 0이 되는 이 평균은 (x_0, y_0)에서 f 값을 지향한다. 이를

$$f(x_0, y_0) = \lim_{h \to 0} \frac{1}{h^2}\iint_{Q_h} f(x,y)dxdy = 0$$

로 쓴다. (x_0, y_0)는 임의의 점이 될 수 있으므로 f는 어디에서나 0이 됨을 알 수 있다.

12.2 정전기 문제

이 주제에 대한 소개에서 모든 물리적 상수들은 모두 1이라고 간주할 것이다. 전기장 $E=[E_1,\ E_2,\ E_3]$는 xyz 공간의 어떤 집합 G의 각 점에 부착된 벡터이다. 이는 양의 단위전하를 갖는입자에 가해지는 힘이다. 전기장은 쿨롱의 법칙에 따라 전하의 존재로 생성된다. Q 쿨롱의 전하가 점 $x_0 = (x_0, y_0, z_0)$에 위치하고 있다면 점 x=(x,y,z)에서의 전기장은

$$E(x,y,z) = \frac{Q(x-x_0)}{4\pi \parallel x - x_0 \parallel^3} \tag{12.3}$$

으로 주어진다. Q > 0이면 전기장 벡터 E는 x_0에서 x를 가리킴을 주목하자. 이 경우 힘은 반발력이다. Q < 0이면 E 벡터는 x에서 x_0를 가리키며 x_0에서의 전하는 끌어들이는 양의 단위 테스트 전하이다. 각 경우에서 E의 크기는

$$\parallel E(x,y,z) \parallel = \frac{|Q|}{4\pi \parallel x - x_0 \parallel^2}$$

이다. 이는 *역제곱 법칙*의 예이다.

전하의 분포에 의하여 생성되는 전기장은 무엇일까? 그러한 전하분포에 의하여 생성된 전기장에 대한 두 가지 사실들은 실험실에서 입증할 수 있으며 다음과 같이 요약된다:

I **전기장은 보존적이다**. 모든 닫힌 경로 C에 대하여 선적분 $\int_C E \cdot dr = 0$

II Gauss **법칙** 닫힌 표면 S에서 선속적분

$$\iint_S E \cdot n \; dS$$

으로 측정되는 전기장의 세기는 표면 내에 포함된 총 전하와 같다. 전하가 전체 부피에 걸쳐 전하밀도 $\rho(x,y,z)$로 균일하게 분산되어 있는 경우 Gauss 법칙으로부터

$$\iint_S E \cdot n \; dS = \iiint_G \rho(x,y,z) dV \tag{12.4}$$

를 얻는다. G는 경계가 S인 영역이다. 위의 두 사실들로부터 주어진 전하밀도 ρ로부터 전기장을 결정할 수 있다.

대상 영역에 아무런 구멍이 없다고 가정하면 E가 보존적이라는 사실은

$$-\nabla \phi = E \tag{12.5}$$

인 포텐셜 함수 $\phi(x,y,z)$가 존재한다는 것을 의미한다. ϕ가 일정인 표면은 *등포텐셜 표면*이

라고 불린다.

이제 발산정리를 식 (12.4)의 왼쪽 적분에 적용하여 보자. 경계지어진 모든 집합 G에 대하여

$$\iiint_G div(E)dV = \iiint_G \rho dV \tag{12.6}$$

혹은

$$\iiint_G [div(E) - \rho]dV = 0$$

을 얻는다. 따라서 Null 정리에 의하여 다음과 같은 결론을 내릴 수 있다:

$$div(E)(x,y,z) = \rho(x,y,z) \tag{12.7}$$

그러나 식 (12.5)로부터 $div(E) = div(-\nabla\phi) = -\Delta\phi$임을 알 수 있으므로 포텐셜 ϕ는 다음을 만족해야 한다:

$$-\Delta\phi = \rho \tag{12.8}$$

이는 *Poisson 방정식*이다. 이 식은 열전달 및 음향학을 포함하는 다른 많은 분야에서 나타난다. 왼쪽의 연산자 $\Delta\phi = \phi_{xx} + \phi_{yy} + \phi_{zz}$는 제 8장에서 보았던 라플라스 연산자이다.

이제 우리는 정전기적 포텐셜을 주어진 전하밀도와 연관시켜 주는 하나의 편미분 방정식을 가지게 되었다. 일단 ϕ가 결정되면 E는 식 (12.5)로부터 얻어진다.

물리적으로 타당한 식 (12.8)의 해는 경계가 없을 경우 점 전하의 포텐셜을 이용하여 얻어진다. Q=1이고 $x_0 = 0$일 때 전기장(식 (12.3))의 포텐셜은 다음과 같이 주어짐을 쉽게 입증할 수 있다:

$$\gamma(x) = \frac{1}{4\pi \| x \|}$$

γ는 3차원에서의 기본적인 포텐셜이다. $x \neq 0$일 때 $\Delta\gamma = 0$임을 보여야 한다. 단위전하가 $y \neq 0$에 놓여 있다면 포텐셜은 다음과 같다:

$$\gamma(x-y)=\frac{1}{4\pi \parallel x-y \parallel}$$

단위전하는 하나의 점 y에 집중되어 있으므로 $x \rightarrow y$이면 포텐셜 γ는 무한이 됨을 주목하자.

y_1에서의 전하 Q_1과 y_2에서의 전하 Q_2에 의하여 생성되는 포텐셜은 다음과 같다:

$$Q_1\gamma(x-y_1)+Q_2\gamma(x-y_2)$$

만일 전하 Q_1, Q_2, $\cdots$, Q_n이 y_1, y_2, $\cdots$, y_n에 놓여 있다면 얻어지는 포텐셜은 다음과 같다:

$$\phi(x)=\sum_{j=1}^{n} Q_j\gamma(x-y_j)=\sum_{j=1}^{n}\frac{Q_j}{4\pi \parallel x-y_j \parallel} \tag{12.9}$$

밀도 $\rho(x)$로 주어지는 연속적인 전하 분산의 경우 이산합(식 (12.9))은 다음 적분으로 대체된다:

$$\phi(x)=\iiint \gamma(x-y)\rho(y)dV(y)=\frac{1}{4\pi}\iiint \frac{\rho(y)}{\parallel x-y \parallel}dV(y) \tag{12.10}$$

이 적분에 대한 Riemann 합 근사는

$$\frac{1}{4\pi}\sum_{i,j,k}\frac{\rho(y_{i,j,k})}{\parallel x-y_{i,j,k} \parallel}\Delta V \tag{12.11}$$

와 같다. 여기에서는 적분 영역을 부피가 ΔV인 정육면체 $R_{i,j,k}$로 분해하고 점 $y_{i,j,k} \in R_{i,j,k}$을 택하였다. 연습문제에서는 이 근사를 계산하는 MATLAB 코드를 만들게 될 것이다. 이것은 이 문제에 대한 효율적이고 정확한 해의 계산에 이용되는 방법은 아니지만 해가 어떻게 나타날 것인지에 대한 개념을 제시하여 줄 것이다.

보기 12.1

고체 실린더 $R=\{x^2+y^2<1,\ -1 \le z \le 1\}$에서 균일한 전하밀도 $\rho \equiv 1$에 의하여 생성되는 포텐셜 $\phi(x,y,z)$를 계산하고 그래프로 그려보자. 이는 3중적분으로 주어지는데 이 적분은 실린더 좌표로 쓸 수 있다:

$$\phi(x,y,z) = \frac{1}{4\pi}\iiint_R \frac{dV(y)}{\| x-y \|}$$
$$= \frac{1}{4\pi}\int_{-1}^{1}\int_{0}^{1}\int_{0}^{2\pi} \frac{rdrd\theta d\zeta}{\sqrt{(x-r\cos\theta)^2+(y-r\sin\theta)^2+(z-\zeta)^2}}$$

포텐셜은 z 축에 대하여 대칭이므로 포텐셜 $\phi(x,0,z)$를 계산하고 결과를 x, z 평면에 나타내면 충분하다. 계산해야 할 적분은

$$\frac{1}{4\pi}\int_{-1}^{1}d\zeta\int_{0}^{1}rdr\int_{0}^{2\pi}\frac{d\theta}{\sqrt{x^2-2xr\cos\theta+r^2+(z-\zeta)^2}}$$

이다. 아래 스크립트에 의하여 이 적분을 수행한다. $\phi(x,0,z)$의 그래프는 그림 12.1의 왼쪽에 나타나 있으며 $\phi(x,0,z)$의 수준곡선들은 오른쪽에 나타나 있다. ϕ의 등포텐셜 표면은 이 곡선들을 z 축 주위로 회전시켜 생성된다.

```
% r, theta, zeta 격자에서 중간점들을 선택
delr = 0.1; deltheta = pi/10; delzeta = 0.1;
r = linspace(0.5*delr, 1-0.5*delr, 10);
th = linspace(0.5*deltheta, 2*pi-0.5*deltheta, 20);
zeta = linspace(-1+0.5*delzeta, 1-0.5*deltheta, 20);

% 10 x 20 x 20인 3차원 배열을 생성
[R,TH,ZETA] = meshgrid(r,th,zeta);

% 포텐셜 그래프를 위한 격자를 구성
x = linspace(0, 5, 26);
z = linspace(-5, 5, 51);
[X,Z] = meshgrid(x,z);

% phi 값을 위하여 51 x 26 배열을 할당
phi = 0*Z;
for i = 1:51
    for j = 1:26
        % x, z 격자에서 각각의 z(i), x(j)에 대하여
        % 분모의 3차원 배열을 계산
        denom = sqrt(x(j)^2-2*x(j)*R.*cos(TH)+R.^2+(z(i)-ZETA).^2);

        % 3차원 배열 R과 분모에 대하여 합을 구함으로써 Riemann 합을 계산
```

```
        phi(i,j) = (delr*deltheta*delzeta/(4*pi))*sum(sum(sum(R./denom)));
      end
    end

    subplot(1,2,1)
      surf(X,Z,phi)
      xlabel('x'), ylabel('z'), zlabel('\phi')
    subplot(1,2,2)
      contour(X,Z,phi)
      xlabel('x'), ylabel('z')
```

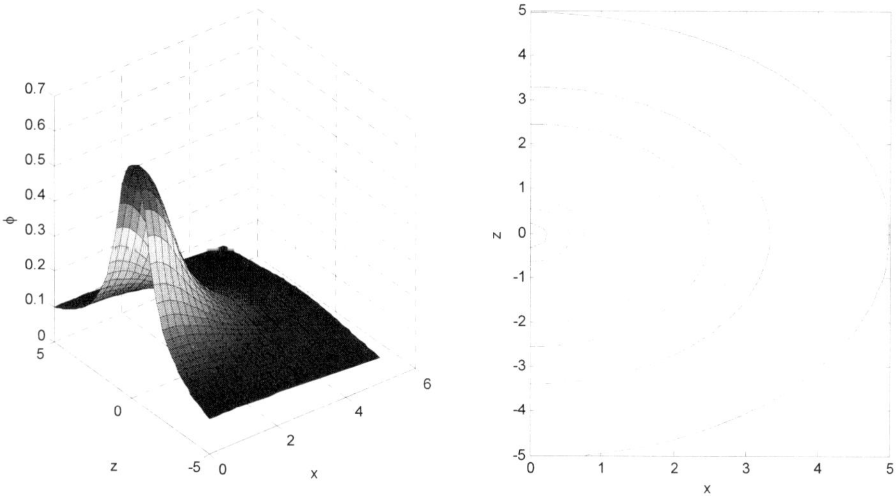

그림 12.1 실린더 $R=\{x^2+y^2<1,\ -1\le z\le 1\}$에서 균일한 전하밀도 $\rho\equiv 1$에 의하여 생성된 포텐셜 ϕ. 왼쪽: $\phi(x,0,z)$의 그래프, 오른쪽: $\phi(x,0,z)$의 수준곡선.

Dirichlet 문제

전하가 없는 영역 G에서 포텐셜 방정식은 간단히 $\Delta\phi=0$이 된다. 이 방정식에 대한 해는 *조화함수*(제 8장 참조)라고 불리며 매우 특별한 성질들을 갖는다. 위의 경우는 G가 전하를 지니는 외피의 내부에 존재할 때 발생한다. 외피의 전하는 전기장을 생성하며 따라서 포텐셜 ϕ를 갖는다. G 내부에서의 ϕ의 값은 ∂G로 나타내어지는 둘러싸는 외피에서의 값들에 의하여 결정된다. *Dirichlet 문제*는 다음과 같은 경계치 문제의 해를 구하는 문제이다:

$$\text{G에서} \quad \Delta\phi(x) = 0, \quad \partial G\text{에서} \ \phi = f \tag{12.12}$$

함수 f는 ∂G에서 주어진다. 이들은 포텐셜이 ∂G에서 지닐 것으로 간주되는 값들이다.

좀 더 고급과정에서는 영역이 날카로운 첨점을 갖지 않고 f가 연속이라면 Dirichlet 문제는 일의적 해를 가짐을 보이고 있다. 나아가 해는 식 (12.10)에서와 같이 f로 나타낼 수 있다. 식 (12.12)의 해가 다음과 같이 주어지도록 영역 G에 의하여 결정되는 함수 P(x,y)가 존재한다:

$$\phi(x) = \iint_{\partial G} P(x,y) f(y) dS(y) \tag{12.13}$$

P(x,y)는 영역 G에 대한 *Poisson 커널*이라고 불린다. $y \in \partial G$에 대하여 $x \to P(x,y)$는 G 내에서 라플라스 방정식을 만족시킨다.

$y \in \partial G$에 대하여 $x \to \partial G$에 따라 $P(x,y) \to 0$이다. 다만 $x \to y$인 특수한 경우에는 P는 발산한다.

Poisson 커널은 경계가 y를 제외한 모든 곳에서 접지되어 있을 때(포텐셜은 0이다) 점 $y \in \partial G$에 위치한 단위전하에 의하여 생성되는 포텐셜로 간주될 수 있다.

Poisson 커널은 구, 원, 반평면, 혹은 사분면과 같은 특수한 기하구조에 대해서만 닫힌 형태로 얻어질 수 있다. 이 때문에 식 (12.13)은 해의 계산에 사용되지 않는다. 그럼에도 불구하고 이 식은 해의 정성적 성질과 해가 경계 데이터에 따라 어떻게 좌우되는지에 대하여 약간의 관점을 제시하여 줄 수 있다. 연습문제에서는 원과 반평면에 대하여 Poisson 커널을 살펴볼 것이다.

12.3 유체유동의 기하학

여기에서 *유체*는 기체나 액체를 의미한다. 우리는 2차원에서의 유체 유동 처리에 국한할 것이지만 방정식의 유도는 3차원으로 쉽게 확장될 수 있다. 나아가 정상상태 흐름의 경우로 논의를 국한시키기로 한다. 이 경우 속도는 시간과 무관하다. 이는 유체 입자가 정지하고 있는 것을 의미하는 것은 아니다; 유체 입자는 움직일 수 있다.

먼저 주어진 유체속도 필드에서 어떤 양이 어떻게 유체와 함께 이동하는지를 살펴보기로 한다. 다음 절에서는 물리학 법칙을 적용하여 어떤 속도벡터 필드가 유체를 나타낼 수 있는지를 알아볼 것이다.

유체를 오일러적으로 나타낸다면 관찰자는 유체를 공간 내의 고정점 (x,y)에서 보고 있는 것이다. 관찰점은 유체와 함께 이동하지 않는다. 고려되는 2차원 공간의 각 점에서 유체의 속도는 다음과 같이 주어져 있다고 가정한다:

$$q = [u(x,y),\ v(x,y)]$$

속도의 x 성분은 u이고 y 성분은 v이다. 이제 관찰자의 시점으로부터 유체 입자의 경로를 따른다면 입자를 시간 t의 함수로 나타내기 위한 함수 x(t)와 y(t)가 필요하다. 곡선 $t \to (x(t), y(t))$는 입자의 경로를 파라미터로 나타내며 시간 t에서 이 입자의 속도는

$$[x'(t),\ y'(t)]$$

이다. 이 표현은 위치 $(x(t), y(t))$에서 주어진 속도 벡터와 동일해야 한다. 따라서 x(t)와 y(t)는 다음과 같은 미분방정식들을 만족해야 한다:

$$\begin{aligned} \frac{dx}{dt} &= u(x(t), y(t)) \\ \frac{dy}{dt} &= v(x(t), y(t)) \end{aligned} \tag{12.14}$$

주어진 속도 필드 [u,v]에 대하여 식 (12.14)는 해석적으로 풀기가 매우 어렵거나 불가능할 수 있다. 우리는 대신 수치적 방법을 이용하여 식 (12.14)에 대한 근사해를 구할 것이다. 우리가 다루는 방법은 간단하지만 어떤 상황들에서는 효과적이다. 이는 *Euler* 방법이라고 불리며 보다 정교한 방법들의 구성을 위한 출발점이 된다.

시간 t=0에서 입자는 점 (x_1, y_1)에 위치한다고 가정한다. 이 점에서 속도는

$$q_1 = [u(x_1, y_1),\ v(x_1, y_1)]$$

이다. 아주 짧은 시간구간 Δt에서 입자는 점 (x_1, y_1)로부터 대략

$$(x_2, y_2) = (x_1 + \Delta t u(x_1, y_1),\ y_1 + \Delta t v(x_1, y_1))$$

까지 이동할 것이다. 이 근사를 다시 이용하면 점 (x_2, y_2)로부터 출발하여

$$(x_3, y_3) = (x_2 + \Delta t u(x_2, y_2),\ y_2 + \Delta t v(x_2, y_2))$$

를 얻는다. 이 과정은 임의의 횟수만큼 반복할 수 있다. 일반적인 형태는 다음과 같다:

$$(x_{n+1}, y_{n+1}) = (x_n + \Delta t u(x_n, y_n),\ y_n + \Delta t v(x_n, y_n)) \tag{12.15}$$

보기 12.2

다음 스크립트는 속도 필드

$$u(x,y) = x + y, \quad v(x,y) = \cos(y)$$

에 대하여 Euler 방법을 수행한다. u와 v는 인라인 함수, 혹은 m-파일 u.m 및 v.m으로 주어진다고 가정한다.

```
start = input('출발점 [x1,y1]을 입력: ');
delt = input('시간스텝 delta t를 입력: ');
nstep = input('시간스텝의 수를 입력: ');
x = zeros(1,nstep+1); y = x;
x(1) = start(1);
y(1) = start(2);

for n = 1:nstep
   x(n+1) = x(n) + delt*u(x(n),y(n));
   y(n+1) = y(n) + delt*v(x(n),y(n));
end
plot(x,y,'r')
```

meshgrid와 명령어 quiver를 사용하여 속도 필드 [u,v]와 함께 이 다각형 경로를 그릴 수 있다(그림 12.2 참조). Euler 방법으로 생성된 경로를 flow1.m으로 얻은 경로와 비교하여 볼 수 있다. 후자는 시스템 (12.14)에 대하여 보다 정교한 수치적 풀이기를 사용하고 있다.

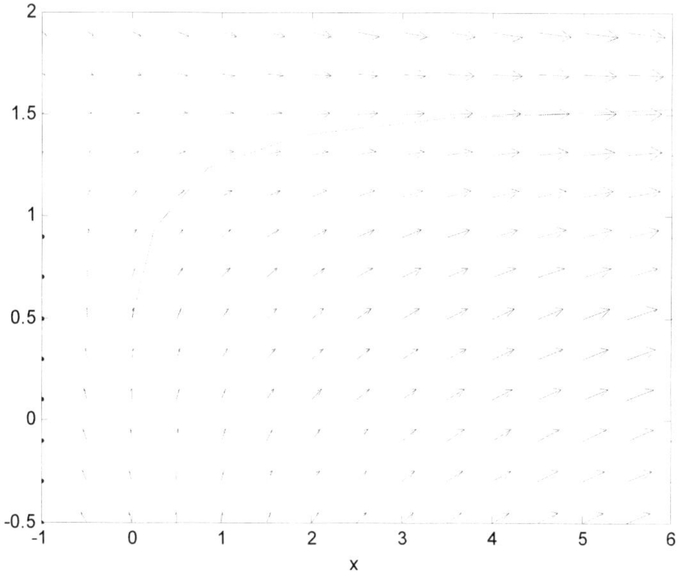

그림 12.2 벡터 필드 $q=[u,v]=[x+y,\ \cos(y)]$. (0,0)에서 출발하여 $\Delta t=0.5$, 시간스텝=10으로 하고 Euler 방법으로 계산된 입자의 근사적인 경로.

m-파일 flow1

m-파일 flow1.m은 보다 정교한 풀이기인 MATLAB의 ode45를 이용하여 시스템 (12.14)를 푼다. 아울러 벡터 필드의 그래프를 보여준다. 호출은 flow1(corners,T)와 같으며 corners는 벡터 필드가 나타내어지는 사각형의 모서리 좌표 [a, b, c, d]의 벡터이다. T는 유체가 흐르는 시간이다. 벡터 필드 성분은 m-파일 u.m과 v.m으로 제공되어야 한다. flow1.m은 또한 다른 m-파일 wdot.m을 필요로 하는데 이 파일 역시 제공되어 있다. wdot.m은 m-파일 u.m과 v.m을 이용한다.

호출 후에는 프로그램은 사용자에게 경로에 대한 출발점의 수 M을 입력할 것을 요구한다. M이 입력되면 프로그램은 사용자가 그림에서 출발점을 클릭할 때까지 기다린다. 다음에 프로그램은 이 점을 지나는 경로를 계산하고 이를 벡터 필드에 겹쳐 그린다. 이는 M번 수행될 수 있다. 경로가 corners로 지정된 사각형 바깥으로 벗어나면 시간 T를 짧게 해야 한다.

보 기 12.3

벡터 필드를 $u(x,y)=-y+x^2$, $v(x,y)=x+x^3$라고 하자. 사각형을 $R=[-2.5,2.5]\times[-1,6]$으로 정한다. M=5로 하고 flow1을 이용한 결과는 그림 12.3에 나타나 있다. 5개의 경로들의 출발점은 각각 (0,1), (0,2), (0,3), (0,4), 그리고 (0,5)이다.

```
function z = u(x,y)
z = -y + x.^2;

function z = v(x,y)
z = x + x.^3;

>> corners = [-2.5 2.5 -1 6];
>> flow1(corners,4)
```

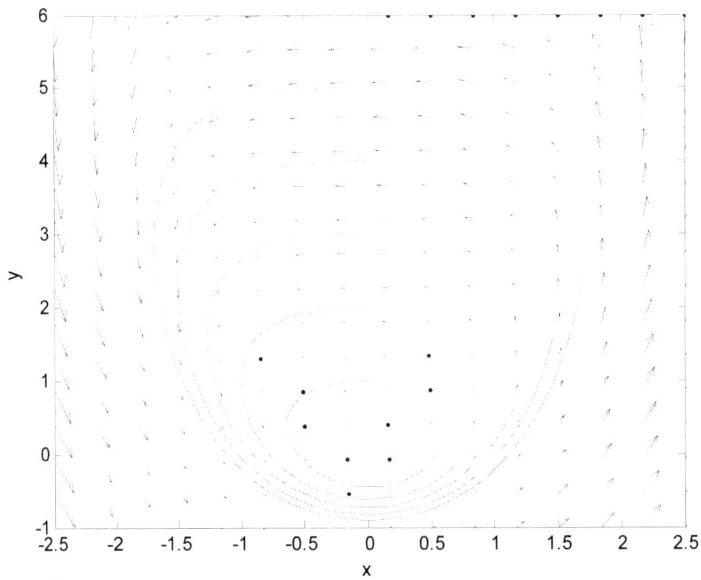

그림 12.3 흐름 $q=[u,v]=[-y+x^2,x+x^3]$의 입자경로. 흐름은 반시계 방향으로 회전한다.

흐름의 추적

다음에 유체의 밀도와 같은 스칼라 양이 흐름을 따라 어떻게 변하는지 조사하여 보기로 한다. 다음 절에서는 이 결과를 이용하여 유체운동 방정식을 구할 것이다.

G=G(0)를 유체 입자들로 이루어지는 x, y 공간의 경계집합이라고 하자. 이 입자들이 (12.14)의 해 곡선을 따라 움직이면 집합 G(0)는 시간 t에서 집합 G(t)로 뒤틀려진다. G(t)의 모양과 면적은 시간 t에 따라 달라질 수 있다.

f(x,y)를 연속 미분가능 함수라고 하자. 적분

$$\iint_{G(t)} f(x,y)\,dxdy \tag{12.16}$$

는 시간에 따라 어떻게 좌우되는가? $f(x,y) \geq 0$이라고 가정하고

$$\frac{d}{dt}\iint_{G(t)} f(x,y)\,dxdy$$

에 대한 공식을 직관적으로 유도하여 보자.

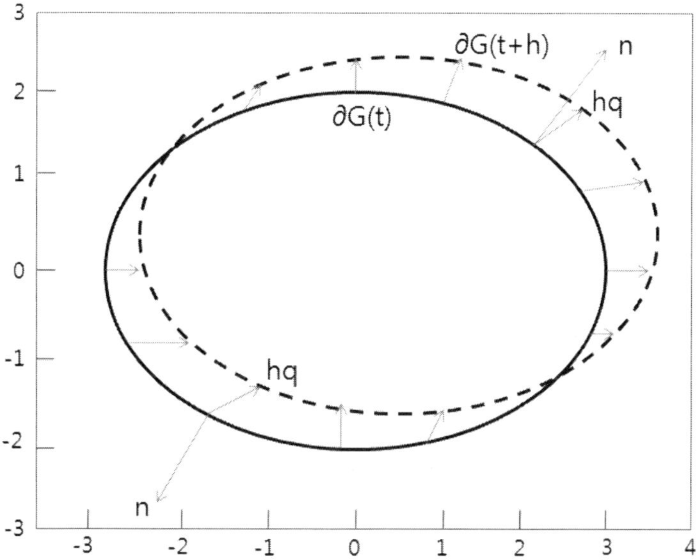

그림 12.4 흐름에 의하여 짧은 시간구간 h > 0에서 위치가 바뀐 집합 G(t).
실선: G(t)의 경계, 점선: G(t+h)의 경계

$\triangle(h)$를 G(t)와 G(t+h) 사이의 영역이라고 하자(그림 12.4 참조). n을 $\partial G(t)$에 대한 단위 외부수직이라고 하자. 수직 n의 방향을 따라 측정한 $\triangle(h)$의 너비는 $\partial G(t)$을 따라서 이동함에 따라 변화한다. $\partial G(t)$의 각 점에서 이는 $|n \cdot q|h$로 주어진다. 유체입자가 G(t)로부터 바깥쪽으로 이동하면, 즉 $n \cdot q > 0$이면 적분 (12.16)은 증가할 것이다. 유체입자가 G(t)로부터 안쪽으로 이동하면, 즉 $n \cdot q < 0$이면 적분 (12.16)은 감소할 것이다. 따라서 실제 변화는

$$\begin{aligned}\iint_{G(t+h)} f(x,y)dxdy - \iint_{G(t)} f(x,y)dxdy &\approx \iint_{\triangle(h)} f(x,y)sign(n \cdot q)dxdy \\ &\approx h\int_{\partial G(t)} f\ n \cdot q\ ds\end{aligned}$$

h로 나누고 $h \to 0$에서의 극한을 취하면

$$\frac{d}{dt}\iint_{G(t)} f(x,y)dxdy = \int_{\partial G(t)} f\ n \cdot q\ ds \tag{12.17}$$

를 얻는다.

이제 마지막으로 발산정리를 사용하여 우변의 경계적분을 G(t)에 대한 이중적분으로 전환시킨다. 이 경우 벡터 필드는 f와 속도벡터 q의 곱이다. 따라서 식 (12.17)의 우변의 적분은 다음과 같이 쓸 수 있다:

$$\int_{\partial G(t)} f\ n \cdot q\ ds = \iint_{G(t)} div(fq)dxdy$$

이로부터 다음과 같은 기본 결과를 얻는다:

$$\frac{d}{dt}\iint_{G(t)} f(x,y)dxdy = \iint_{G(t)} div(fq)dxdy \tag{12.18}$$

몇 가지의 f를 선택하여 유체의 방정식을 유도할 수 있다. 그러나 즉각적이고 기하학적으로 중요한 결과를 얻으려면 $f \equiv 1$을 취한다. 그러면

$$\iint_{G(t)} f(x,y)dxdy = A(t)$$

로서 이는 G(t)의 면적이다. 식 (12.18)의 우변에서 $f \equiv 1$로 두면

$$\frac{d}{dt}A(t) = \iint_{G(t)} div(q)dxdy \tag{12.19}$$

를 얻는다. 따라서 G(t)의 면적은 div(q)의 부호에 의존하는 흐름에 따라 감소하거나 증가한다. 만일 div(q) > 0이면 t가 증가함에 따라 G(t)는 팽창한다; div(q) < 0이면 t가 증가함에 따라 G(t)는 줄어든다. div(q)=0(비압축성 흐름)인 특수한 경우에는 모양은 변할 수 있지만 G(t)의 면적은 일정하다.

m-파일 flow2

m−파일 flow2.m은 flow1.m과 유사하게 작용하며 사용자로 하여금 흐름에 의하여 이루어지는 원판의 변형을 따르게 하여준다. 호출은 flow2(corners,times)이다. 앞에서와 같이 corners는 벡터 필드가 나타나는 사각형 R의 꼭지점의 좌표 [a, b, c, d]의 벡터이다. times = [t1 t2 t3 t4]는 t=0 외에 변형된 원판이 도시되는 4가지 시간의 벡터이다. 벡터 필드 원소 u(x,y)와 v(x,y)는 m−파일 u.m과 v.m으로 제공되어야 한다. m−파일 wdot.m도 역시 필요하다. 호출 후에는 사각형 R에 벡터 필드가 나타나며 프로그램은 사용자가 그림 위를 클릭하여 초기 원판의 중심을 정할 때까지 기다린다. 변형된 원판의 면적은 선적분 $\int_C xdy$에 대한 수치근사를 이용하여 근사적으로 계산된다.

보기 12.4

흐름이 벡터 필드

$$q = [u, v] = [x + y,\ \cos(y)]$$

로 주어진다고 하자. 초기 원판의 중심은 (−0.2,−0.5)이며 시간들은 $t_1 = 0.4$, $t_2 = 0.8$, $t_3 = 1.2$, $t_4 = 1.6$이다. 초기 원판과 이미지들의 면적은 다음과 같다:

```
area0 =  0.1236
area1 =  0.2090
area2 =  0.3042
area3 =  0.3836
area4 =  0.4352
```

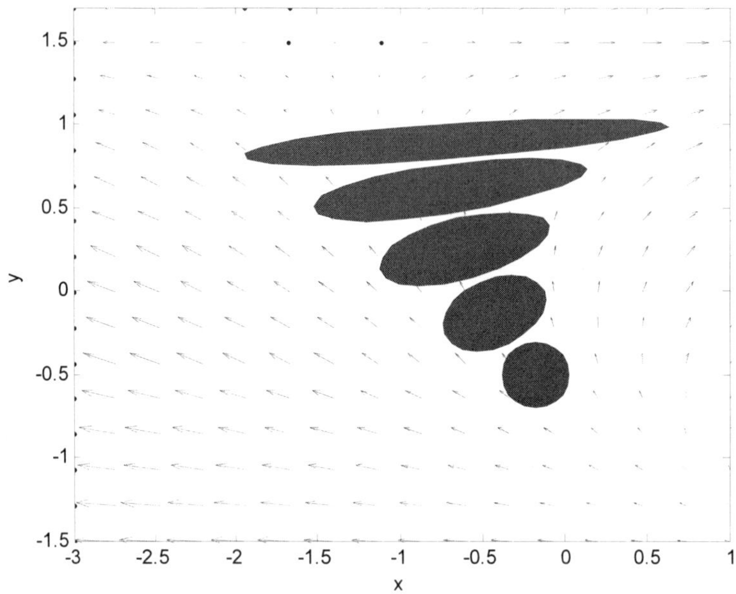

그림 12.5 흐름 $[u(x,y), v(x,y)] = [x+y,\ \cos(y)]$에 의하여 운반되는 중심 (−0.2,−0.5)인 원판의 $t_1 = 0.4,\ t_2 = 0.8,\ t_3 = 1.2,\ t_4 = 1.6$에서의 이미지.

그림 12.5와 면적값들로부터 이 영역에서 div(q) > 0임은 명백하다. 실제로 $-3\pi/2 < y < \pi/2$에서 $div(q) = 1 - \sin y > 0$이다.

12.4 Euler 방정식

지금까지는 유체 운동의 기하구조를 다루어 왔다. 아울러 유체 유동을 지배하는 어떠한 물리적 원리도 차용하지 않았다. 그러나 이제 이를 이용하여 운동방정식을 유도하고자 한다. 속도 $q = [u(x,y), v(x,y)]$는 시간 t와 무관한 것으로 가정하였음을 상기하자.

유체를 나타내기 위해서 우리가 필요로 하게 될 추가적인 두 가지 양들은 압력 p(x,y)와 밀도 $\rho(x,y)$이다. 2차원을 다루고 있으므로 밀도의 단위는 (질량)/(면적)이다; 유체의 임의의 영역 G에 대하여 $\iint_G \rho dxdy$는 G에 포함된 유체 입자들의 질량이다. 흐름과 함께 움직이며 언제나 동일한 유체 입자들로 이루어지는 영역 G(t)를 지니고 있다면 G(t)에 포함된 유체의 질량은 일정하다. 따라서

$$\frac{d}{dt}\iint_{G(t)} \rho(x,y)dxdy = 0 \tag{12.20}$$

이다. 이제 $f(x,y)=\rho(x,y)$로 두고 식 (12.18)을 적용하면 임의의 집합 G(t)에 대하여 다음을 얻는다:

$$0 = \iint_{G(t)} div(\rho q)dxdy \tag{12.21}$$

ρ와 q가 연속 미분가능이라고 가정하면 Null 정리에 의하여 ρ와 q는 다음 편미분 방정식을 만족해야 함을 알 수 있다:

$$div(\rho q) = \nabla\rho \cdot q + \rho div(q) = 0 \tag{12.22}$$

이는 우리의 첫 번째 운동방정식이다. 이 식은 *질량보존*의 물리적 법칙을 나타낸다.

다음에 유체의 모멘텀에 주의를 돌려보자. 모멘텀 밀도는 벡터 필드 $\rho q = [\rho u(x,y),\ \rho v(x,y)]$이다. 유체는 점도를 갖지 않으며 유체에 작용하는 유일한 힘은 압력뿐이라고 가정한다. Newton의 제 2법칙에 따르면 모멘텀의 변화율은 가해진 힘(이 경우에는 압력)과 같다. 질량보존 방정식의 유도에서와 동일한 과정을 따르며 모멘텀 밀도의 각 성분에 Newton의 제 2법칙을 적용한다. 이로부터 모멘텀의 x 및 y 성분들에 대한 방정식들을 얻는다:

$$\nabla(\rho u) \cdot q + \rho u\ div(q) + p_x = 0 \tag{12.23}$$

$$\nabla(\rho v) \cdot q + \rho v\ div(q) + p_y = 0 \tag{12.24}$$

이 식들은 *모멘텀 보존*을 나타낸다.

식 (12.22)를 이용하여 위의 식들을 간단히 할 수 있다. $\nabla(\rho u) = u\nabla\rho + \rho\nabla u$ 이므로 다음을 얻는다:

$$\begin{aligned}\nabla(\rho u) \cdot q + \rho u\ div(q) &= u\nabla\rho \cdot q + \rho\nabla u \cdot q + \rho u\ div(q) \\ &= u\ div(\rho q) + \rho\nabla u \cdot q \\ &= \rho\nabla u \cdot q\end{aligned}$$

식 (12.24)의 좌변에 대해서도 같은 관계가 성립한다. 따라서 유체의 정상흐름에 대한 식들은 다음과 같이 얻어진다:

$$div(\rho q) = 0 \tag{12.25}$$

$$\rho q \cdot \nabla u = - p_x \tag{12.26}$$

$$\rho q \cdot \nabla v = - p_y \tag{12.27}$$

이 식들은 정상흐름의 *Euler 방정식*들로 알려져 있다. 두 번째와 세 번째 식은 흔히 다음과 같은 하나의 벡터 방정식으로 쓰여진다:

$$q \cdot \nabla q = - \frac{\nabla p}{\rho}$$

Euler 방정식들은 4개의 미지함수 ρ, u, v 및 p에 대한 3개의 미분방정식 시스템임을 알 수 있다. 일반적으로 어떤 시스템을 풀 수 있으려면 방정식의 수와 미지함수의 수가 같아야 한다. 이 때문에 압력과 밀도를 연관시켜 주는 4번째 방정식을 시스템 (12.25)~(12.27)에 추가하기로 한다. 이 식은 *상태방정식*이라 불린다. 어떠한 온도변화도 없거나 아주 미약한 온도변화가 있을 경우 상태방정식은 다음과 같이 쓸 수 있다:

$$F(\rho, p) = 0 \tag{12.28}$$

상태방정식은 유체의 형태에 따라 결정된다. 예를 들면 공기와 같은 기체의 경우 상태방정식은

$$p = A\rho^{\gamma}$$

와 같다. 여기에서 A와 γ는 상수이며 $\gamma > 1$이다.

식 (12.25)~(12.28)의 *해*는 xy 평면의 지정된 영역의 모든 곳에서 방정식들을 만족하는 4개의 함수 u(x,y), v(x,y), ρ(x,y), 그리고 p(x,y) 들이다. 이 방정식들의 해들을 닫힌 형태로 구하는 것은 매우 어렵다. 보다 흔히 고속 컴퓨터를 이용하여 근사적인 수치해들을 구하게 된다.

물이나 오일과 같은 유체는 사실상 비압축성이므로 압력은 변할 수 있지만 밀도는 거의 일정하다. 밀도가 일정하면 식 (12.25)는

$$u_x + v_y = div(q) = 0 \tag{12.29}$$

로 된다. 이는 *비압축성 조건*이다. 이 경우 상태방정식은 불필요하게 된다.

12.5 비압축성 흐름

닫힌 형태를 갖는 대부분의 해는 ρ가 일정한 비압축성 흐름에 대한 해이다. 비압축성 조건 (12.29)는 다음과 같이 다시 쓸 수 있다:

$$0 = u_x + v_y = u_x - (-v_y)$$

이로써 벡터 필드 [−v,u]는 스칼라 함수 $\psi(x,y)$의 기울기이다:

$$\psi_x = -v, \quad \psi_y = u$$

ψ는 *스트림 함수*라고 불린다. 입자의 궤적에서 ψ가 일정함을 쉽게 밝힐 수 있다. 이 궤적은 *스트림선*이라고 불린다. 이는 $\nabla\psi \cdot q = [-v,u] \cdot [u,v] = -uv + uv = 0$이라는 사실에 따른 것이다.

보기 12.5

비압축성 흐름에 대한 보기들에서 밀도 ρ는 일정하므로 $\rho \equiv 1$로 둘 수 있다. 주어진 문제는 div(q)=0이고 식 (12.26)과 (12.27)이 만족되도록 속도 필드 q=[u, v]를 구하는 것으로 귀결된다. $q \cdot \nabla q$가 기울기이면 이 경우가 되며 이는 $curl(q \cdot \nabla q) = 0$임을 뜻하는 것이다. 그렇다면 압력 p로서 $-\nabla p = q \cdot \nabla q$인 임의의 함수를 취할 수 있다.

회전흐름

$r = \sqrt{x^2 + y^2}$ 이고 $q = [-y,\ x]/r^{\alpha}$라 하자. div(q)=0이며 아울러 기울기

$$q \cdot \nabla q = -[x,\ y]/r^{2\alpha}$$

임을 쉽게 보일 수 있다.

$\alpha \neq 1$이면 압력을 다음과 같이 취한다:

$$p(x,y) = \left(\frac{1}{2\alpha - 2}\right)\frac{1}{r^{2\alpha - 2}} + C$$

$\alpha=1$이면 압력은

$$p(x,y)=-\ln r+C$$

이다.

방사흐름

$q=[x,y]/r^{\alpha}$ 형태의 q를 찾으며 $\alpha=2$에 대해서만 div(q)=0을 구한다. 이 경우 $q\cdot\nabla q=-[x,y]/r^4$이며

$$p(x,y)=\frac{1}{r^2}+C$$

이다.

흐름에 의하여 보존되는 양들을 구하는 것이 중요하다. 이는 스트림선들 위에서 일정한 스칼라 양들을 찾는 것을 의미한다. 물론 스트림 함수는 스트림선들에서 일정하다. 다른 중요한 양은 흐름의 속력과 압력의 조합이다.

Bernoulli 법칙

q=[u,v], p, 그리고 ρ=(일정)이 Euler 식 (12.25)~(12.27)의 해라고 하자. 그러면

$$e\equiv\frac{\rho}{2}\parallel q\parallel^2+p$$

는 비록 하나의 스트림선에서 다른 스트림선으로는 변할지라도 어떤 스트림선을 따라서는 일정하다. 이를 알아보기 위해 식 (12.14)의 해 곡선에 대하여 e 제한된 t의 함수를 고려하여 보자:

$$e(t)=\frac{\rho}{2}\parallel q(x(t),y(t)\parallel^2+p(x(t),y(t))$$

e(t)가 일정함을 보이기 위해서는 de/dt를 계산한다. 이제

$$\| q \|^2 = u^2(x(t), y(t)) + v^2(x(t), y(t))$$

이므로 사슬규칙에 의하여

$$\begin{aligned}\frac{d}{dt}\frac{\rho}{2}\| q \|^2 &= \rho[uu_x(dx/dt) + uu_y(dy/dt) + vv_x(dx/dt) + vv_y(dy/dt)] \\ &= \rho[u^2u_x + uvu_y + uvv_x + v^2v_y] \\ &= \rho u(uu_x + vu_y) + \rho v(uv_x + vv_y)\end{aligned}$$

을 얻는다. 마찬가지로

$$\begin{aligned}\frac{d}{dt}p(x(t), y(t)) &= p_x(dx/dt) + p_y(dy/dt) \\ &= p_x u + p_y v\end{aligned}$$

이다. 따라서 식 (12.26)과 (12.27)로부터

$$\begin{aligned}\frac{de}{dt} &= \frac{1}{2}\frac{d}{dt}(\rho \| q \|^2) + \frac{d}{dt}p \\ &= \rho(uu_x + vu_y)u + \rho(uv_x + vv_y)v + p_x u + p_y v \\ &= [\rho(uu_x + vu_y) + p_x]u + [\rho(uv_x + vv_y) + p_y]v \\ &= 0\end{aligned}$$

을 얻는다.

Bernoulli 법칙에 따르면 흐름의 속력 $\| q \|$가 주어진 스트림선을 따라 증가하면 압력 p는 감소해야 한다. 예를 들면 유체가 노즐을 빠져나갈 때 압력은 감소하며 유체 입자는 가속된다. 비회전 흐름을 고려할 때 알게 되듯이 Bernoulli 법칙은 항공역학에서도 중요하다.

스트림선을 따라 일정한 또 다른 양은 *소용돌이도*(度)이다. 소용돌이도는 q의 curl의 k 성분이다:

$$w = v_x - u_y \tag{12.30}$$

스트림선을 따라 $dw/dt = 0$임을 보이는 것은 약간 더 복잡한 계산이지만 방법은 동일하다. 이 결과는 2차원에서만 성립한다. 3차원에서는 소용돌이도가 스트림선을 따라 변할 수 있으며 이 때문에 3차원에서의 Euler 방정식의 해석적 및 수치적 연구가 더욱 어려워진다.

비회전, 비압축성 흐름

마지막으로 우리가 고려하고 있는 흐름 형태에 제약을 추가하여 보자. 밀도가 일정하다는 가정 외에 흐름이 비회전성이라는 가정을 추가할 것이다:

$$curl(q) = 0 \tag{12.31}$$

이는 구멍이 없는 임의의 영역에서 *속도 포텐셜*로 불리는 포텐셜 함수 $\phi(x,y)$가 존재하며 이 함수는 다음과 같은 관계를 가짐을 의미한다:

$$\nabla \phi = [u,v] = q$$

비압축성 조건 div(q)=0 을 적용한다면 ϕ는 Laplace 방정식을 만족해야 함을 알 수 있다:

$$\Delta \phi = div(\nabla \phi) = div(q) = 0 \tag{12.32}$$

이는 전하가 없는 영역에서 정전기 포텐셜이 만족하는 것과 동일한 식이다. 스트림 함수 ψ는 또한 $\Delta \psi = 0$을 만족한다.

비회전성 비압축성 흐름의 경우 Bernoulli 법칙은 더욱 간단해진다. 만일 ϕ가 속도 포텐셜이라면 두 번째와 세 번째 Euler 방정식 (12.26)과 (12.27)은 압력을 다음과 같이 취할 경우 자동적으로 만족된다:

$$p(x,y) = -\frac{\rho}{2} \| q \|^2 + C$$

실제로

$$\begin{aligned} uu_x + vu_y &= \phi_x \phi_{xx} + \phi_y \phi_{xy} = \frac{1}{2}\frac{\partial}{\partial x}(\phi_x^2 + \phi_y^2) \\ uv_x + vv_y &= \phi_x \phi_{xy} + \phi_y \phi_{yy} = \frac{1}{2}\frac{\partial}{\partial y}(\phi_x^2 + \phi_y^2) \end{aligned}$$

이므로

$$\rho(uu_x + vu_y) = \frac{\rho}{2}\frac{\partial}{\partial x}\parallel q \parallel^2 = -p_x$$
$$\rho(uv_x + vv_y) = \frac{\rho}{2}\frac{\partial}{\partial y}\parallel q \parallel^2 = -p_y$$

를 얻는다. 따라서 Bernoulli 법칙은 비회전성 비압축성 흐름의 경우 어디에서나 똑같이 일정하게 성립한다.

날개 주위로의 공기의 아음속 흐름은 비회전성 비압축성 흐름으로 나타낼 수 있다. Bernoulli 법칙은 날개에 대한 양력을 제공하여 준다. 날개의 모양은 공기입자가 날개 아래보다 날개 위에서 더 빠르게 움직이도록 이루어져 있다. 따라서 날개 위의 압력은 아래보다 작다. 이로 인한 압력차가 양력이 된다. 동일한 현상에 따라 돛단배가 바람에 거슬려 나아갈 수 있다. 돛은 일종의 수직 날개이다.

장애물 주위의 흐름을 나타내기 위해 $\Delta\phi = 0$을 풀기 위한 기법들이 많이 개발되었다. B가 유체가 투과할 수 없는 물체라면 속도 q는 B의 경계곡선에 접해야 한다. 이는 ∂B에서 $n \cdot q = 0$이어야 함을 의미한다. n은 ∂B에 대한 외부 수직이다. 흐름이 비회전성이고 속도 포텐셜 ϕ가 존재한다면 다음의 경계치 문제가 만족되어야 한다:

$$\Delta\phi = 0 \qquad \text{(B의 외부에서)} \tag{12.33}$$

$$\frac{\partial\phi}{\partial n} = n \cdot \nabla\phi = 0 \qquad (\partial B\text{에서}) \tag{12.34}$$

보기 12.6

방사흐름 $q = [x,y]/r^2$는 비회전성 비압축성 흐름으로서 속도 포텐셜은 $\phi(x,y) = \ln r + C$ 이다. 스트림선들은 방사형 선 θ = (일정) 들이다.

보기 12.7

단면이 반경 a인 원판 $\{x^2 + y^2 \le a^2\}$인 무한 실린더 주위의 흐름을 나타내어 보기로 한다. 원판으로부터 멀리 떨어진 곳의 흐름은 거의 균일하도록, 즉 $q \approx [V,0]$ (V는 일정)이도록 속도 포텐셜을 선택한다:

$$\phi(x,y) = V\left(x + \frac{a^2 x}{x^2 + y^2}\right)$$

스트림 함수는

$$\psi(x,y) = V\left(y - \frac{a^2 y}{x^2 + y^2}\right)$$

이다. 원판의 경계에서는 $x^2 + y^2 = a^2$이므로 $\psi = 0$이다. 속도 필드는

$$q = [\phi_x, \phi_y] = V\left[1 + \frac{a^2(y^2 - x^2)}{(x^2 + y^2)^2},\ -\frac{2a^2xy}{(x^2 + y^2)^2}\right]$$

이다. ψ의 수준곡선들인 스트림선들은 contour를 이용하여 그림 12.6에 나타내었다. 그림의 명암은 그림 오른쪽의 컬러바에 따라 속력 $\| q \|^2$를 나타낸다. $(\pm a,\ 0)$에서 q=0임을 주목하자. 이들은 흐름의 *정지점*이라고 불린다. Bernoulli 법칙에 따르면 이 점들에서 압력은 가장 높다.

그림 12.6을 만들기 위해 a=V=1로 둔다. 스트림 함수와 속력의 제곱을 stream.m 및 speed2.m으로 구현한다. 이들 두 함수는 (x,y) = (0,0)에서 무한이다. 따라서 원판 외부의 특성함수 (x.^2 + y.^2 > 1)을 이용하여 이들을 제거한다.

```
function z = stream(x,y)
z = (x.^2 + y.^2 > 1).*(y - y./(x.^2 + y.^2));
..........................................
function z = speed2(x,y)
z1 = (1 + (y.^2 - x.^2)./(x.^2 + y.^2).^2).^2;
z2 = 4*x.^2.*y.^2./(x.^2 + y.^2).^4;
z = (x.^2 + y.^2 > 1).*(z1 + z2);
..........................................

x = linspace(-4,4,101);
y = linspace(-3,3,101);
[X,Y] = meshgrid(x,y);
pcolor(X,Y,speed2(X,Y));
hold on
shading flat;
```

```
colormap(cool)
colorbar
levels = linspace(-3,3,11);
contour(X,Y,stream(X,Y),levels,'k')
hold off
axis equal
xlabel('x'), ylabel('y')
```

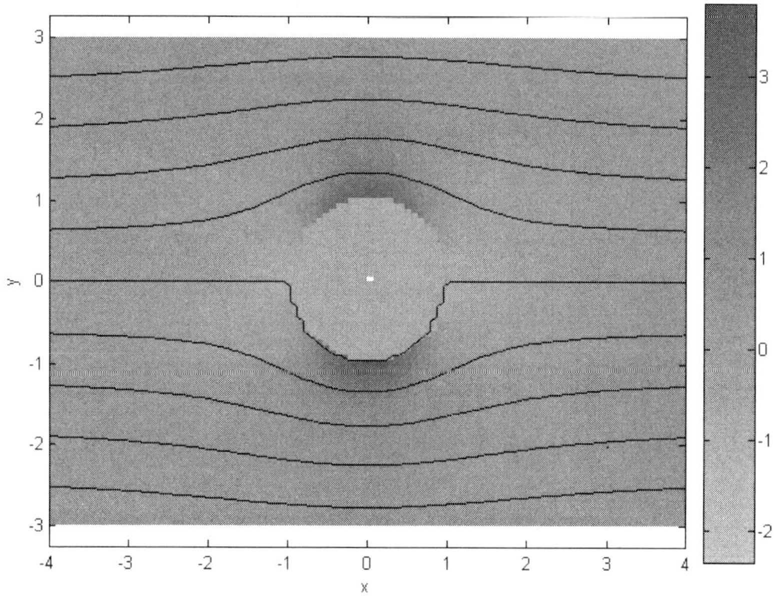

그림 12.6 실린더 주위 흐름의 스트림선.

단위원인 수준곡선 $\psi=0$에 대하여 매끄러운 곡선이 되어야 함에도 불구하고 들쭉날쭉한 선이 된 것을 볼 수 있다. 더 나은 그림을 만들기 위해 수준곡선들의 집합을 levels = [linspace(−3,−0.1,6), linspace(0.1,3,6)]으로 바꾸고 contour 명령어 *앞에* 다음 문을 삽입하여 단위원을 별도로 그린다:

```
t = linspace(0, 2*pi, 101);
plot(cos(t), sin(t))
```

그림 12.7은 향상된 그래프를 보여준다. 속력이 가장 클 때 압력은 가장 낮음을 상기하자.

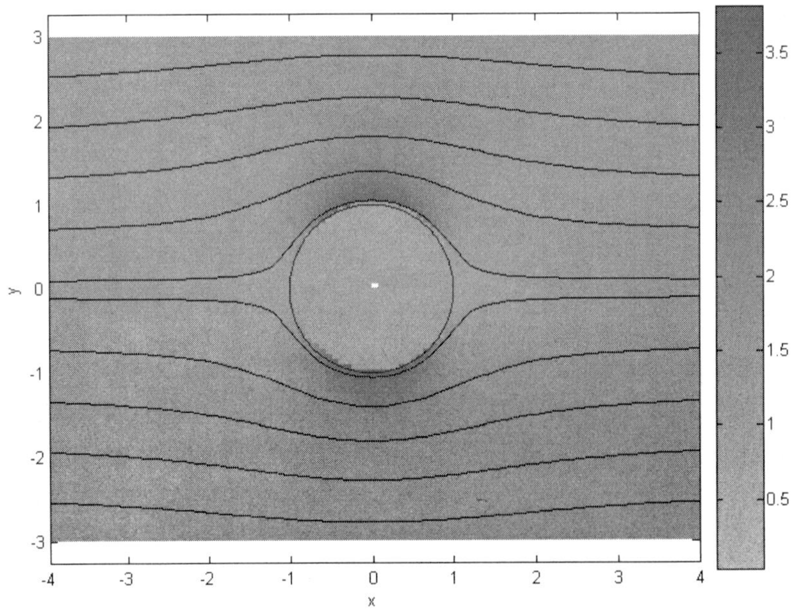

그림 12.7 실린더를 지나는 흐름의 향상된 그림.

연습문제

정전기 문제

★**1.** 이미지 방법을 사용하여 $x_0=(0,0,1)$에 위치하는 단위 양 점전하의 정전기적 포텐셜 $\phi(x,y,z)$를 생성하여 보기로 한다. 평면 z=0은 접지된 상태이다. 즉 모든 x, y에 대하여 $\phi(x,y,0)=0$이다. 이 포텐셜을 생성하려면 $x_1=(0,0,-1)$에서 반대부호의 다른 전하에 의하여 균형이 이루어지는 x_0에서의 기본 포텐셜 $\gamma(x-x_0)$을 이용한다. 따라서

$$\phi(x)=\gamma(x-x_0)-\gamma(x-x_1)$$

를 취한다.

(1) $\phi(x,y,0)=0$임을 보여라.

(2) 등포텐셜 표면이 어떻게 보이는지에 대한 개념을 얻기 위하여 levels = linspace (0,0.1,11)로 하고 명령어 contour를 사용하여 사각형 $R=\{|x|\le 5,\ 0\le z\le 5\}$에서 $(x,z)\to\phi(x,0,z)$의 수준곡신들을 그려라. 이제 이 곡선들이 z 축 주위로 회전하여 등포텐셜 표면들을 형성하였다고 상상하자. 이 표면들을 보기 위하여 impl을 이용할 수도 있다. 이들이 어떻게 보이는지 말로 설명하여라.

(3) 필드 $E=-\Delta\phi$를 계산하고 quiver와 좀 더 거친 격자를 이용하여 이를 (2)의 그래프에 겹쳐 나타내어라. 벡터 필드에 원판 $\{x^2+(z-1)^2\le 0.5\}$에서 0인 절단함수를 곱하여라. 평면 z=0에서 E의 방향은 무엇인가?

★**2.** 이미지 방법을 사용하여 평면 z = 0 및 x = 0에서 0인 $x_0=(1,0,1)$에 위치하는 점전하에 의하여 생성되는 사분공간 $\{(x,y,z):\ x,z\ge 0\}$에서의 포텐셜 $\phi(x,y,z)$를 구성하여라. 대칭적으로 위치한 점 $x_1=(1,0,-1)$, $x_2=(-1,0,1)$, $x_3=(-1,0,-1)$에 추가의 점전하들을 위치시킨다.

(1) 명령어 contour를 이용하여 사분면 $\{0\le x,z\le 3\}$ 부분에 $\phi(x,0,z)$의 수준곡선들을 그려라. levels = linspace(0,0.1,11)을 이용한다. impl을 이용하여 ϕ의 등포텐셜 표면들을 살펴보라. 이들은 어떻게 보이는가?

(2) 전기장 $E=-\Delta\phi$를 계산하고 quiver를 이용하여 이를 (1)의 수준곡선 그래프에 겹쳐 나타내어라. quiver와 함께 더욱 거친 격자를 사용하고 벡터 필드에 원판 $\{(x-1)^2+(z-1)^2\le 1\}$에서 0인 절단함수를 곱한다. 표면 z=0과 x=0에서 필드E의 방향은 무엇인가?

★**3.** 콘덴서는 반대 전하를 갖는 두 평행판이다. 이 문제에서는 콘덴서의 포텐셜에 대한 수치적 근사를 구하고자 한다. (x, y, 1)에서의 단위 양전하와 (x, y, −1)에서의 단위 음전하의 포텐셜은

$$g(x,y,z) = \frac{1}{4\pi}\left[\frac{1}{\sqrt{x^2+y^2+(z-1)^2}} - \frac{1}{\sqrt{x^2+y^2+(z+1)^2}}\right]$$

와 같다. R을 정사각형 $-1 \le x,y \le 1$이라고 하자. 두 판을

$$P_{upper} = \{(x,y,z):\ x,y \in R,\ z = 1\}$$

및

$$P_{lower} = \{(x,y,z):\ x,y \in R,\ z = -1\}$$

이라고 가정하자. 아울러 두 판은 일정한 전하밀도 σ를 갖는다고 하자. 그러면 수치적으로 추정해야 하는 포텐셜은

$$\phi(x,y,z) = \sigma \iint_R g(x-\xi,\ y-\eta,\ z)d\xi d\eta$$

이다. 이 포텐셜은 Riemann 합에 의하여 대략적으로 근사될 수 있다. 점 $\xi_j = -0.75, -0.25, 0.25, 0.75$ 및 $\eta_i = -0.75, -0.25, 0.25, 0.75$를 선택하자. 여기에서 $\Delta\xi = \Delta\eta = 0.25$이다. 그러면

$$\phi(x,y,z) \approx \sum_{i,j=1}^{4} \sigma g(x-\xi_j,\ y-\eta_i,\ z)\Delta\xi\Delta\eta$$

이다.

(1) $\sigma = 1$로 하고 g(x,y,z)에 대한 함수 m−파일 g.m을 작성하여라. 다음에 각각의 x, y, z에 대하여 Riemann 합을 계산하는 다른 함수 m−파일 phi.m을 작성하여라. 보기 12.1을 따른다. 그래프를 위해서는 3차원 배열 [X,Y,Z]를 만들 필요가 있으며 적분을 위해서는 2차원 4×4 배열 [Xi,Eta]를 만들 필요가 있을 것이다. x와 y가 ξ나 η값을 취하지 않도록 x, y, z에 대한 배열의 선택에 주의해야 한다. 각각의 i,j,k에 대하여 명령어 sum(sum(g(X(i,j,k)−Xi, Y(i,j,k)−Eta, Z(i,j,k))))를 사용한다.

계산된 함수는 평면 z=0에서는 어디에서나 $\phi = 0$임을 확인하여라. 이 평면은 ϕ에 대한 등포텐셜 표면이다.

(2) 함수 $(x,z) \to \phi(x,0,y)$의 그래프를 그려라.

(3) 사각형 $\{-5 \le x, z \le 5\}$ 위에 $(x,z) \to \phi(x,0,z)$의 수준곡선 그래프를 pcolor 그래프와 조합시켜라.

(4) ϕ에 대한 적분표현으로부터 $E = -\nabla\phi$를 계산하여라. 평면 z=0에서 E는 어느 방향을 가리키는가?

★**4.** 이제 두 평판이 있다고 상상하여 보자. P_1은 xy 평면에 존재하며 $P_1 = \{-1 \le x, y \le 1, z = 0\}$이며 다른 평판 P_2는 xz 평면상에 존재하며 $P_2 = \{-1 \le x \le 1,\ 1 \le z \le 3, y = 0\}$이다. P_1은 양전하밀도 σ를 가지며 P_2는 음전하밀도 $-\sigma$를 가진다고 하자. 포텐셜은 다음과 같이 주어진다:

$$\frac{\sigma}{4\pi}\iint_{P_1} \frac{d\xi d\eta}{\sqrt{(x-\xi)^2 + (y-\eta)^2 + z^2}} - \frac{\sigma}{4\pi}\iint_{P_2} \frac{d\xi d\zeta}{\sqrt{(x-\xi)^2 + y^2 + (z-\zeta)^2}}$$

문제 3에서와 같은 방법으로 적분에 대한 Riemann 합 근사를 구하는 MATLAB 코드를 만들어라. 포텐셜의 수준곡선들을 xy 평면과 xz 평면상에 그려보라.

★**5.** 전하가 밀도 $\rho(x,y,z) = x + y + z$로 정육면체 $R = \{-1 \le x, y, z \le 1\}$에 분포되어 있다고 하자. 얻어지는 포텐셜은

$$\phi(x,y,z) = \frac{1}{4\pi}\iiint_R \frac{\rho(\xi,\eta,\zeta)d\xi d\eta d\zeta}{\sqrt{(x-\xi)^2 + (y-\eta)^2 + (z-\zeta)^2}}$$

이 적분을 Riemann 합으로 근사하고 xy평면, xz 평면, 그리고 yz 평면상에 ϕ의 수준곡선들을 나타내어라. 어떤 특별한 대칭성을 볼 수 있는가? 등포텐셜 표면들은 어떻게 보이는가?

6. 전하가 밀도 λ로 z 축 $-\infty < z < \infty$상에 균일하게 분포되어 있다고 가정하자. 이러한 *선 전하*에 의하여 생성되는 전기장을 E라고 하자. 대칭성에 의하여 z 성분 $E_3 = 0$임을 알 수 있으며 아울러

$$E = f(r)\left[\frac{x}{r},\ \frac{y}{r},\ 0\right]$$

임을 알 수 있다. $r = \sqrt{x^2 + y^2}$이며 $f(r)$은 결정해야 한다.

(1) 이 필드 및 반경이 a이고 두께가 2b의 실린더인 다음과 같은 "약상자"에 Gauss 법칙을 적용하여라:

$$P = \{x^2 + y^2 \le a^2,\ -b \le z \le b\}$$

약상자의 위와 아래에서는 선속 적분이 이루어지지 않는다.

$$f(r) = \frac{\lambda}{2\pi r}$$

임을 유추하여라.

(2) 이 선 전하에 대한 포텐셜은

$$\frac{\lambda}{2\pi} ln\left(\frac{1}{r}\right)$$

이며 따라서 어떤 선 전하에 대한 기본적인 포텐셜은

$$\gamma_2(x,y) = \frac{1}{2\pi} ln\left(\frac{1}{r}\right)$$

임을 보여라.

(3) $r \neq 0$에 대하여 $\Delta \gamma_2(x,y) = 0$임을 보여라.

7. (x_0, y_0)를 지나는 수직선에서의 선 전하의 기본적인 포텐셜은 $\gamma_2(x - x_0, y - y_0)$이다.

(1) 이미지 방법을 사용하여 $\lambda = 1$이고 $x_0 > 0$, $y_0 > 0$에 위치하는 선 전하에 대하여 x=0과 y=0에서 $\phi = 0$이 되도록 포텐셜 $\phi(x,y)$를 구성하여라.

(2) 절단함수를 사용하고 4분면 $x, y \geq 0$에서 ϕ의 그래프를 그려라.

(3) contour 명령어를 사용하여 ϕ의 수준곡선들의 그래프를 그려라. 3차원 공간에서 등포텐셜 표면들은 무엇인가?

★8. 원판 $D_a = \{x^2 + y^2 < a^2\}$에 대한 *Green 함수는* D_a 내의 점 y에 위치하는 단위(선) 전하로부터의 포텐셜 ϕ로서 원 $x^2 + y^2 = a^2$에서 $\phi = 0$이다. 이 포텐셜은 또한 이미지 방법에 의해서 구성될 수도 있다. 부호가 다른 별도의 단위 전하가 원판 외부의 점에 위치하고 있다:

$$y^* = \frac{a^2 y}{\| y \|^2}$$

(1) $\| y \| < a$이면 $\| y^* \| > a$임을 보여라.

(2) 원판에 대한 Green 함수는

$$g(x,y) = \frac{1}{2\pi}\left[\ln\left(\frac{1}{\| x - y \|}\right) - \ln\left[\left(\frac{a}{\| y \|}\right)\frac{1}{\| x - y^* \|}\right]\right]$$

이다. $\| y \| < a$이고 $\| x \| = a$이면 $g(x,y) = 0$임을 보여라.

(3) a=1로 두고 y=(0.5,0)이라고 하자. contour 명령어를 사용하여 g(x, (0.5,0))의 수준곡선들을 그려라.

(4) 이 포텐셜의 전기장 E를 계산하고 이를 (3)의 그래프에 겹쳐 나타내어라. 경계 $x^2 + y^2 = 1$에서 E의 방향은 무엇인가?

★9. 반평면 $H = \{(x,y),\ y \geq 0\}$에 대한 *Poisson 커널*은 다음과 같다:

$$P(x,y) = \frac{y}{\pi}\frac{1}{x^2 + y^2}$$

(1) $y \neq 0$에 대하여 $\Delta P = 0$임을 보여라.

(2) H에서 Poisson 커널의 수준곡선들을 그려라.

H에 대한 Dirichlet 문제는 x 축에서 주어진 함수 f(x)에 대하여

H에서 $\Delta \phi = 0$

$$\phi(x,0) = f(x)$$

이다. H에서 Dirichlet 문제의 해는 다음과 같은 적분으로 주어진다:

$$\phi(x,y) = \int_{-\infty}^{\infty} P(x-\xi,\ y) f(\xi) d\xi$$

(3) m－파일 f.m으로 정의된 함수 f를 취하여 ϕ를 계산하고 표면의 그래프를 그리는 스크립트 m－파일을 작성하여라. 각각의 x, y에 대하여 적분을 추정하기 위해 1차원 Simpson 규칙을 사용할 수 있다. $|x| > 5$일 때 f=0으로 가정한다. 격자 [X,Y] = meshgrid(x,y)의 점들에서 적분값들을 계산하여라. x = linspace(−5,5,51), y = linspace(0.05,8,51)이다. Poisson 커널은 점 (0,0)에서 특이하므로 점 y=0은 피한다. 이에 따라 $(\xi,0)$에서 $P(x-\xi, y)$는 특이하게 된다. 적분 변수를 xi = linspace(−5,5,101)이라고 두자.

(4) $f(x) = (x+0.5)e^{-0.5x^2}$라고 하자. $|x| > 5$에서 f는 매우 작으므로 적분을 구간 [−5,5]로 절단할 수 있다. ϕ의 그래프를 그리고 이의 수준곡선들을 나타내어라. ϕ의 최대 및 최소값은 어디에서 얻어지는가?

(5) 선 y=0.05에서 포텐셜 ϕ의 계산된 값을 f 값들과 비교하여라. 이들은 서로 거의 같아야 한다.

★**10.** 원판 $\{x^2+y^2<a^2\}$ 에서의 Laplace 방정식의 풀이.

(1) 사슬규칙을 이용하여 극좌표에서 Laplace 연산자 $\Delta u = u_{xx}+u_{yy}$ 는

$$\Delta u = u_{rr} + \frac{1}{r}u_r + \frac{1}{r^2}u_{\theta\theta}$$

로 주어짐을 보여라.

(2) $r^n\cos(n\theta)$와 $r^n\sin(n\theta)$는 $\Delta u = 0$의 근임을 보여라.

(3) 극좌표를 이용하여 반경 a=1인 원판 위에 몇 가지 해들을 그래프로 나타내어라 (보기 5.4 참조).

(4) 유한 합

$$u(r,\theta) = A_0 + \sum_{n=1}^{n=N}[A_n\cos(n\theta)+B_n\sin(n\theta)]r^n$$

은 $\Delta u = 0$의 근임을 직접 보여라. 여기에서

$$u(1,\theta) = A_0 + \sum_{n=1}^{n=N}[A_n\cos(n\theta)+B_n\sin(n\theta)]$$

이다.

(5) $f(\theta) = 2\cos(\theta)+\sin^2(\theta)+4\sin(3\theta)$라고 하자. 삼각항등관계를 이용하여 $\sin^2(\theta)$를 팽창시키고 원 r=1에서 $\Delta u=0$, $u=f$의 해를 구하여라. 해의 그래프를 그려보라. 최대값과 최소값은 원판 $\{x^2+y^2\le 1\}$의 어느 곳에서 얻어지는가?

유체유동 문제

11. 이 문제에서는 시스템의 적분을 위한 Euler 방법(식 (12.14))을 flow1에서 사용된 보다 정교한 방법인 ode45와 비교하고 있다.

벡터 필드를 q=[−y, x]라고 하자. 입자 경로들은 원이다. 성분 u(x,y)=−y 및 v(x,y)=x에 대한 m−파일 u.m과 v.m을 작성하여라. 보기 12.2의 스크립트에 대한 m−파일 eulerflow.m을 작성하여라.

(1) 시작점을 (3,0)으로 하여 m−파일 eulerflow.m을 적용하여라. $\Delta t = 0.2$로 하고 시간스텝 수는 30으로 한다. 경로는 반경 3인 원으로부터 멀리 벗어난다. 이제 $\Delta t = 0.05$로 하고 시간스텝 수는 120으로 하여보자. 최종적으로 $\Delta t = 0.01$로

하고 시간스텝 수는 600으로 한다. 결과들을 서로 비교하여 보라.

(2) 이제 corners를 벡터 [−4,4,−4,4], T=6으로 하여 m−파일 flow1.m을 적용하여라. M=1을 취하고 가급적 점 (3,0)에 가까운 곳을 클릭하여라. 계산된 경로는 어떠한가? 이를 Euler 방법의 결과와 비교하면 어떠한가? 이 적분에서 ode45는 단지 75 시간스텝만을 사용함을 주목하자. 각 스텝에서 ode45는 비록 더욱 복잡한 계산을 수행하지만 우리가 얻는 결론은 이 방법이 Euler 방법보다 더욱 효율적이라는 점이다.

12. 벡터 필드를 q=[u,v]라 하고 u(x,y)=x(1−y), v(x,y)=1이라고 하자. corners를 정사각형 $0 \le x, y \le 4$로 하고 T=5로 하여 flow1.m을 적용하여라.

(1) $(x_j, 5)$, $x_j = 1,\ 2,\ 2.5,\ 3$에서 출발하는 경로의 그래프를 그려라. 어떤 종류의 운동을 보게 되는가?

(2) q의 발산을 계산하여라. 어디에서 div(q) > 0이며 어디에서 div(q) < 0인가? 입자 경로들은 발산의 부호에 대한 상당한 암시를 제공하여 주는가?

13. 문제 12에서와 동일한 벡터 필드를 이용한다. 이제 corners를 정사각형 $0 \le x, y \le 5$로 하여 m−파일 flow2.m을 적용하여라. 시간 $t_1 = 0.3$, $t_2 = 0.6$, $t_3 = 0.9$, $t_4 = 1.2$를 취하고 점 (2.75, 0.75)를 클릭하여라. 다른 시간조합들과 출발점들을 시도하여 보라. 원판의 이미지의 크기와 그 면적들을 관찰하여라. 이는 div(q)의 계산값과 부합하는가?

14. 벡터 필드를 q=[u,v]라 하고

$$u(x,y) = y, \qquad v(x,y) = -x + \frac{y(x^2-4)}{5} + \frac{y^3}{15}$$

라고 하자.

(1) q의 발산을 계산하여라. 이는 어디에서 양이고 어디에서 음인가?

(2) corners를 정사각형 $-4 \le x, y \le 4$로 하고 T=10을 취하여 m−파일 flow1.m을 적용하여라. x 축 상의 출발점 x = 1, 1.5, 2, 2.5, 3들을 이용하여 흐름에 대한 개념을 얻어 보라.

(3) 이제 위에서와 동일한 corners를 이용하여 m−파일 flow2.m을 적용하여라. 먼저 시간을 $t_1 = 1$, $t_2 = 2$, $t_3 = 3$, $t_4 = 4$로 선택하고 점 (1, 0)을 클릭한다. 원판의 이미지들은 어떻게 거동하는가? 이는 (1)의 계산과 일치하는가?

(4) 이제 보다 작은 시간 $t_1 = 0.5$, $t_2 = 1$, $t_3 = 1.5$, $t_4 = 2$들을 이용하여 보라. 이번에는 점 (2.5, 0)을 클릭하고 원판이 흐름에 따라 어떻게 변형되는지 살펴보라. 이 거동은 (1)의 계산과 일치하는가?

15. 실린더 주위의 흐름을 다룬 보기 12.7로 되돌아가 보자.

(1) 실린더의 경계 $x^2 + y^2 = 1$에서 $\| q \|$가 가장 큰 점들을 구하여라.

(2) 속도 포텐셜의 수준곡선들을 그려보라. 이들은 원에 수직이며 ϕ는 경계치 문제 (12.33) 및 (12.34)의 해임을 보여라.

★16. 속도 포텐셜 $\phi(x,y) = x^2 - y^2$와 스트림 함수 $\psi(x,y) = 2xy$를 고려하여 보자. 이 함수들은 4분면 $x, y \geq 0$에서의 비압축성 비회전성 흐름을 나타낸다.

(1) $\Delta\phi = \Delta\psi = 0$ 및 $\nabla\phi \cdot \nabla\psi = 0$임을 보여라.

(2) 정사각형 $\{0 \leq x, y \leq 2\}$에서 ϕ와 ψ의 수준곡선들을 그려보라. (1)에 따르면 이들이 교차하는 곳에서 이들의 기울기 벡터들이 이루는 각도는 얼마인가?

(3) m-파일 flow2.m과 시간 $t_1 = 0.2$, $t_2 = 0.4$, $t_3 = 0.6$, $t_4 = 0.8$을 적용하여라. 처음 원판의 중심을 (x,y)=(0.3, 1.4)로 하여라. 모양이 어떻게 변하는지 언급하여라. 면적에는 무슨 일이 일어나는가? 이는 보존되는가? 그렇다면 그 이유는 무엇인가?

(4) 속력의 제곱 $\| q \|^2$의 pcolor 그래프를 스트림 함수의 수준곡선들과 결합시켜라. 정지점은 어디인가? Bernoulli 법칙에 따르면 압력이 가장 높은 곳은 어디인가?

★17. 이 문제는 각도 $\pi/3$의 쐐기모양에 대한 문제 16의 연장이다. 속도 포텐셜은 $\phi(x,y) = \frac{x^3}{3} - xy^2$이며 스트림 함수는 $\psi = x^2 y - \frac{y^3}{3}$이다. 문제 16의 (1), (2), (3) 및 (4)를 반복하여라. 시간을 $t_1 = 0.1$, $t_2 = 0.2$, $t_3 = 0.3$, $t_4 = 0.4$로 하고 초기 원판의 중심을 (x, y) = (1.2, 1)로 한다. 프로그램 flow2.m이 종료되면 hold on을 이용하여 선 $y = x\sqrt{3}$, $0 \leq x \leq 1$을 추가한다. 이는 쐐기의 모서리를 나타낼 것이다.

★18. 속도 포텐셜을 $\phi(x,y) = \cos x \cosh y$라 하고 스트림 함수를 $\psi = -\sin x \sinh y$라고 하자. 사각형 $\{0 \leq x \leq \pi,\ 0 \leq y \leq 1\}$에서 문제 16을 반복하여라. 시간을 $t_1 = 0.3$, $t_2 = 0.6$, $t_3 = 0.9$, $t_4 = 1.2$로 하고 초기 원판의 중심을 (x, y) = (2.5, 1.5)로 하여 프로그램 flow2.m을 적용하여라. 이제 두 개의 정지점이 보일 것이다. 이는 어떤 종류의 흐름을 나타내는가?

13
MATLAB®의 추가적 속성들

13.1 데이터 클래스

MATLAB®에는 4가지의 기본적인 데이터 클래스들이 있다. 우리는 지금까지 큰 주의를 기울이지 않고 이들 모두를 사용해 왔다. 그러나 주의하지 않는다면 어떤 매우 당혹스러운 오류가 발생할 수 있다. 데이터 클래스들은

수치 기호 문자열 인라인

들이다. 프롬프트 >>에서 숫자를 입력하면 이중 정밀도의 수치가 생성된다. 예를 들면

```
>> x = 1/3;
>> y = 1/2;
>> x*y
ans =
   0.1667
```

우리가 다룬 대부분의 보기들에는 수치값을 이용한 계산이 수반되었다.

1.6절에서 살펴보았듯이 syms 명령어에 의하여 기호 양들이 생성된다. 예를 들면

```
>> syms x y
>> f = x*y + y^2
f =
```

```
x*y+y^2
```

는 기호식 $xy+y^2$를 정의한다. 기호는 물론 상수들을 기호로 처리하기를 원한다면 다음과 같은 구문을 이용한다:

```
>> x = sym('1/3');
>> y = sym('1/2');
>> x*y
ans =
1/6
```

이를 수치곱 x*y와 비교하여 보자.

흔히 문자배열로 불리는 문자열은 문자들을 단일 인용부호로 감쌀 때 생성된다. 예를 들면

```
>> z = 'a*x+5';
```

문자열은 단일 인용부호들 사이의 문자열을 나타내는 수들의 벡터이다. z의 문자열 성분들을 살펴볼 수 있다:

```
>> double(z)
ans =
   97   42   120   43   53
```

각 문자에 부여된 숫자들은 ASCII 값들이다.

문자열들은 종종 함수나 어떤 양들의 라벨을 붙이는 데에 사용된다. 예를 들면 인라인 함수의 정의에서 우리는 문자열들을 사용한다:

```
>> f = inline('x.^2');
>> g = inline('x.^2 + exp(y)','x','y');
```

명령어 whos를 이용하여 작업공간에서 각 변수나 양의 데이터 클래스를 확인할 수 있다.

보기 13.1

```
>> x = linspace(0,2*pi,101);
>> y = x.^2;
>> syms a b c
```

```
>> d = 2*a*b+c^3;
>> w = '3/u +v';
>> f = inline(w,'u','v');
>> whos
  Name      Size                  Bytes  Class

  a         1x1                     126  sym object
  b         1x1                     126  sym object
  c         1x1                     126  sym object
  d         1x1                     142  sym object
  f         1x1                     876  inline object
  w         1x6                      12  char array
  x         1x101                   808  double array
  y         1x101                   808  double array

Grand total is 287 elements using 3024 bytes
```

하나의 클래스로부터 다른 클래스로의 전환

데이터를 하나의 클래스로부터 다른 클래스로 전환시키는 명령어들이 몇 가지 있다. 보기 13.1의 d와 같은 기호식은 문자열로 전환되어 인라인 함수의 정의에 이용될 수 있다. 다음에 그 인라인 함수를 계산할 수 있다. 보기 13.1의 d를 이용하면 전환 명령어는 char(d)이다. 그러면

```
>> g = inline(char(d),'a','b','c');
```

는 인라인 함수 $g(a,b,c)=2ab+c^2$이다. 그러나 인라인 함수 g는 a, b, c의 스칼라 값들에만 사용될 수 있으며 따라서 그래프로 나타낼 수 없다. .* 및 .^를 사용하는 문자열 표현을 얻으려면 명령어 vectorize(d)를 이용한다. 그러면

```
>> h = inline(vectorize(d),'a','b','c');
```

는 이제 배열에 적응하며 f의 인수로서 벡터와 행렬들을 취할 수 있다. 기호함수식의 그래프에만 관심이 있다면 ezplot 명령어를 사용할 수 있다. 이는 인라인 함수로 전환하지 않고도 가능하다.

보기 13.2

$f(x,y)=xe^{-x^2-y^2}$라고 하자. f를 기호식으로 정의하고 Δf를 기호로 계산하여 보자. 다음에 그래프와 적분을 위해 이를 인라인 함수로 전환시켜 보자:

```
>> syms x y
>> f = x*exp(-x^2-y^2);
>> laplacef = diff(f,x,2) + diff(f,y,2);
>> g = inline(vectorize(laplacef),'x','y');
>> [X,Y] = meshgrid(-1:0.05:2);
>> surf(X,Y,g(X,Y))
```

명령어 ezsurf를 사용할 수 있다면 인라인 함수로 전환시키지 않고 Δf의 그래프를 그릴 수 있다.

기호표현을 m-파일로 전환시키려면 먼저 기호표현을 벡터화시킨다음 이를 m-파일에 복사한다.

13.2 명령어 feval

명령어 feval은 함수 이름을 문자열 형태로 취하고 이 함수를 호출하여 계산하는 데에 이용된다. 예를 들어 $f(x,y)=3x^2-2y$가 인라인 함수로 정의된다면

```
>> f = inline('3*x.^2 -2*y','x','y');
>> feval(f,2,3)
ans =
     6
```

물론 더 쉽게 f(2,3)으로 쓸 수도 있다. 같은 함수 f가 m-파일 f.m으로 주어진다면

```
function z = f(x,y)
z = 3*x.^2 - 2*y;
```

feval의 인수로서 f의 이름을 문자열 형태로 사용하여야 한다.

```
>> feval('f', 2,3)
ans =
    6
```

feval의 중요성은 함수를 인수로 취하는 함수 m-파일을 작성할 때 나타난다. 예를 들면 MATLAB 근탐색기 fzero는 다음과 같이 호출한다:

```
fzero(fname, [x1,x2])
```

위에서 fname은 함수의 이름을 나타내는 문자열이다. fzero 코드에서는 함수 계산에 feval이 이용된다. 따라서 f가 인라인 함수로 주어진다면 fzero(f,[x1,x2])를 이용하며 f가 m-파일로 주어진다면 fzero('f',[x1,x2])를 이용한다. 이 구조는 함수의 함수 fzero가 함수 f, g, h, F, G 등에 대하여 어떤 이름도 받아들일 수 있도록 하여준다. 이는 이 책에서 작성된 simp2와 같은 함수 m-파일에도 똑같이 적용된다.

보기 13.3

사각형 $a \le x \le b$, $c \le y \le d$에서 2변수 함수의 그래프 작성에 사용할 수 있는 함수 m-파일 qsurf를 상기하여 보자. 입력인수는 함수 이름과 4-벡터 [a, b, c, d]이다.

```
function out = qsurf(f,corners,n)
if nargin < 3
   n = 50;
end
a = corners(1); b = corners(2); c = corners(3); d = corners(4);
x = linspace(a,b,n+1); y = linspace(c,d,n+1);
[X,Y] = meshgrid(x,y);
Z = feval(f,X,Y);
surf(X,Y,Z)
```

13.3 계산의 벡터화

루프나 중첩 루프들이 수반되는 MATLAB에서의 계산은 MATLAB의 많은 배열 연산들의 이점을 취한다면 매우 빠르게 이루어질 수 있다. MATLAB 프로그래밍에서 우리의 목표는 가급적 많은 루프들을 제거하는 것이다.

보기 13.4

sum 연산은 벡터에 적용되며 원소들의 합을 구한다. 다음은 합 $\sum_{1}^{N} n^p$를 구하는 두 가지 코드이다. 루프를 이용하여 이를 수행하는 것은 코드가 길어진다:

```
function out = f(p,N)
s = 0;
for n = 1:N
   s = s + n^p;
end
out = s;
```

보다 효율적인 방법은 sum 연산자와 배열 연산자 .^를 이용하는 것이다:

```
function out = f(p,N)
x = [1:N].^p;
out = sum(x);
```

보기 13.5

사각형 R에서의 적분을 위한 2차원 중간치 규칙은

$$\iint_R f dx dy \approx \sum_{j=1}^{n}\sum_{i=1}^{m} f(x_j, y_i)\Delta x \Delta y$$

이다. 여기에서 (x_j, y_i)는 변이 Δx, Δy인 부사각형 $R_{i,j}$의 중심이다. 중첩 루프를 사용하면 이 규칙을 계산하는 코드가 길어진다:

```
function out = midpt(f,corners,n,m)
a = corners(1); b = corners(2);
c = corners(3); d = corners(4);
delx = (b-a)/n; dely = (d-c)/m;
x = linspace(a+0.5*delx, b-0.5*delx, n);
y = linspace(c+0.5*dely, d-0.5*dely, n);
s = 0;
```

```
for i = 1:m
    for j = 1:n
        s = s + feval(f,x(j),y(i));
    end
end
out = s*delx*dely;
```

이중 루프를 벡터와 행렬 연산들로 대체함으로써 더욱 효율적이도록 할 수 있다. sum 연산은 행렬에 적용되면 각 열들의 합을 구하여 이를 행벡터에 저장한다. 다음에 sum을 두 번째로 적용하면 이 행벡터의 원소들을 합하며 이로써 행렬의 모든 원소들에 대한 합을 얻는다. 위 코드의 마지막 7줄들은 다음과 같이 다시 쓸 수 있다.

```
[X,Y] = meshgrid(x,y);
F = feval(f,X,Y);
out = sum(sum(F))*delx*dely;
```

F는 함수값 $f(x_j, y_i)$들의 행렬이다.

13.4 프로그래밍

while 루프

우리가 지금까지 작성한 프로그램들은 간단한 for 루프들 뿐으로서 이 루프에서는 수행되는 횟수가 미리 정하여졌다. 그러나 어떤 경우에서는 수행되는 횟수가 계산의 상태에 따라 달라진다. while 루프는 이러한 상황을 위한 것이다.

보기 13.6

무한수열 $\sum a_n$의 각 항들의 합을 컴퓨터로 구하는 문제가 있다고 하자. 물론 한정된 수의 항들만을 합하여 수열의 정확한 합에 대한 근사값을 얻는다. 여기에서 기준은 만일 $|a_n| < 10^{-6}$이라면 정지하는 것이라고 하자. 다음은 수열

$$e = \sum_{0}^{\infty} \frac{1}{n!}$$

의 합을 구하는 짧은 스크립트이다.

```
term = 1;
sum = 0;
n = 1;
while term > 10^(-6)
    sum = sum + term;
    term = term/n;
    n = n+1;
end
```

보기 13.7

while 루프의 두 번째 보기로서 방정식 f(x) = 0의 근을 수치적으로 근사하는 Newton 방법을 고려하여 보자. 이번에는 어떤 반복계산 횟수를 지정하는 대신 원하는 정확도가 달성될 때까지 계산과정을 계속 수행하고자 한다. 간단한 근에서 Newton 방법의 오차는 두 연이은 반복항들의 차 $x_{n+1}-x_n$을 구하여 추정할 수 있다. 다음은 1차원에서 Newton 방법을 수행하는 함수 m-파일이다. 이 함수의 인수는 함수 f와 f', 초기값, 그리고 오차 허용한계들이다. 이 m-파일을 7.2절의 m-파일과 비교하여 보자.

```
function out = Newton(f,fprime,xstart,tol)
xold = xstart;
xnew = xold - feval(f, xold)/feval(fprime,xold);
while abs(xold-xnew) > tol
    xold = xnew;
    xnew = xold - feval(f,xold)/feval(fprime,old);
end
out = xnew;
```

논리

흔히 프르그램은 파라미터에 따라 선택을 하고 다른 계산을 수행해야 한다. 이와 관련되는 명령어들은 if, else 및 elseif들이다.

보기 13.8

두 부류의 수입세 시스템을 고려하여 보자. 수입이 2,000,000원보다 작으면 세율은 10%이며 2,000,000원을 초과하는 수입에 대해서는 세율은 15%이다. 세금을 계산하는 짧은 프로그램을 다음과 같이 만들 수 있다:

```
function out = tax(income)
if income < 2000000
    out = 0.1*income;
else
    out = 200000 + 0.15*(income - 2000000);
end
```

if, else 구문을 종료하기 위해서는 end 명령어가 요구됨을 주목하자. 이제 이 시스템이 세 부류로 나누어 져서 5,000,000원을 초과하는 수입에 대해서는 세율이 20%라고 가정하자. 이 경우 함수 m-파일 tax를 다음과 같이 수정한다:

```
function out = tax(income)
if income < 2000000
    out = 0.1*income;
elseif 2000000 <= income < 5000000
    out = 200000 + 0.15*(income - 2000000);
else
    out = 650000 + 0.2*(income - 5000000);
end
```

추가의 elseif 문들을 이용하여 임의의 부류 수들을 덧붙일 수 있다.

다른 유용한 논리 명령어는 break 명령어로서 이는 루프의 지수에 이르기 전에 계산이 어떤 값에 도달하면 루프를 중단시킨다.

보기 13.9

Fibonacci 수열은 다음과 같은 재귀적 방법으로 생성되는 수열 a_n이다:

$$a_{n+2} = a_{n+1} + a_n, \quad n \geq 1$$

수열을 시작하려면 시작값 a_1과 a_2를 제공해야 한다.

input 문을 사용하여 시작값 및 수행시점에서 계산해야 할 항들의 수를 입력한다. 그러나 처음으로 $|a_n| > 1000$이 되면 계산을 멈춘다. 이를 수행하는 스크립트 파일은 다음과 같다:

```
N = input('계산할 항의 수: ')
a1 = input('a1을 입력: ')
a2 = input('a2를 입력: ')
% a 값을 위하여 N 저장공간을 갖는 열벡터를 할당
a = zeros(N,1);
a(1) = a1; a(2) = a2;
for n = 1:N-2
    a(n+2) = a(n+1) + a(n);
    if abs(a(n+2)) > 1000
        break
    end
end
```

이 프로그램은 모든 계산값들을 열벡터 a에 저장한다. a_{50}을 보려면 a(50)을 입력한다. 이 값들을 한꺼번에 모두 보려면 a를 입력한다.

다른 논리 명령어들에 대해서는 help or, 혹은 help and를 입력한다.

부 록

예시 프로그램

이 부록에서는 어떤 중요한 개념들을 예시하여 주는 그래프들을 보여주는 4개의 m-파일들을 다루고 있다. 이들은 계산을 수행하기 위한 수치적 도구로 의도된 것은 아니다. 이들은 교실에서, 혹은 학생들 스스로 이용할 수 있다. 파일들의 사용 방법은 명령어 help에 의하여 알아볼 수 있다.

findroot.m **minsurf.m** **flux3.m** **circ.m** **tarea.m**

findroot는 시스템 $f(x,y)=0, g(x,y)=0$의 풀이를 위한 Newton 방법의 대화식 버전이다. 이 프로그램은 f와 g의 0-수준곡선들을 근이 구하여지는 사각형 내에 보여준다. 그림을 클릭하면 코드는 xy 평면에서 f와 g에 대한 기울기 평면 근사들의 교차를 보여준다. 그림을 더 클릭하면 근사 선형 시스템의 해가 구하여지고 근사해가 그래프로 나타난다.

minsurf는 표면의 삼각형 조각 표현을 이용하여 사각형에서 Plateau 문제의 근사해를 제공하여 준다. minsurf는 m-파일 tarea.m을 이용한다.

flux3는 표면의 정사각형 부분을 통하는 벡터 필드의 선속을 계산한다. 표면 부분은 3차원 공간의 원점을 포함하며 임의의 방향을 지향할 수 있다.

circ는 둥근 원판 주위에서 벡터 필드의 순환을 계산한다. 이 원판의 중심은 3차원 공간의 원점이며 임의의 방향을 지향할 수 있다.

일부 연습문제에 대한 풀이

제 3장

4. 의자의 중심을 점 (0, 2.5)에 위치시킨다. 다리가 반경 1인 원에 닫는 바닥의 점들은 (1, 0, 0), $(-1/2,\ \sqrt{3}/2,\ 0)$, $(-1/2,\ -\sqrt{3}/2,\ 0)$과 같이 선택할 수 있다. 각 다리에 대한 힘의 크기는 $(80/3)\sqrt{29}$ 이다.

5. n=24일 때의 for 루프는 다음과 같다:

```
deltheta = 2*pi/24;
t = [-1,1];
for theta = 0:deltheta:2*pi
   plot3(cos(theta)*t, sin(theta)*t, 0.7*t)
   hold on
end
```

11. for 루프를 사용한다. x 축에서 평면들 사이의 간격은 $\delta x = \cos(\pi/6)$이다. N을 평면들에 대한 수직이라고 하자.

```
for j = 1:8
    P = [(j-1)*delx,0,0];
    plane(P,N)
    hold on
end
```

13. 선들의 방향은 L_1의 경우 $[-1/2,0,-\sqrt{3}/2]$, L_2의 경우 $[1/4,-\sqrt{3}/4,-\sqrt{3}/2]$, L_3의 경우 $[1/4,\sqrt{3}/4,-\sqrt{3}/2]$이다.

제 4장

2. 100 조각들에 의한 다각형 근사로부터 9.6869를 얻는다. 반면에 quad8으로부터 보다 정확한 값 9.6885를 얻는다.

5. r(t)의 첫 번째 원소로부터 발사체가 바닥에 닿는 시간 t_*를 구한 다음 r(t)의 두 번째 원소에 대입한다. 이로부터 영역에 대한 공식 $R = v_0^2 \sin(2\theta)/32$를 얻는다.

9. 각 늑골의호 길이는 적분 $(1/4)\int_0^{8/a} \sqrt{1+u^2}\,du$에 의하여 주어진다. 여기에서 a=a(z)이다. 이 적분들은 직접, 혹은 기호적으로 수행되어 값들이 더해지거나 혹은 다음과 같은 짧은 스크립트에서와 같이 각 적분에 대하여 quad8을 이용하고 그 결과들을 더할 수 있다. 이 스크립트로부터 202.6068의 결과를 얻는다.

```
z = 0:20;
a = -0.0166*z.^2 + 0.2245*z + 2.25;
f = inline('sqrt(1+x.^2)');
length = 0;
for n = 1:21
    rib = (1/4)*a(n)^2*quad(f, 0, 8/a(n));
    length = length + rib;
end
```

11. 그림 4.11은 $\theta = \pi/3$일 때의 캠 및 캠 후속자를 보여준다.

(3) $l(\theta) = 1 + (1/2)\cos(\theta)$

12. l의 최소값은 0.4084이며 $\theta = 2.0106$ 및 $\theta = 2\pi - 2.0106$일 때 얻어진다.

제 5장

4. h는 선 y=ax에서 일정한 값 $(1-a^2)/(1+a^2)$을 갖는다.

5. f_x에 대한 차분근사에서의 오차는 $|\Delta x|$에 비례한다.

7. (4) y > 0에서 $f_y(x,y) = x$이며 x < 0에 대하여 $f_y(x,y) = -x$이다. 모든 y에 대하여 $f(0,y) = 0$이므로 $f_y(0,0)$은 존재하며 0의 값을 갖는다.

8. (1) $D_u f(1,1)$의 최대값은 $\sqrt{5}$로서 방향 (1, −2)에서 얻는다.

(2) u=[2, 1]일 때 $D_u f(1,1)=0$이다.

9. 가장 뜨거운 지점은 점 (0.5, 0.5)이다. 열속은 언제나 수준곡선들에 수직이다. 열은 가장 뜨거운 지점으로부터 흘러나온다. 왼쪽 (단열된) 가장자리에서는 $u_x = 0$으로서 열속 벡터를 모서리와 평행하게 만들어준다.

12. h가 반으로 되면 오차는 1/4만큼 줄어든다.

제 6장

2. $c_* = 2/e$. 원점은 S_{c_*}에 위치한다.

3. $0 \le y \le 2$에 대하여 $101.2 \le \rho(2,y,0) \le 101.7$

8. 날개의 단면을 감싸는 곡선의 호 길이는 4.1744이며 날개 표면의 면적은 4× 4.1744 = 16.6974이다.

9. 서로 직교인 벡터들의 한 가지 집합은 L = [a, b, c], $u=[ac,\ bc,\ -(a^2+b^2)]$, v = [−b, a, 0]이다. 이들은 $a^2+b^2>0$인 한 작용한다. u와 v를 정규화하여야 한다. 격자 [S,T]를 생성한 후의 주요 명령어는 다음과 같다:

```
X = L(1)*T + d*cos(S)*u(1) + d*sin(S)*v(1);
Y = L(2)*T + d*cos(S)*u(2) + d*sin(S)*v(2);
Z = L(3)*T + d*cos(S)*u(3) + d*sin(S)*v(3);
```

10. $p(t)=(r\cos t,\ r\sin t,\ at)$, $0 \le t \le 4\pi$를 나선상의 점이라고 하자. 그러면 튜브는 다음과 같이 파라미터화시킬 수 있다:

$$x(t)=p(t)+(b\cos s)N(t)+(b\sin s)B(t)$$

위에서 $0 \le s \le 2\pi$이다. 튜브의 그래프를 위한 주요 MATLAB 명령어들은 문제 9에서와 유사하다.

14. 격자 [S,T]를 구성한 다음의 주요 명령어들은 다음과 같다:

```
X = 2*cos(T) + S.*cos(T/2);
Y = 2*sin(T) + S.*sin(T/2);
Z = S.*sin(T/2);
```

표면에 대한 수직은 $r'(t)\times L(t)$로 주어진다.

제 7장

1. 6개의 근이 있다. 기호 풀이기는 이들 모두를 긴 기호표현으로 구한다. 4자리까지 반올림하면 이들은 다음과 같다:

$$(\pm 1.1169, \pm 0.8295), \ (\pm 0.3836, \mp 0.9814), \ (\pm 0.7780, \mp 0.9212)$$

3. 다음은 4자리까지 반올림한 뒤 얻어야 하는 일부 수들이다. 아울러 계산한 곡선의 그래프를 contour 명령어를 이용하여 나타낸 f의 0-수준곡선과 함께 그림으로써 얻은 수치 결과들을 확인할 수 있다.

x	−1	−0.5	0.	0.5
y	0.4797	0.3323	0.	−1.1433

4. 하나의 근 (0,0)는 쉽게 찾아진다. 다른 두 근들은 (0.3781, −0.6149) 및 (1.0858, 1.0420)이다.

6. $A=4.9510, B=0.0980, C=0.245\times 10^{-4}$

7. (1) $\lambda_*=0.7828$

(2) $\lambda=2$이면 두 개의 실근이 존재한다: $(x_1,y_1)=(0.8988,2.6704)$, $(x_2,y_2)=(1.2527,0.8347)$.

(3) $\lambda=\lambda_*$이면 단일근은 $(x_*,y_*)=(0.8024,1.3445)$이다.

8. (2) |y|가 크다면 $(1-1/\sqrt{1+y^2})\approx 1$이다. 따라서 $c_1\approx -(9.8/2)$이다. $y=-(9.8/2)m-1$은 훌륭한 선형 근사이다.

제 8장

2. g는 $(x_0,y_0)\approx(-0.33,0.47)$에서 등마루점을 갖는다.

5. f는 (0, −1), (1, 1), 그리고 (−1, 1)에서 등마루점을 갖는다. 아울러 (0, 1), (1, −1), 그리고 (−1, −1)에서 최소가 된다.

6. (3) findcrit를 이용하면 f는 $(x_1,y_1)\approx(-1.191,-0.180)$에서 최소가 되며 $(x_2,y_2)\approx(1.322,0.370)$에서 최대가 됨을 알 수 있다. newton2를 이용하면 보다 정확한 값으로서 $(x_1,y_1)=(-1.19098,-0.17954)$ 및 $(x_2,y_2)=(1.32240,0.30715)$를 얻을 수 있다.

8. (3) 정사각형의 크기가 반으로 되면 오차는 $(1/2)^3 = 1/8$로 감소하며 이는 식 (8.7)과 일치한다.

11. (1) $(\pm 0.89, \pm 0.33)$ 근처에서 $\max_K f \approx 1.513$이 달성되며 $(\mp 0.46, \pm 0.63)$ 근처에서 $\min_K f \approx -1.03$이 달성된다.

(2) 기호 풀이기로부터 근 λ, x, y들을 구하고 이중 정밀도로 환산한 다음 4자리까지 반올림하면 최대점은 $(\pm 0.8881, \pm 0.3251)$에서 $\max_K f = 1.5490$ 이다. 최소점은 $(\mp 0.4597, \pm 0.6280)$ 이며 $\min_K f = -1.0490$이다.

14. 점 $(x_0, 0, 0) = (75.9747, 0, 0)$은 V(x,y,0)에 대한 등마루점이다. 점 (x,0,0) $(x < x_0)$에 있는 입자는 질량 M_0를 향하여 떨어질 것이다. $x > x_0$이면 입자는 질량 M_1을 향하여 떨어질 것이다. $x = x_0$이면 중력은 $-\nabla V = 0$이므로 입자는 움직이지 않는다.

15. (1) 규제가 없다면 최대 이익은 0.6172이며 (3.025, 2.0167)에서 달성된다.

(2) 회수율은 약 0.24(24%)이다.

(3) 집합 G_s는 수준곡선 h=s의 오른쪽에 위치한다.

(4) 교차점은 아래로 이동하며 s가 감소함에 따라 오른쪽으로 움직인다. 이는 s가 감소함에 따라 자본이 임금으로 대체됨을 의미한다.

제 9장

1. m=n=32일 때 Riemann 합은 2.5762이며 해석적 결과는 −sin(4)+2sin(2)=2.5754이다. 차이는 약 8×10^{-4}이다.

3. (1) $t^x = (1,2,2,\cdots,2,1)$를 x 방향으로의 사다리꼴 계수들의 n+1 벡터라 하고 $t^y = (1,2,2,\cdots,2,1)$를 y 방향으로의 사다리꼴 계수들의 m+1 벡터라 하자. f(x,y)에 적용된 2차원 사다리꼴 방법은

$$T_{n,m}(f) = \frac{(b-a)(d-c)}{4mn} \sum_{i,j} t_j^x \, t_i^y \, f(x_j, y_i)$$

이다. 이는

$$T_{n,m}(f) = \sum_{i,j} \overline{f}_{i,j} (\text{면적 } R_{i,j})$$

로 다시 쓸 수 있다. 여기에서 $\overline{f}_{i,j}$는 부사각형 $R_{i,j}$의 4개 꼭지점들에서의 함수값들의 평균이다.

(2) $$\iint_R g(x)h(y)dxdy = \int_a^b g(x)dx \int_c^d h(y)dy$$
$$= (T_n(g) + E_n(g))(T_m(h) + E_m(h))$$
$$= T_{n,m}(gh) + E_n(g)T_m(h) + E_m(h)T_n(g) + E_n(g)E_n(h)$$

m과 n이 두 배로 되면 오차는 1차원 규칙에서와 같이 (대략) 1/4 정도로 줄어든다.

4. n=40, m=60이면 Simpson 규칙으로부터 $I_1 = -0.38239636754005$를 얻는다. n=80, m=120이면 Simpson 규칙으로부터 $I_2 = -0.38239213241589$를 얻는다. 정확한 결과는 $I = -0.38239185372996$이다. 반면에 $|I_1 - I_2| = 4.235124158313841 \times 10^{-6}$이며 $|I - I_1| = 4.513810089102651 \times 10^{-6}$이다. 차이 $|I_1 - I_2|$는 $|I - I_1|$의 아주 훌륭한 추정이다.

7. m=n=20이면 근사는 정확한 값의 0.15 이내이다.

9. (3) a = −1.9954, b = 0.6396

(4) 변수변환 $x = u$, $y = v\sqrt{4-u^2-e^{2u}}$ 로부터 적분 $2\int_a^b \int_0^1 q(u,v)dv$여를 얻으며 여기에서

$$q(u,v) = (\sqrt{(1-v^2)(4-u^2)+v^2e^{2u}} - e^u)\sqrt{4-u^2-e^{2u}}$$

이다.

(5) Simpson 규칙으로부터 m=n=50일 때 $I_1 = 6.12134479405900$을 얻는다. 아울러 m=n=100일 때에는 $I_2 = 6.12114816464481$을 얻는다. I_1의 오차의 추정값은 $|I_1 - I_2| \approx 2 \times 10^{-4}$이다.

11. 먼저 변수변환 $\tilde{x} = x - 1$을 수행하고 극좌표를 사용하여 $\tilde{x} = r\cos\theta$, $y = r\sin\theta$를 취하면

$$2\iint_{(x-1)^2+y^2 \le 1/4} \sqrt{4-x^2-y^2}\,dxdy = 2\iint_{\tilde{x}^2+y^2 \le 1/4} \sqrt{4-(\tilde{x}+1)^2-y^2}\,dxdy$$
$$= 2\int_0^{1/4}\int_0^{2\pi} \sqrt{3-r^2-2r\cos\theta}\,rdrd\theta$$

Simpson 규칙으로부터 n=m=10일 때 $I_1 = 0.67601408747821$을 얻으며 반면에 n=m=20일 때 $I_2 = 0.67601407734176$을 얻는다. 차이는 $|I_1 - I_2| = 1.013645556380283 \times 10^{-8}$이다. 결과 I_1은 10^{-8} 정도의 오차에서 적분의 실제값에 대한 추정치이다.

12. (1) H의 질량은 $2\pi b^2 \arctan(4)$이다.

(3) F의 질량은 적분

$$\iiint_F \frac{1}{1+x^2}dV = 2\iint_{x^2+y^2\le a^2} \frac{\sqrt{b^2-y^2}}{1+x^2}dxdy$$
$$= 2\int_0^{2\pi}\int_0^a \frac{\sqrt{b^2-r^2\sin^2\theta}}{1+r^2\cos^2\theta}rdrd\theta$$

로 주어진다. Simpson 규칙으로부터 n = m = 20일 때 $I_1 = 10.05448036681659$를 얻으며 반면에 n=m=40일 때 $I_2 = 10.05433242388650$을 얻는다. 차이는 $|I_1 - I_2| = 1.479429300896840\times 10^{-4}$이다.

(4) 이제 F의 질량은

$$\iint_{\tilde{x}^2+2y^2\le 2a^2}\int_{-\sqrt{b^2-y^2}}^{\sqrt{b^2-y^2}} \frac{dzd\tilde{x}dy}{1+(z+\tilde{x})^2}$$
$$= \iint_{\tilde{x}^2+2y^2\le 2a^2}[\arctan(\tilde{x}+\sqrt{b^2-y^2}) - \arctan(\tilde{x}-\sqrt{b^2-y^2})]d\tilde{x}dy$$

로 주어진다. 추가로 변수변환 $\tilde{x}=\sqrt{2a}\,cos\theta$, $y = a\sin\theta$를 행하면 계산해야 할 적분은

$$\sqrt{2}\int_0^a\int_0^{2\pi} q(r,\theta)rdrd\theta$$

이다. 여기에서

$$q = \arctan(a\sqrt{2}\,cos\theta + \sqrt{b^2-a^2\sin^2\theta}) - \arctan(a\sqrt{2}\,cos\theta - \sqrt{b^2-a^2\sin^2\theta})$$

이다. Simpson 규칙으로부터 n=m=20일 때 $I_1 = 8.67952960048467$를 얻으며 반면에 n=m=40일 때 $I_2 = 8.67952906940928$을 얻는다. 차이는 $|I_1 - I_2| \approx 5\times 10^{-7}$이다.

13. (3) $d = \sqrt{r^2+a^2}$이면 Jacobian 행렬값은 $|J| = d + ru/d$이며 x에 대한 변수변환은 $x(u,v,t) = (r+u)\cos t + (av/d)\sin t$이다. 질량에 대한 적분은

$$\int_0^{8\pi}\iint_{u^2+v^2\le b^2}(x(u,v,t)+10)(d+ru/d)dudvdt$$

이다. 극좌표 $u = \rho\cos\theta$, $v = \rho\sin\theta$를 도입한다. Simpson 규칙으로부터 n=m=10이고 p=20일 때 $I_1 = 2652.380095534809$를 얻으며 n=m=20이고 p=40일 때 $I_2 = 2652.410623115358$을 얻는다. 차이는 $|I_1 - I_2| = 0.03052758054901$이며

이로부터 상대오차값은 $0.03/2652 \approx 10^{-5}$임을 알 수 있다.

제 10장

3. (2) y(u,v)=uv를 취한다. 적분은

$$\int_0^1 \int_0^1 u\sqrt{1+4u^2(1+v^2)e^{-2u^2(1+v^2)}}\,dudv$$

와 같이 된다.

(3) Simpson 규칙으로부터 n=m=10일 때 $I_1 = 0.62217628062857$를 얻으며 반면에 n=m=20일 때 $I_2 = 0.62218208324708$을 얻는다. 차이는 $|I_1 - I_2| \approx 6\times 10^{-6}$정도이다.

5. (1) 선체의 굴곡진 표면은 G에서 $y(x,z) = (2x/a(z))^2 = 4x^2/a(z)^2$의 그래프이다. 선체의 이 부분의 표면적은 적분

$$\iint_G \sqrt{1+y_x^2+y_z^2}\,dxdz$$

로 주어진다.

(2) x=a(z)u와 같이 변수변환을 행하면 적분은

$$\int_0^{20}\int_{-1}^1 \sqrt{a^2(z)+64u^2(1+u^2(a'(z)^2)}\,dudz$$

와 같이 된다.

(3) Simpson 규칙으로부터 n=m=50일 때 $I_1 = 195.6791$를 얻으며 반면에 n=m=100일 때 $I_2 = 195.6795$을 얻는다. 차이는 $|I_1 - I_2| \approx 3\times 10^{-4}$정도이다.

(4) 선미의 면적은

$$8a(0) - 2\int_0^{a(0)}\left(\frac{2x}{a(0)}\right)^2 dx = \frac{16a(0)}{3} = 12$$

7. (2) 면적은 적분

$$2\pi\int_{10}^{15} |f(v)|\sqrt{1+(f'(v))^2}$$

로 주어진다. 여기에서 $f'(v) = -0.36v^2 + 10.8v - 82$이다.

(3) quad8로부터 허용한계가 10^{-3}일 때 1275.8을 얻는다.

8. 상부 표면에 작용하는 정압은 적분

$$\iint_S p(z)dS = 62.5 \iint_{x^2+y^2 \le h/4} (3h/4 + x^2 + y^2)\sqrt{1+4(x^2+y^2)}\,dxdy$$
$$= 125\pi \int_0^{\sqrt{h}/2} r(3h/4 + r^2)\sqrt{1+4r^2}\,dr$$

로 주어진다. quad8로부터 허용한계를 10^{-3}으로 하였을 때 2.938×10^6파운드의 결과를 얻는다.

10. 면적적분은

$$\iint_R \sqrt{1+((1-2x^2)^2+16x^2y^2)e^{-2x^2-4y^2}}\,dxdy$$

이다.

(1) 이 적분의 경우 Simpson 규칙이 훌륭하게 적용된다. n=m=4일 때 $I_1 = 1.115192341 33286$를 얻으며 n=m=8일 때 $I_2 = 1.11509286114128$을 얻는다. 차이는 $|I_1 - I_2| \approx 10^{-4}$정도이다.

(2) 5×5 격자를 사용하면 tsurf로부터 1.06604860421834의 값을 얻는데 이는 I_1과 약 0.05정도 차이가 난다.

12. A_j를 문제에 라벨이 붙여진 것과 같이 삼각형 j의 면적이라고 하자:

$$A_1 = (1/2)\sqrt{17+(4z-6)^2}, \quad A_2 = (1/2)\sqrt{20+(2z-3)^2},$$
$$A_3 = \sqrt{5+(2z-4)^2}, \quad A_4 = \sqrt{8+(z-2)^2}$$

$A(z) = A_1 + A_2 + A_3 + A_4$의 최소값은 1.7363에서 얻어진다. 이 점은 fmin으로부터 오차허용한계를 10^{-4}로 하였을 때 얻어진다.

제 11장

1. (2) Simpson 규칙으로부터 n=100일 때 $I_1 = 42.0543$를 얻으며 n=200일 때 $I_2 = 42.0557$을 얻는다. 차이는 $|I_1 - I_2| \approx 10^{-3}$정도이다.

3. 구간 수가 50인 각 부분에 Simpson 규칙을 적용하면 결과로서 −36.8082를 얻는다.

5. (1) 이들 두 부분에 따른 선적분으로부터 약 1.2, 혹은 목측에 의할 때 1.3을 얻는다.

(3) (0.5,0.5)에서 (0.5,1.5)까지, 다음에 (0.5,1.5)에서 (2,2)까지의 두 선분들로 이루어지는 경로로부터 음이 아니면서 0에 매우 가까운 값을 얻는다.

7. 이 벡터 필드는 명백히 보존적이다.

14. (2) 경계적분의 합은 3.5이다. 차수가 3 이하의 다항식에서 Simpson 규칙은 정확하다.

(3) 경계적분에 Simpson 규칙을 적용하면 3.8570168을 얻는다. 이중적분에 simp2를 적용하면 3.8570169를 얻는다. 오차는 2×10^{-7}정도이다.

제 12장

2. (2) 평면 x=0에서 전기장 E는 (−1,0,0) 방향을 가리킨다; 평면 z=0에서 E는 (0, 0,−1) 방향을 가리킨다. 두 경우 모두에서 E는 양전하로부터 나오는 바깥쪽을 향한다.

3. (5) (x,y,z)가 양 평판에 위치하지 않는 한 적분하에서 미분에 의하여 $\nabla\phi$를 계산할 수 있다. 이제 $g_x((x-\xi),(y-\eta),0)=g_y((x-\xi),(y-\eta),0)=0$이므로 $\phi_x(x,y,0)=\phi_y(x,y,0)=0$이다. 따라서

$$E(x,y,0)=(0,0,-\phi_z(x,y,0))=-\frac{1}{2\pi}\iint_R \frac{d\xi d\eta}{[(x-\xi)^2+(y-\eta)^2+1]^{3/2}}$$

이다. 전기장은 양으로 대전된 판으로부터 음으로 대전된 판을 향하여 가리킨다.

6. (1) 실린더 모양의 경계 S를 통하는 선속적분은

$$\iint_S E\cdot n\ dS=f(a)\iint_S dS=4\pi abf(a)$$

이다. Gauss 법칙에 의하여 이 선속은 약상자$(2>b)$에 포함된 전하와 같아야 한다.

이 식들을 같게 두면 $f(a)=\lambda/(2a\pi)$를 얻는다. a는 임의의 수이며 답은 b와 무관하므로 $f(r)=\lambda/(2\pi r)$이라고 유추할 수 있다.

9. y가 0에 근접하면 적분자가 특이하게 되므로 Simpson 규칙으로부터 좋은 결과를 얻지 못한다. 그러나 이로부터 해에 대한 어떤 개념을 얻을 수 있다. f와 P는 m−파일이나 인라인 함수로 정의되어야 한다. 다음은 ϕ를 계산하고 이의 그래프를 그리는 스크립트 파일이다:

```
n = 50; m = 100;
x = linspace(-5,5,n+1); y = linspace(0.05,8,n+1);
xi = linspace(-5,5,m+1);

s = simpvec(m); h = 10/m;

[X,Y] = meshgrid(x,y); phi = zeros(size(X));

for j = 1:m+1
   phi = phi + (h/3)*s(j)*f(xi(j))*P(X-xi(j),Y);
end

surf(X,Y,phi)
pause

plot(x,f(x),x,phi(1,:),'r')
pause

levels = linspace(-0.4,1,41);
contour(X,Y,phi,levels)
```

ϕ의 최대값과 최소값은 선 y=0에서 달성되며 f의 최대 및 최소값과 동일하다.

10. (4) 해는

$$u(r,\theta) = \frac{1}{2} + 2r\cos(\theta) - \frac{1}{2}r^2\cos(2\theta) + 4r^3\sin(3\theta)$$

임의의 원판 $\{x^2+y^2 \le a^2\}$에서의 최대 및 최소는 경계원 $\{x^2+y^2=a^2\}$에서 달성된다.

15. $\| q \|$는 점 $(0, \pm 1)$에서 가장 크다.

16. (3) 비록 모양은 변하지만 흐름은 비압축성이므로 면적은 일정하게 유지된다.

(4) 원점이 정지점이며 이곳에서 압력이 가장 높다.

찾아보기

“ㅋ”

“ㅌ”

“ㅍ”

“ㅎ”

역자약력 • 여 영 구

1972년: 서울대학교 화학공학과(공학사)
1982년: 서울대학교 화학공학과(공학석사)
1986년: AUBURN대학교 화학공학과(공학박사)
1993년: KIST 책임연구원
현 재: 한양대학교 화학공학과 교수
주요저서: 공정제어공학(한양대학출판부)
석유화학공학(CRI화학경제연구원)
한국화학공학의과제(금빛출판사)
화학공학열역학(아진출판사)
MATLAB® 공정제어(아진출판사)
Moler의 MATLAB® 수치해석학(아진출판사)
필터링 MATLAB® 이미지 처리(아진출판사)
MATLAB® 금융분석(아진출판사)
MATLAB® 프로그래밍 응용(아진출판사)

MATLAB® 미적분학

A-JIN

지은이와 협의 인지 생략

인 쇄 : 2008년 1월 5일
발 행 : 2008년 1월 10일
역 자 : 여영구
발 행 처 : 도서출판 아진
135-010
서울시 강남구 논현동 148-9
한미빌딩 201호
TEL:02-737-0663 FAX:02-737-0664
Homepage:ajin.to
E-mail:kgb@ajin.to
발 행 인 : 김 근 배
등록번호 : 제300-1995-56호
ISBN : 978-89-5761-233-0 93410

가격 20,000원